普通高等教育“十二五”规划

化工原理学习指导及习题精解

陈礼辉　主编

中国林业出版社

内 容 简 介

本书针对化工各种单元操作开展编写工作，在编写过程中，强调“化工原理”课程的工程特色，以培养读者解决工程实际问题的能力为目标。本书共分为10章，包括流体流动、流体输送机械、机械分离、传热、蒸发、吸收、精馏、气液传质设备、萃取、干燥。各章均包括教学基本要求、重点内容、知识点关联图、习题解答、思考题及符号表6部分内容。通过这些环节，使读者巩固基本概念，引导读者思考，分析并解决工程实际问题。

本书可作为化学工程与工艺及相关专业的“化工原理”课程学习的辅导用书，同时亦可作为“化工原理”课程硕士研究生入学考试的辅导用书。

图书在版编目（CIP）数据

化工原理学习指导及习题精解/陈礼辉主编. —北京：中国林业出版社，2015.11（2017.6重印）
普通高等教育“十二五”规划教材
ISBN 978-7-5038-8241-8

Ⅰ. ①化…　Ⅱ. ①陈…　Ⅲ. ①化工原理－高等学校－自学参考资料　Ⅳ. ①TQ02

中国版本图书馆CIP数据核字（2015）第260129号

国家林业局生态文明教材及林业高等教材建设项目

中国林业出版社·教育出版分社

策划、责任编辑： 高红岩

电话： 83143554　　**传真：** 83143516

出版发行　中国林业出版社（100009　北京市西城区德内大街刘海胡同7号）
E-mail：jiaocaipublic@163.com　电话：（010）83143500
http：//lycb.forestry.gov.cn
经　　销　新华书店
印　　刷　北京市昌平百善印刷厂
版　　次　2015年11月第1版
印　　次　2017年6月第2次印刷
开　　本　850mm×1168mm　1/16
印　　张　15.5
字　　数　380千字
定　　价　30.00元

《化工原理学习指导及习题精解》编写人员

主　　编　陈礼辉

编写人员　（按拼音排序）

陈礼辉（福建农林大学）
陈　彦（福建农林大学）
廖益强（福建农林大学）
林启模（福建农林大学）
卢泽湘（福建农林大学）
谭　非（福建农林大学）

前 言

化工原理课程是化学工程领域科学和技术发展的必然产物，是一门关于化学加工过程技术基础课，主要研究化工生产过程中的物理加工，按其操作原理的共性归纳成若干个单元操作。课程工程性强，教学内容丰富。习题训练是学生掌握化工原理课程的基本理论、基本思想及基本方法的重要环节。为此，编者根据化工原理课程的教学要求，结合教学经验，编写了《化工原理学习指导及习题精解》。

本书以例题的形式，再现了《化工原理》教材的相关内容，强调对基本概念、基本原理和工程处理方法的理解。每章包括教学基本要求、重点内容、知识点关联图、习题解答、思考题及符号表6个部分。内容覆盖流体流动、流体输送机械、机械分离、传热、蒸发、吸收、蒸馏、气液传质设备、萃取、干燥10个基本单元操作。问题由浅入深，对启发思维、培养分析与解决问题的能力不无裨益，可作为教学参考书，供大专院校化工类及相关专业的师生、从事化工工作的工程技术人员参考，同时亦可作为化工原理课程硕士研究生入学考试辅导用书。

本书由福建农林大学教师编写，第一章由陈礼辉、廖益强、林启模编写，第二章和第三章由卢泽湘、林启模编写，第四章由谭非、林启模编写，第五章、第六章和第七章由廖益强、林启模编写，第八章和第九章和第十章由陈彦、林启模编写。全书由陈礼辉统稿。

由于编者水平有限，书中难免有不妥之处，敬请读者批评指正。

编　者

2015 年 5 月于福建农林大学

目 录

第一章　流体流动

一、教学基本要求

本章主要涉及质量守恒定律、动量守恒定律、能量守恒定律在流体流动现象上的应用。通过学习，能够熟练应用流动流体的基本规律解释流体在管道中流动的现象，并能够熟练地计算和设计简单管路，定性分析复杂管路。

本章应掌握静止流体的基本方程、流动流体的连续性方程、流动流体的能量守恒方程及其应用；掌握牛顿黏性定律、管路阻力计算方法和流体流动类型的判断。熟悉流体的黏度、体积流量、质量流量、流体在管路中形成的边界层及边界层分离等基本概念；了解量纲分析方法、试差法等工程方法，流量测量的基本原理、常用流量计的基本构造及使用方法。重点是流体流动的机械能守恒方程及其应用，难点是应用能量守恒定律计算复杂管路。主要内容包括以下几个方面：

- 流体静力学方程及其应用；
- 机械能守恒方程及其应用；
- 流体流动的基本现象；
- 管路阻力的计算及定性分析。

二、重点内容

（一）液体的密度

1. 理想气体的密度

除从手册中可以查到理想气体的密度外，还可用式（1-1）或式（1-2）计算所需状态下纯气体的密度。

$$\rho = \rho_0 \frac{T_0}{T}\frac{p}{p_0} = \frac{M}{22.4}\frac{T_0}{T}\frac{p}{p_0} \tag{1-1}$$

及

$$\rho = \frac{pM}{RT} \tag{1-2}$$

式中：ρ——密度，$kg \cdot m^{-3}$；

M——相对分子质量，$kg \cdot kmol^{-1}$；

p——绝对压强，Pa；

T——开尔文温度，K；

R——气体通用常，$R = 8.314 \times 10^3\ J \cdot kmol^{-1} \cdot K^{-1}$；

下标0——标准状态。

若以混合气体的平均相对分子质量 M_m 代替上二式中纯气体的相对分子质量

M，则可以算出混合气体的平均密度 ρ_m。混合气体的平均相对分子量计算式为：

$$M_m = M_1 y_1 + M_2 y_2 + \cdots + M_n y_n \tag{1-3}$$

式中：y ——组分在混合气体中的摩尔分数；

下标 m——表示平均，下标 1，2，…，n 为组分序号。

气体具有可压缩性、膨胀性，其密度随温度、压强而变化。因此，对气体密度数值必须标明其所处状态。

2. 液体的密度

从手册中只能查到纯液体的密度。混合液体的密度可用近似方法求得。若各组分在混合前、后体积没有变化，则混合液体密度可用式(1-4)求算：

$$\frac{1}{\rho_m} = \frac{\alpha_1}{\rho_1} + \frac{\alpha_2}{\rho_2} + \cdots + \frac{\alpha_n}{\rho_n} \tag{1-4}$$

式中：α——组分在混合液体中的质量分数。

液体为不可压缩流体，在工程计算中常将液体的密度视为常数。

(二)流体静力学基本方程式

$$p = p_0 + \rho g h \tag{1-5}$$

式中：h——液柱高度，m；

g——重力加速度，$m \cdot s^{-2}$；

p_0、p——分别为 $h=0$ 及 $h=h$ 处的流体压强，Pa。

(三)水平管路上液体压差计读数与两测压面间压强差的关系

1. 普通 U 管压差计

$$p_1 - p_2 = gR(\rho_A - \rho) \tag{1-6}$$

式中：p_1、p_2——分别为两测压面上的压强，Pa；

R——压差计上指示剂读数，m；

ρ_A、ρ——分别为指示剂及被测流体的密度，$kg \cdot m^{-3}$。

若被测量的流体是气体，则因 $\rho_A \gg \rho$，式(1-6)简化为：

$$p_1 - p_2 = gR\rho_A \tag{1-6a}$$

2. 微压差计

$$p_1 - p_2 = (\rho_A - \rho_C)gR + (\rho_C - \rho)gR' \tag{1-7}$$

式中：ρ_C——指示剂 C 的密度，$kg \cdot m^{-3}$；

R——指示剂 A 的读数，m；

R'——指示剂 C 的读数，m；

其他符号与前同。

一般微差压差计用于测量气体的压强差，由于 $\rho_C \gg \rho$，故式(1-7)可以简化为：

$$p_1 - p_2 \approx (\rho_A - \rho_C)gR + \rho_C g R' \tag{1-7a}$$

指示剂 C 的读数 R' 往往很小，式(1-7a)又可以简化为：

$$p_1 - p_2 \approx (\rho_A - \rho_C)gR \tag{1-7b}$$

在应用式(1-6)、式(1-7)时须特别注意以下几点：

- 使用条件是连续的、均质的绝对静止的流体；
- 水平面即为等压面。

牢记以上两点，可以找到适当的等压面，然后再应用静力学方程，就可以解决压力、压差的测量，液位的测量及液封高度等静力学计算问题。

（四）流体的平均速率（简称速度）、体积流量、质量流量及质量流速间的关系

$$V_s = Au \tag{1-8}$$

$$m_s = V_s\rho = Au\rho \tag{1-9}$$

$$G = \frac{m_s}{A} = u\rho \tag{1-10}$$

式中：V_s——流体的体积流量，$m^3 \cdot s^{-1}$；

u——流体的速度，$m \cdot s^{-1}$；

A——流道的截面积，m^2；

G——流体的质量流速，$kg \cdot m^{-2} \cdot s^{-1}$。

式(1-8)可改写为：

$$d = \sqrt{\frac{4V_s}{\pi u}} \tag{1-11}$$

式中：d——流道或塔设备的直径，m。

式(1-11)为设计圆形管道或塔设备直径的基本公式。

某些流体在管道中的流速范围可查各种版本的化工原理教材。

（五）定态条件下流体的连续性方程

在定态条件下，单位时间内通过流道任一截面的质量流量相等，即：

$$m_{s1} = m_{s2} = \cdots = m_{sn} = m = \text{常数} \tag{1-12}$$

式(1-12)称为定态条件下流体的连续性方程，也可以改写成：

$$u_1\rho_1A_1 = u_2\rho_2A_2 = \cdots = u_n\rho_nA_n = u\rho A = \text{常数} \tag{1-12a}$$

对不可压缩流体，密度ρ为常数，即：

$$u_1A_1 = u_2A_2 = \cdots = u_nA_n = uA = \text{常数} \tag{1-12b}$$

若输送管道的截面积没有变化，A为常数，则：

$$u_1 = u_2 = \cdots = u_n = u = \text{常数} \tag{1-12c}$$

式(1-12a)、式(1-12b)及式(1-12c)是式(1-12)的引申，习惯上也称之为流体连续性方程。

（六）定态条件下的伯努利方程

以1 kg质量的理想液体为基准时的伯努利方程式为：

$$gz_1 + \frac{u_1^2}{2} + \frac{p_1}{\rho} = gz_2 + \frac{u_2^2}{2} + \frac{p_2}{\rho} \tag{1-13}$$

式中：z_1、z_2——分别为 1-1′及 2-2′截面与参考水平面间的垂直距离，m。

对实际流体式(1-13)应修正为：

$$gz_1 + \frac{u_1^2}{2} + \frac{p_1}{\rho} = gz_2 + \frac{u_2^2}{2} + \frac{p_2}{\rho} + \sum w_f \tag{1-13a}$$

式中：$\sum w_f$——1 kg 液体由 1-1′面流到 2-2′面的过程中共消耗的能量，称为摩擦阻力或流动阻力，$J \cdot kg^{-1}$。

若流动过程中采用输送机械，则式(1-13a)应修正为：

$$gz_1 + \frac{u_1^2}{2} + \frac{p_1}{\rho} + w_e = gz_2 + \frac{u_2^2}{2} + \frac{p_2}{\rho} + \sum w_f \tag{1-13b}$$

$$w_e = g\Delta z + \frac{\Delta u^2}{2} + \frac{\Delta p}{\rho} + \sum w_f \tag{1-13c}$$

式中：w_e——流动过程中，1 kg 液体从输送机械获得的能量，称为有效功或净功，$J \cdot kg^{-1}$。

(七)输送机械的轴功率

$$N = \frac{N_e}{\eta} = \frac{w_e m_s}{\eta} \tag{1-14}$$

式中：N_e——单位时间内流体从输送机械获得的能量，称为有效功率，$J \cdot s^{-1}$或 W；

N——单位时间输送机械向流体提供的能量，转轴消耗的能量，称为轴功率，$J \cdot s^{-1}$或 W；

η——输送机械总效率。

(八)牛顿黏性定律

流体在圆管内流过时，可视为被分割成无数极薄的圆筒向前运动，中心速度最大，近管壁处速度为零。圆筒间彼此相互的作用力称为内摩擦力，单位接触面积上的内摩擦力称为剪应力，它的表达式为：

$$\tau = \pm \mu \frac{du}{dy} \tag{1-15}$$

式中：τ——剪应力，Pa；

$\frac{du}{dy}$——在与流动方向相垂直的 y 方向上流过的速度变化率，称为速度梯度，$m \cdot s^{-2}$；

μ——比例系数，简称黏度，Pa · s。

式(1-15)称为牛顿黏性定律。

黏度是液体的物理性质之一，其值由实验测定。工程计算中除了极高和极低的压强外，可以不考虑压强对气体黏度的影响，液体的黏度基本不随压强而变化。

（九）流体在圆形管内流过时的摩擦阻力

流体在圆管内的摩擦阻力

$$\sum w_f = w_{f,直} + w_{f,局} \tag{1-16}$$

式中：$\sum w_f$——流动过程中的总摩擦阻力，$J \cdot kg^{-1}$；

$w_{f,直}$——流经直管的摩擦阻力，$J \cdot kg^{-1}$；

$w_{f,局}$——流经管件等局部位置的摩擦阻力，$J \cdot kg^{-1}$。

习惯上常用压强降表示摩擦阻力：

$$\sum w_f = \frac{\Delta p_f}{\rho} \tag{1-17}$$

或

$$\Delta p_f = \rho \sum w_f \tag{1-17a}$$

式中：Δp_f——因克服摩擦阻力而引起的压强降低的值，简称压强降，Pa。

1. 直管摩擦阻力

从理论上可以推导出

$$w_f = \lambda \frac{l}{d} \frac{u^2}{2} \tag{1-18}$$

或

$$\Delta p_f = \rho w_f = \lambda \frac{l}{d} \frac{\rho u^2}{2} \tag{1-18a}$$

式中：λ——摩擦系数，无因次；

l——直管长度，m。

上二式称为范宁（Fanning）公式，是计算直管摩擦阻力的基本公式。

摩擦系数 λ 与流动类型有关。

（1）层流（$Re \leqslant 2000$）可以从理论上推导出：

$$\Delta p_f = \frac{32\mu l u}{d^2} \tag{1-19}$$

式（1-19）称为哈根（Hagon）－泊谡叶（Poseuille）公式。与式（1-18a）相比知：

$$\lambda = \frac{64\mu}{du\rho} = \frac{64}{Re} \tag{1-20}$$

式中：Re——雷诺准数，无因次。

（2）湍流（$Re \geqslant 4000$）湍流情况比较复杂，目前只能用半经验半理论的方法来处理数据，整理出摩擦系数的经验公式或绘出关系曲线。

①经验公式

光滑管：柏拉修斯（Blasius）公式

$$\lambda = \frac{0.3164}{Re^{0.25}} \tag{1-21}$$

式（1-21）适用范围为 $Re = 5 \times 10^3 \sim 1 \times 10^5$。

顾毓珍公式

$$\lambda = 0.0056 + \frac{0.500}{Re^{0.32}} \tag{1-22}$$

式(1-22)适用范围为 $Re = 3 \times 10^3 \sim 3 \times 10^6$。

粗糙管：顾毓珍公式

$$\lambda = 0.01227 + \frac{0.7543}{Re^{0.38}} \tag{1-23}$$

式(1-23)适用范围为 $Re = 3 \times 10^3 \sim 3 \times 10^6$。

②关系曲线：已制成摩擦系数与雷诺准数、ε/d(相对粗糙度)间的关系曲线，可查化工原理教材。

2. 局部摩擦阻力

(1)阻力系数法　将局部阻力看作是动能的函数：

$$w_{f,局} = \zeta \frac{u^2}{2} \tag{1-24}$$

式中：ζ——阻力系数，无因次。

阻力系数由实验测得，可从手册及化工原理教材查到。

(2)当量长度法　将流体流经管件的局部阻力折合相当于流过 l_e 长度的直管阻力，将式(1-18)及式(1-18a)中的 l 换成 l_e，即可算出局部阻力 $w_{f,局}$或局部压强降 $\Delta p_{f,局}$。

$$w_{f,局} = \lambda \frac{l_e}{d} \frac{u^2}{2} \tag{1-25a}$$

或

$$\Delta p_{f,局} = \rho w_{f,局} = \lambda \frac{l_e}{d} \frac{\rho u^2}{2} \tag{1-25b}$$

式中：l_e——管件的当量长度，m。l_e 可从手册或化工原理教材中查到。

(十)流体在非圆开管内流过时的摩擦阻力

前面求圆形管内摩擦阻力各式中的圆管直径 d 换以当量直径 d_e，即可用以求出非圆形管内的相应阻力，但不能用当量直径来计算流体通过的截面积、流量和流速。当量直径的计算式为：

$$d_e = 4 r_H \tag{1-26}$$

而

$$r_H = \frac{流通截面积}{润湿周边}$$

当量直径用于计算湍流时的阻力较可靠；用于矩形管时，长与宽之比不能超过3:1；对环形截面积时其可靠性较差；层流时用当量直径计算阻力的误差更大。当必须采用式(1-24)时，除式(1-18)及式(1-18a)中的 d 换以 d_e 外，还需将式(1-20)修正为：

$$\lambda = \frac{C}{Re} \tag{1-27}$$

式中：C——无因次系数，随管截面积而变，一些非圆形管的 C 值可从化工原理教材查到。

（十一）分支管路

主管路分为两支或多支管路，称为分支管路系统，其中的流动规律为：

①各分支管路中质量流量之和等于总管路中的质量流量：

$$m_{sT} = m_{s1} + m_{s2} + \cdots + m_{sn} \tag{1-28}$$

式中：下标 T——表示总管路。

②各分支管路流动终了时总机械能与该管路中总摩擦阻力之和为常数：

$$gz_1 + \frac{u_1^2}{2} + \frac{p_1}{\rho} + \sum w_{f1} = gz_2 + \frac{u_2^2}{2} + \frac{p_2}{\rho} + \sum w_{f2} = \cdots = gz_n + \frac{u_n^2}{2} + \frac{p_n}{\rho} + \sum w_{fn} \tag{1-29}$$

（十二）并联管路

主管路分为两支或多支管中后，又汇成一条管路，称为并联管路系统。并联管路的流动规律除式(1-29)所表达的外，还有各支管路的总摩擦阻力相等这一规律，即：

$$\sum w_{f,1} = \sum w_{f,2} = \cdots = \sum w_{f,n} \tag{1-30}$$

分支或并联管路中的总摩擦阻力是总管的摩擦阻力与任一条支管摩擦阻力之和。

（十三）流速、流量的测量

1. 皮托管（又称测速管）

用皮托管测量流道局部位置上的流体局部速度：

$$u_t = \sqrt{\frac{2gR(\rho_A - \rho)}{\rho}} \tag{1-31}$$

式中：u_t——皮托管所在位置上的流体局部速度，m · s^{-1}；

R——与皮托管相连的液柱压差计上指示剂的读数，m。

一般皮托管放在管道的中心线上，测得的是管道中最大的流速 u_{max}，它与平均速度 u 的关系可查化工原理教材中的 $\frac{u}{u_{max}}$ 与 Re（或 Re_{max}）的关系图。

2. 孔板流量计

$$u_0 = C_0 \sqrt{\frac{2gR(\rho_A - \rho)}{\rho}} \tag{1-32}$$

$$V_s = C_0 A_0 \sqrt{\frac{2gR(\rho_A - \rho)}{\rho}} \tag{1-32a}$$

$$m_s = C_0 A_0 \sqrt{2g\rho R(\rho_A - \rho)} \tag{1-32b}$$

式中：u_0——流体通过锐孔的流速，m · s^{-1}；

V_s——流体的体积流量，m^3 · s^{-1}；

m_s——流体的质量流量，kg · s^{-1}；

A_0——锐孔的截面积，m^2；

C_0——孔流系数，无因次。

C_0 是管道中流体的雷诺准数、锐孔截面 A_0/管道截面 A_1 及取压方法的函数。用角接取压法的 C_0 值可由化工原理教材中的孔板流量计的 C_0 与 Re、A_0/A_1 的关系曲线图查取。一般，$C_0=0.6\sim0.7$。A_0/A_1 值既要考虑压差计上能显示明显的读数，也应注意管路中允许的静压能损失，一般选 $A_0/A_1=0.05\sim0.7$（或 $d_0/d_1=0.22\sim0.84$ 范围内）。流体通过孔板流量计的能量损失（即摩擦阻力）按下式估算：

$$w_f' = \frac{p_a - p_b}{\rho}\left[1 - 1.1\left(\frac{d_0}{d_1}\right)^2\right] \tag{1-33}$$

式中：w_f'——通过孔板流量计的摩擦阻力，J · kg^{-1}；

$p_a - p_b$——用角接取压法测得的压强差，Pa；

d_0，d_1——分别为锐孔及管道的直径，m。

3. 文丘里流量计

$$V_s = C_v A_v \sqrt{\frac{2(p_a - p_b)}{\rho}} \tag{1-34}$$

式中：A_v——喉管截面积，m^2；

$p_a - p_b$——两测压面上压强差，Pa；

C_v——文丘里管流量系数，无因次，其值由实验测定，一般取 $C_v\approx0.98$。

式(1-34)中 $p_a - p_b$ 值由与流量计相连的液柱压差计读数算出，一般压差计下游测压口放在喉管处。

4. 转子流量计

从转子流量计玻璃管的刻度上直接读出流量。通常转子流量计出厂之前，用水和空气分别作为标定刻度的介质。当流量计用于测量其他流体时，除对原有刻度加以校正作出专用流量曲线外，也可用式(1-35)或式(1-36)对读得的流量进行换算：

对于液体

$$\frac{V_2}{V_1} = \sqrt{\frac{\rho_1(\rho_f - \rho_2)}{\rho_2(\rho_f - \rho_1)}} \tag{1-35}$$

对于气体

$$\frac{V_{G2}}{V_{G1}} \approx \sqrt{\frac{\rho_{G1}}{\rho_{G2}}} \tag{1-36}$$

式中：V——液体的体积流量，m^3 · s^{-1}；

V_G——气体的体积流量，m^3 · s^{-1}；

ρ_f——转子材料的密度，kg · m^{-3}；

下标 1 及 2——分别表示出厂标定时所用的流体和工作流体。

三、知识点关联图

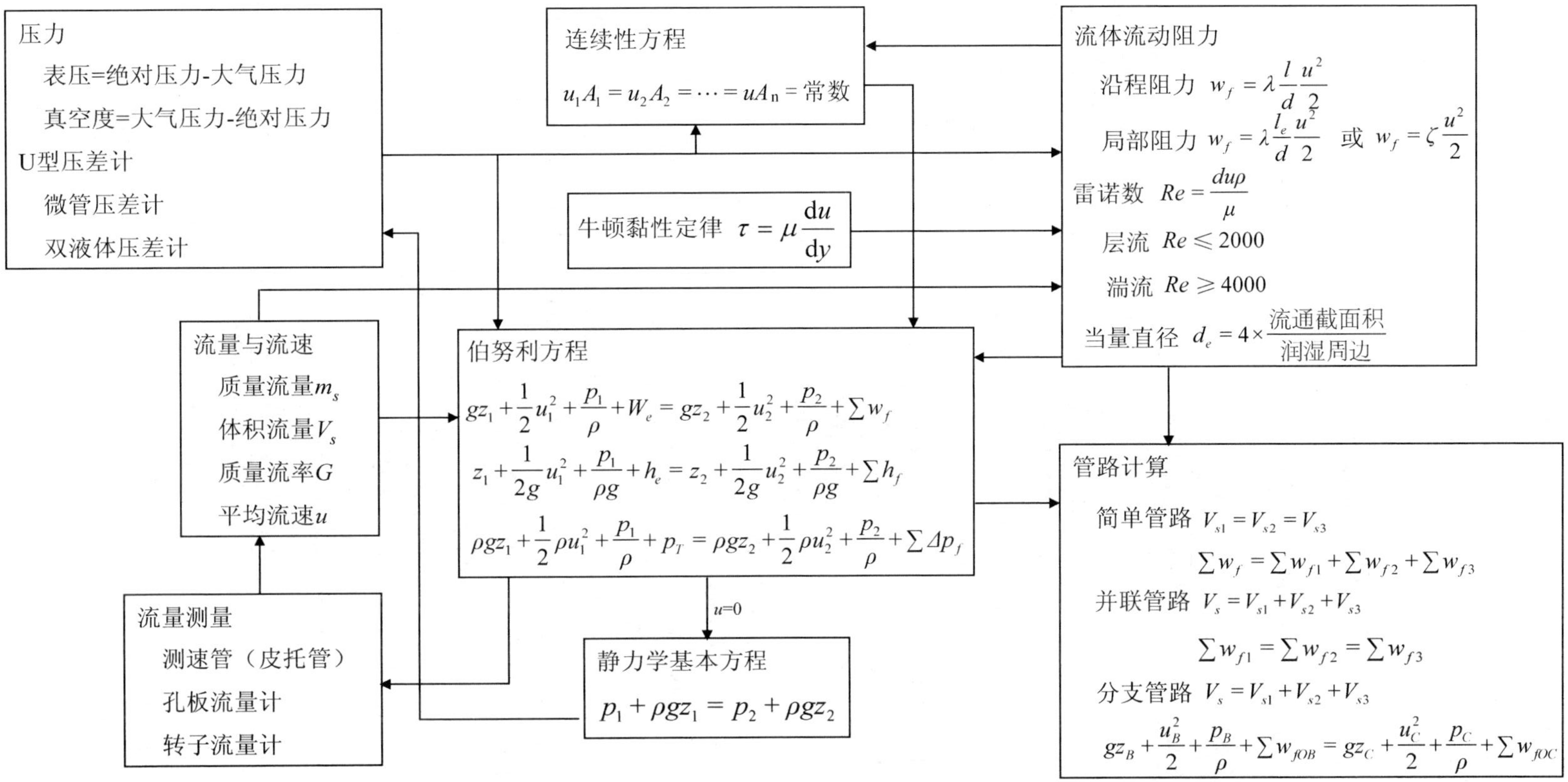
压力
表压=绝对压力-大气压力
真空度=大气压力-绝对压力
U型压差计
微管压差计
双液体压差计
连续性方程
$u_1A_1 = u_2A_2 = \cdots = uA_n$ = 常数
牛顿黏性定律 $\tau = \mu\frac{du}{dy}$
流体流动阻力
沿程阻力 $w_f = \lambda\frac{l}{d}\frac{u^2}{2}$
局部阻力 $w_f = \lambda\frac{l_e}{d}\frac{u^2}{2}$ 或 $w_f = \zeta\frac{u^2}{2}$
雷诺数 $Re = \frac{du\rho}{\mu}$
层流 $Re \leqslant 2000$
湍流 $Re \geqslant 4000$
当量直径 $d_e = 4\times\frac{流通截面积}{润湿周边}$
流量与流速
质量流量m_s
体积流量V_s
质量流率G
平均流速u
伯努利方程
$gz_1 + \frac{1}{2}u_1^2 + \frac{p_1}{\rho} + W_e = gz_2 + \frac{1}{2}u_2^2 + \frac{p_2}{\rho} + \sum w_f$
$z_1 + \frac{1}{2g}u_1^2 + \frac{p_1}{\rho g} + h_e = z_2 + \frac{1}{2g}u_2^2 + \frac{p_2}{\rho g} + \sum h_f$
$\rho gz_1 + \frac{1}{2}\rho u_1^2 + \frac{p_1}{\rho} + p_T = \rho gz_2 + \frac{1}{2}\rho u_2^2 + \frac{p_2}{\rho} + \sum \Delta p_f$
u=0
静力学基本方程
$p_1 + \rho gz_1 = p_2 + \rho gz_2$
流量测量
测速管（皮托管）
孔板流量计
转子流量计
管路计算
简单管路 $V_{s1} = V_{s2} = V_{s3}$
$\sum w_f = \sum w_{f1} + \sum w_{f2} + \sum w_{f3}$
并联管路 $V_s = V_{s1} + V_{s2} + V_{s3}$
$\sum w_{f1} = \sum w_{f2} = \sum w_{f3}$
分支管路 $V_s = V_{s1} + V_{s2} + V_{s3}$
$gz_B + \frac{u_B^2}{2} + \frac{p_B}{\rho} + \sum w_{fOB} = gz_C + \frac{u_C^2}{2} + \frac{p_C}{\rho} + \sum w_{fOC}$

四、习题解答

【例 1-1】 已知20 ℃时，水、甘油、乙醇的密度分别为998 kg · m^{-3}、1261 kg · m^{-3}、789 kg · m^{-3}。试计算 50 % 甘油水溶液的密度与 40 % 乙醇水溶液的密度。

解 液体混合物的密度计算式为$\frac{1}{\rho_m}=\frac{x_A}{\rho_A}+\frac{x_B}{\rho_B}+\cdots+\frac{x_n}{\rho_n}$

50 % 甘油水溶液的密度为$\rho_m=\frac{1}{\frac{0.5}{1261}+\frac{0.5}{998}}=1114\ \text{kg}\cdot\text{m}^{-3}$

40 % 乙醇水溶液的密度为$\rho_m=\frac{1}{\frac{0.4}{789}+\frac{0.6}{998}}=902.4\ \text{kg}\cdot\text{m}^{-3}$

【例 1-2】 在附图所示的贮罐中盛有密度为 960 kg · m^{-3}的油品，油面高于罐底 9.6 m，油面上方为常压。在罐侧壁的下部有一直径为 760 mm 的圆孔，其中心距罐底为 800 mm，孔差用 14 mm的钢制螺钉紧固。若螺钉材料的工作应力取为 39.23 MPa，问至少需要几个螺钉？

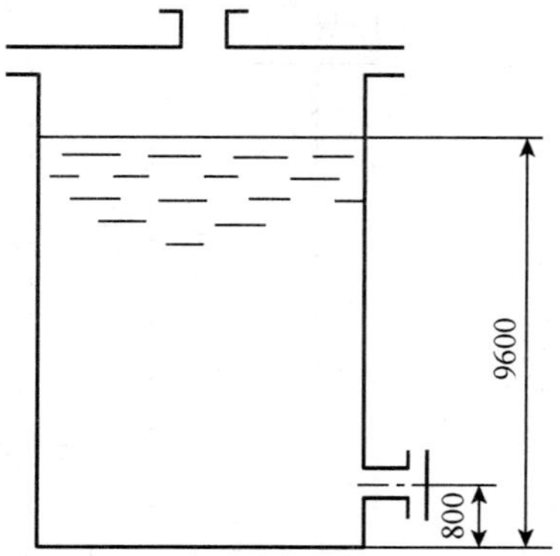

例 1-2 附图

解 圆孔中心所受的压强即为圆形孔差所受的平均压强 P，其受表压 $p_{表}=\rho gh=960\times 9.81\times(9.6-0.8)=8.29\times10^4$ Pa

设所需螺钉数目为 n

$$n=\frac{0.785\times0.76^2\times8.29\times10^4}{0.785\times0.014^2\times39.23\times10^6}=6.3\ 个，取\ 7\ 个。$$

【例 1-3】 列管换热器的管束由 121 根∅25 mm × 2.5 mm 的钢管组成。空气以 9 m · s^{-1}的速度在列管内流动。空气在管内的平均温度为 50 ℃、压强为 196 × 10^3 Pa(表压)，当地大气压为 98.7 × 10^3 Pa，试求：

(1)空气的质量流量；

(2)操作条件下空气的体积流量；

(3)将(2)的计算结果换算为标准状况下空气的体积流量。

解 (1)$m_s=V_s\cdot\rho$，$\rho=\frac{PM}{RT}$，$V_s=u\cdot A$

$$m_s=\frac{121\times0.785\times(0.025-0.005)^2\times9\times(98.7+196)\times29}{8.314\times(273+50)}=1.09\ \text{kg}\cdot\text{s}^{-1}$$

(2)$V_s'=u\cdot A=9\times121\times0.785\times(0.02)^2=0.342\ \text{m}^3\cdot\text{s}^{-1}$

(3)标准状况下 V_s的相应值 V_s'

$$V_s'=V_s\times\frac{T_0}{T}\times\frac{P}{P_0}=0.342\times\frac{273}{323}\times\frac{98.7+196}{101.3}=0.841\ \text{m}^3\cdot\text{s}^{-1}$$

【例 1-4】 为了排除煤气管中的积水，采用如附图所示的水封装置，水由煤气管道上的垂直支管排出。已知煤气压强为 12 kPa(表压)。试求水封管插入液面下的深度 h。

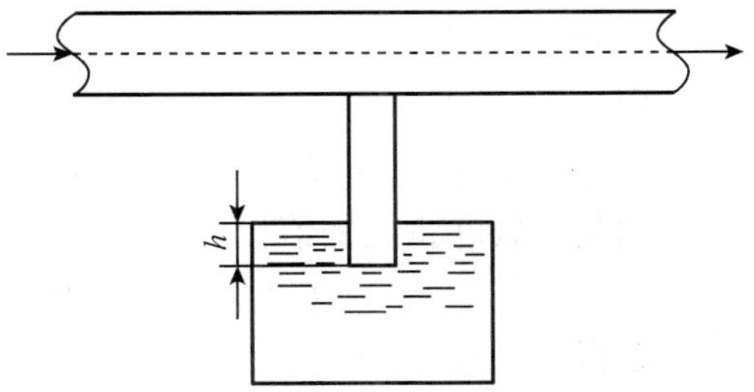

例 1-4　附图

解　插入深度使其水柱高度产生的静压等于煤气表压时，排除积水时就不至于泄漏煤气，即

$$\rho_{水} gh = 12 \times 10^3 \text{ kPa}$$

$$h = \frac{12 \times 10^3}{1000 \times 9.81} = 1.22 \text{ m}$$

【例 1-5】　如附图所示，容器内装有相对密度为 1.2 的液体，液面高度为 3 m。容器侧有两压强引线，距底面高度分别为 2 m 和 1 m，容器上部空间压强 $p_0 = 140$ kPa。试求：

(1)若指示液密度为 1400 kg · m^{-3}，U 形管压差计的读数 R；

(2)A、B 两弹簧压强计的读数。

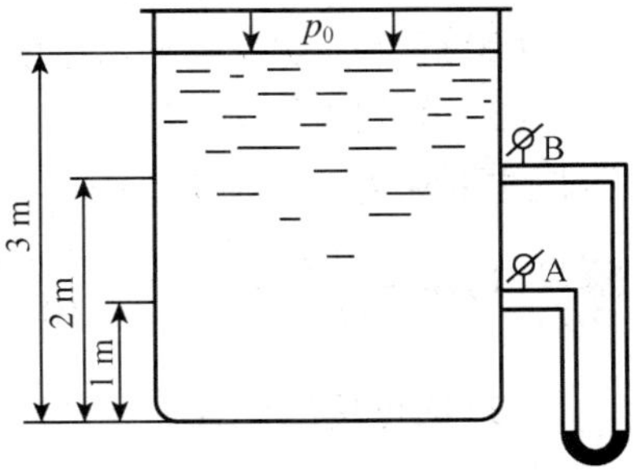

例 1-5　附图

解　(1)由于 U 形管压差计中的指示液均处于两支管的下方，在连通器内部，同一水平面具有相同的压强，则指示液不含在两支管中产生位差，即 $R = 0$。

(2)A、B 处压强计的读数为表压值，则：

$$\begin{aligned} p_{A(表)} &= (p_0 + \rho g h_1) - p_a \\ &= (140 \times 10^3 + 1.2 \times 10^3 \times 9.81 \times 2) - 101.3 \times 10^3 \\ &= 6.22 \times 10^4 \text{ Pa} \end{aligned}$$

$$\begin{aligned} p_{B(表)} &= (p_0 + \rho g h_2) - p_a \\ &= (140 \times 10^3 + 1.2 \times 10^3 \times 9.81 \times 1) - 101.3 \times 10^3 \\ &= 5.05 \times 10^4 \text{ Pa} \end{aligned}$$

【例 1-6】　本题附图所示的开口容器内盛有油和水。油层高度 $h_1 = 0.7$ m、密度 $\rho_1 = 800$ kg · m^{-3}，水层高度 $h_2 = 0.6$ m、密度 $\rho_2 = 1000$ kg · m^{-3}。

(1)判断下列两关系是否成立，即 $p_A = p'_A$；$p_B = p'_B$；

(2)计算水在玻璃管内的高度 h。

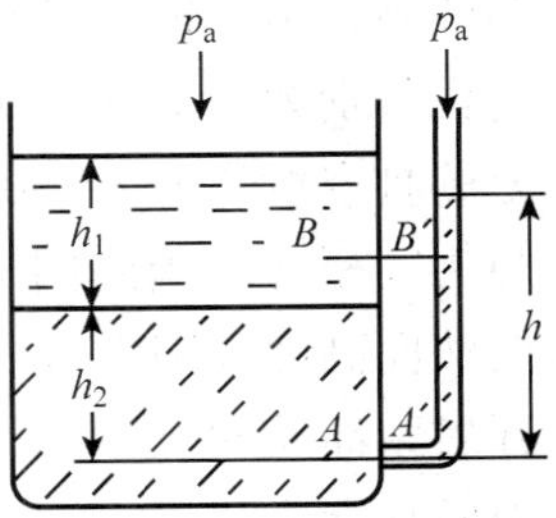

例 1-6　附图

解　(1)$p_A = p'_A$的关系成立。因 A 与 A'两点在静止的连通着的同一流体内，并在同一水平面上。所以，截面A-A'称为等压面。

$p_B = p'_B$的关系不能成立。因 B 及 B'两点虽在静止流体的同一水平面上，但不是连通着的同一种流体，即截面 $B-B'$不是等压面。

(2)由上面讨论知，$p_A = p'_A$，而 $p_A = p'_A$都可以用流体静力学基本方程式计算，即

由 $\begin{cases} p_A = p_a + \rho_1 g h_1 + \rho_2 g h_2 \\ p'_A = p_a + \rho_2 g h \\ p_a + \rho_1 g h_1 + \rho_2 g h_2 = p_a + \rho_2 g h \end{cases}$

简化上式并将已知值代入，得

$$800 \times 0.7 + 1000 \times 0.6 = 1000\ h$$

解得：$h = 1.16$ m

【例 1-7】 黏度为 8×10^3 Pa·s 与密度为 850 kg·m^{-3}的液体在内径为 14 mm 的钢管内流动，溶液的流速为 1.0 m·s^{-1}，试计算：

(1)雷诺准数，并指出属于何种流型；

(2)局部速度等于平均速度离管轴的距离；

(3)该管路为水平管，若上游压强为 1.47×10^5 Pa，液体流经多长的管子其压强才下降为 1.27×10^5 Pa。

解 (1) $Re = \dfrac{du\rho}{\mu} = \dfrac{14 \times 10^3 \times 1 \times 850}{8 \times 10^{-3}} = 1488 < 2000$　　属层流

(2)依点速度公式 $u_r = u_c\left(1 - \dfrac{r^2}{R^2}\right)$，当流动为层流时，$u = \dfrac{u_c}{2} = u_r$，

即 $\dfrac{u_c}{2} = u_c\left(1 - \dfrac{r^2}{7^2}\right)$

解得局部速度等于平均速度离管轴的距离 $r = 4.95$ mm

(3)流动为层流时，Hagen-Poiseuille's law 可用(水平管)

$$-\Delta P_f = \frac{32\mu u l}{d^2}$$

即 $-(1.27 - 1.47) \times 10^5 = \dfrac{32 \times 8 \times 10^{-3} \times 1 \times l}{(14 \times 10^{-3})^2}$

解得 $l = 15.3$ m

【例 1-8】 两贮灌中均装有密度为 800 kg·m^{-3}的油品，用一根管路连通(见附图)。两贮罐的直径分别为 1.2 m 和 0.48 m，贮罐 1 的液面上方的真空度为 1.2×10^4 Pa 且维持恒定，贮罐 2 与大气相通。当阀门 F 关闭时，贮罐 1、2 内的液面高度分别为 2.4 m，1.8 m。试判断阀门开启后油品的流向，并计算平衡后两贮罐新的液面高度。

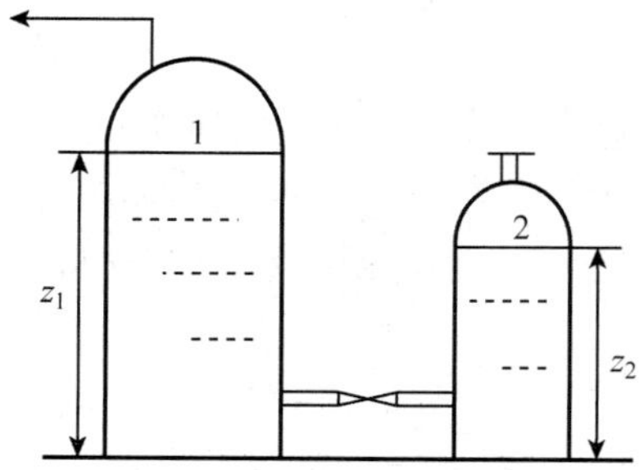

例 1-8　附图

解 比较两贮罐液面处总势能即静压能与位能之和的大小。

贮罐 1 $\dfrac{p_1}{\rho} + z_1 g = \dfrac{1.013 \times 10^5 - 1.2 \times 10^4}{800} + 2.4 \times 9.81 = 135.2$ J·kg^{-1}

贮罐 2 $\dfrac{p_2}{\rho} + z_2 g = \dfrac{1.013 \times 10^5}{800} + 1.8 \times 9.81 = 144.3$ J·kg^{-1}

因　$\frac{p_1}{\rho}+z_1g<\frac{p_2}{\rho}+z_2g$，阀门开启后油品将从贮罐 2 向贮罐 1 流动。

设平衡时，贮罐 1 的液位上升了 h_1，贮罐 2 的液位下降了 h_2，二者满足如下关系

$$\frac{\pi}{4}D_1^2h_1 = \frac{\pi}{4}D_2^2h_2$$

$$h_2 = \frac{D_1^2}{D_2^2}h_1 = \left(\frac{1.2}{0.48}\right)^2h_1 = 6.25h_1$$

平衡时，两贮罐液面处总势能应相等，即

$$\frac{p_1}{\rho}+(z_1+h_1)g=\frac{p_2}{\rho}+(z_2-h_2)g$$

$$\frac{p_1}{\rho}+(z_1+h_1)g=\frac{p_2}{\rho}+(z_2-6.25h_1)g$$

整理得

$$h_1=\frac{\frac{p_2-p_1}{\rho}+(z_2-z_1)g}{7.25g}=\frac{\frac{1.2\times10^4}{800}+(1.8-2.4)\times9.81}{7.25\times9.81}=0.13\text{ m}$$

$$h_2=6.25h_1=0.81\text{ m}$$

平衡时，两贮罐的液位高度分别为

$$z'_1=z_1+h_1=2.4+0.13=2.53\text{ m}$$

$$z'_2=z_2-h_2=1.8-0.81=0.99\text{ m}$$

【例 1-9】　用∅108 mm×4 mm 钢管组成的管路将水塔中的水送至车间内一水槽以备用。管路总长度为 150 m(包括多种局部阻力的当量长度)，塔内水面与水槽水面距离为 12 m。试求当水温为 20 ℃时水的流量为多少?

解　20 ℃时，水的密度 $\rho=998.2\text{ kg}\cdot\text{m}^{-3}$，黏度 $\mu=1.005$ cp；

管内径 $d=(108-2\times4)\times10^{-3}=0.1$ m

在塔与水槽水面间列伯氏方程，得

$$z_1+\frac{p_1}{\rho g}+\frac{u_1^2}{2g}+h_e=z_2+\frac{p_2}{\rho g}+\frac{u_2^2}{2g}+\sum h_f$$

即　$12=\lambda\times\frac{150}{0.1}\cdot\frac{u_2}{2g}$

或　$$\lambda u^2=0.157 \tag{1}$$

用试差法解方程(1)：

设 $\lambda=0.02$，代入(1)式，解得　$u=2.8\text{ m}\cdot\text{s}^{-1}$

复核　$Re=\frac{du\rho}{\mu}=\frac{0.1\times2.8\times998.2}{1.005\times10^{-3}}=2.78\times10^5>4000$

取　$\varepsilon=0.2$ mm，$\frac{\varepsilon}{d}=\frac{0.2}{100}=0.002$

查莫狄图，得 $\lambda=0.024$，与原设 λ 相差甚大，重设 $\lambda=0.025$，代入(1)式，

解得　$u=2.51\ \mathrm{m\cdot s^{-1}}$

再复核　$Re=\dfrac{0.1\times2.51\times998.2}{1.005\times10^{-3}}=2.49\times10^{5}$ 和 $\dfrac{\varepsilon}{d}=0.002$

再查莫狄图，得 $\lambda=0.0242$，又设此值，代入(1)式，解得 $u=2.55\ \mathrm{m\cdot s^{-1}}$

重复上述步骤，查得 $\lambda=0.0241$ 与第三次假设值相近，则 $u=2.55\ \mathrm{m\cdot s^{-1}}$

$\bar{V}=0.785\times0.1^{2}\times2.55\times3600=72.1\ \mathrm{m^{3}\cdot h^{-1}}$

【例 1-10】　如附图所示，密度为 $850\ \mathrm{kg\cdot m^{-3}}$ 的料液从高位槽送入塔中，高位槽内的液面维持恒定，塔内表压强为 9.087×10^{3} Pa，进料量为 $5\ \mathrm{m^{3}\cdot h^{-1}}$。连接管为∅38 mm×2.5 mm 的钢管，料液在连接管内流动时的能量损失为 $30\ \mathrm{J\cdot kg^{-1}}$。问高位槽内的液面应比塔的进料口高多少米？

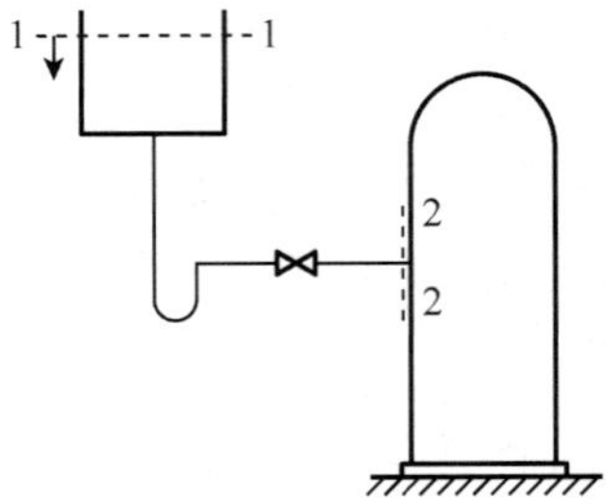

例 1-10　附图

解　取槽的液面和进料口为截面 1-1 与 2-2，以 2-2 为基准面，列伯氏方程，并简化得，

$$z_1-z_2=\frac{\dfrac{u_2^2}{2}+\dfrac{\Delta P}{\rho}+w_f}{g}$$

$$u_2=\frac{5}{3600\times0.785\times0.033^2}=1.63\ \mathrm{m\cdot s^{-1}}$$

即高差　$h=\dfrac{\dfrac{1.63^2}{2}+\dfrac{9.807\times10^3}{850}+30}{9.81}=4.37\ \mathrm{m}$

【例 1-11】　如附图所示，高位槽内的水面高于地面 8 m，水从∅108 mm×4 mm的管道中流出，管路出口高于地面 2 m。在本题规定条件下，水流经系统的能量损失可按 $\sum h_f=6.5u^2$ 计算，其中 u 为水在管内的流速，单位 $\mathrm{m\cdot s^{-1}}$。试计算：

(1) $A-A'$ 截面处水的流速；

(2) 水的流量，以 $\mathrm{m^{3}\cdot h^{-1}}$ 计。

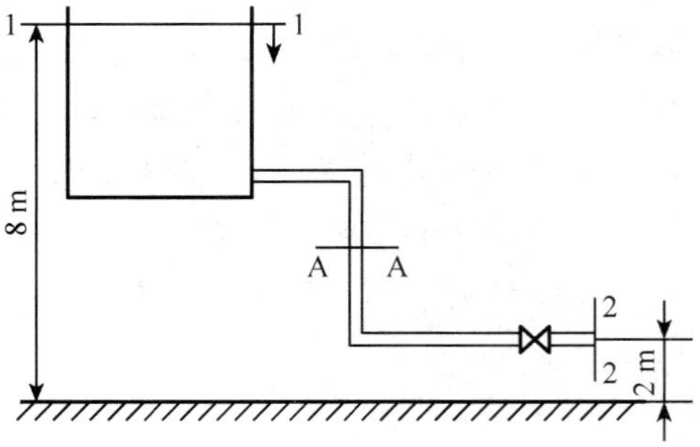

例 1-11　附图

解　取槽水面和管口为截面 1-1 和 2-2，以 2-2 为基准面，列伯氏方程：

$$gz_1+\frac{P_1}{\rho}+\frac{u_1^2}{2}=gz_2+\frac{P_2}{\rho}+\frac{u_2^2}{2}+\sum h_f$$

令 $z_2=0$，$z_1=8-2=6$ m，$p_1=p_2=p_a$，$u_1\approx0$，$u_2=u=u_A$

得　$\dfrac{u^2}{2}+6.5u^2=60$

解得　$u=2.9\ \mathrm{m\cdot s^{-1}}$

流量　$V_h=uA=2.9\times0.785\times(0.108-2\times0.004)^2\times3600=82\ \mathrm{m^{3}\cdot h^{-1}}$

【例 1-12】 20 ℃的水以 2.5 $m \cdot s^{-1}$的流速流经∅38 mm×2.5 mm 的水平管，此管以锥形管与另一∅53 mm×3 mm 的水平管相连。如本题附图所示，在锥形管两侧 A、B 处多插入一垂直玻璃管以观察两截面的压强。若水流经 A、B 两截面间的能量损失为 1.5 $J \cdot kg^{-1}$，求两玻璃管的水面差(以 mm 计)，并在本题附图中画出玻璃中水面的相对位置。

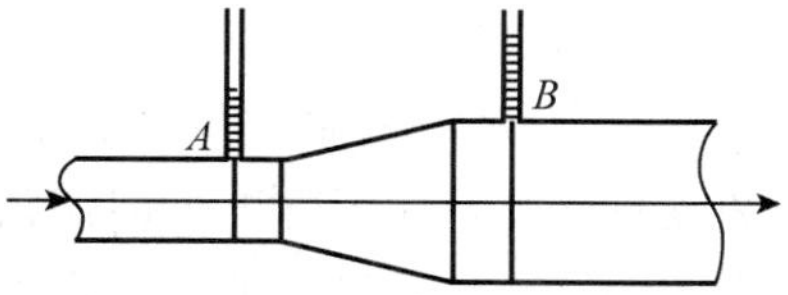

例 1-12　附图

解　对水平管，在 A、B 两截面列简化伯氏方程：

$$\frac{\Delta p}{\rho g}=\frac{u_1^2-u_2^2}{2g}-\frac{w_f}{g}$$

代入已知值，且 $u_2=u_1\left(\frac{d_1}{d_2}\right)^2=u_1\left(\frac{33}{47}\right)^2=0.49u_1$

即 $\frac{\Delta p}{\rho g}=\frac{2.5^2\times(1-0.49^2)}{2\times9.81}-\frac{1.5}{9.81}=0.089\ mH_2O=89\ mmH_2O$

B 截面的静压比 A 截面大，相当于89 mmH_2O；相对位置如附图所示。

【例 1-13】 用离心泵把 20 ℃的水从贮槽送至水浇塔顶部，槽内水位维持恒定。各部分相对位置如附图所示。管路的直径均为∅76 mm×2.5 mm，在操作条件下，泵入口处的真空表读数为 24.66×10^3 Pa，水流经吸入管与排出管(不包括喷头)的能量损失可分别按 $\sum h_1=2u^2$ 与 $\sum h_2=10u^2$ 计算。由于管径不变，故式中 u 为吸入或排出管的流速，单位 $m \cdot s^{-1}$。排水管与喷头连接处的压强为 98.07×10^3 Pa(表压)。试求泵的有效功率。

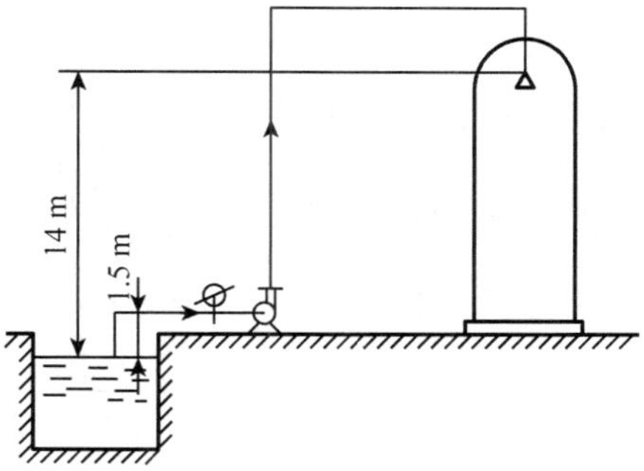

例 1-13　附图

解　在槽水面与泵入口处列伯氏方程，且以水面为基准面；压强以表压计。依题意有：

$$0=1.5\times9.81+\frac{u^2}{2}-\frac{24.66\times10^3}{10^3}+2u^2$$

解得　$u=2\ m \cdot s^{-1}$

再在槽水面与喷头连接处列伯氏方程，压强以表压计，基准面仍为槽水面，有：

$$w_e=14\times9.81+\frac{98.07\times10^3}{10^3}+(0.5+2+10)\times2^2=285.4\ J\cdot kg^{-1}$$

因　$m_s=V_s\rho=0.785\times(0.076-2\times0.0025)^2\times2\times10^3=7.91\ kg \cdot s^{-1}$

故泵的有效功率 $N_e=m_sw_e=7.91\times285.4=2258\ W=2.26\ kW$

【例 1-14】 本题附图所示的贮槽内径 D 为 2 m，槽底与内径 d_0为 32 mm 的钢管相连，槽内无液体补充，其液面高度 h_1为 2 m(以管中心线为基准)。液体在本题

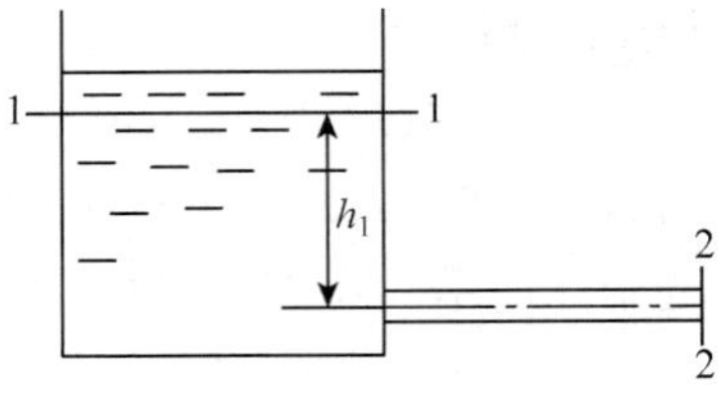

例 1-14　附图

管内流动时的全部能量损失按 $\sum h_f = 20u^2$ 公式计算，式中 u 为液体在管内流速，单位 $m \cdot s^{-1}$。试求当槽内液体下降 1 m 时所需的时间。

解　本题属于不稳定流动。设在相同时间内，槽内液面下降 dh，液体在管内瞬间流速为 u，由题知：

$$0 - \frac{\pi}{4}d_0^2 u \mathrm{d}\theta = \frac{\pi}{4}D^2 \mathrm{d}h \tag{2}$$

式中，瞬时液面高度 h(以排出口为基准)与瞬时流速 u 的关系，可由瞬时伯氏方程求解。

在瞬间液面 1-1 与排出口内侧截面 2-2 间列伯氏方程，并以截面 2-2 为基准面，得：

$$gz_1 + \frac{p_1}{\rho} + \frac{u_1^2}{2} = gz_2 + \frac{p_2}{\rho} + \frac{u_2^2}{2} + \sum w_f$$

式中，$z_1 = h_1$，$z_2 = 0$；$u_1 \approx 0$，$u_2 = u$；$p_1 = p_2$；$\sum w_f = 20u^2$

则　$9.81h = 0.5u^2 + 20u^2$

即　$u = 0.692\sqrt{h}$

以 u 值代入(2)式，得　$\mathrm{d}\theta = -\left(\frac{D}{d_0}\right)^2 \frac{\mathrm{d}h}{0.692\sqrt{h}}$

边界条件　$\theta = 0$，$h = h_1$；$\theta = \theta$，$h = 1$ m。

积分上式　$\int_0^\theta \mathrm{d}\theta = -\frac{\frac{2 \times 10^3}{32}}{0.0692}\int_{R_1=2}^{1} R^{-\frac{1}{2}}\mathrm{d}h$

即　$\theta = 5645 \times 2(\sqrt{2} - 1) = 4676$ s $= 1.3$ h

【例 1-15】　某容器中搅拌器所需功率为以下 4 个变量的函数：

(1)搅拌器的直径 D；

(2)搅拌器的单位时间内的转数 n；

(3)液体的黏度 μ；

(4)液体的密度 ρ。

试用因次分析法导出功率与这 4 个变量之间的关系式。

解　设 N 为搅拌器所需的功率，依题意知：

$$N = \alpha \cdot D^a \cdot n^b \cdot \mu^c \cdot \rho^d \tag{3}$$

式中各物理量的因次是：

$[N] = ML^2\theta^{-3}$　　$[n] = \theta^{-1}$　　$[\mu] = ML^{-1}\theta^{-1}$　　$[\rho] = ML^{-3}$　　$[D] = L$

把各物理量的因次代入(3)式，则两端的因次为

$$ML^2\theta^{-3} = (L)^a(\theta^{-1})^b(ML^{-1}\theta^{-1})^c(ML^{-3})^d$$

根据因次一致性原则，上式等号两侧各基本量因次的指数必相等，即

对于因次 M　　　$c + d = 1$

对于因次 L　　　$a-c-3d=2$

对于因次 θ　　　$-b-c=-3$

以 d 表示 a、b、c，

解得　$c=1-d$；$a=3+2d$；$b=2+d$

把 a、b、c 值代入式(3)，得：

$$N=\alpha\cdot D^{3+2d}\cdot n^{2+d}\cdot\mu^{1-d}\cdot\rho^{d}=\alpha\left(D^{2}n\rho/\mu\right)^{d}\cdot D^{3}\cdot n^{2}\cdot\mu$$

【例 1-16】　用离心泵将常压贮槽中的油品以 36 $m^3\cdot h^{-1}$的流量输送到一敞口高位槽。两槽液面维持不变，液位高差为 24 m，输油管采用∅108 mm×4 mm 的不锈钢管，管长为 600 m(包括各种局部阻力的当量长度)。油品的密度为 900 $kg\cdot m^{-3}$，黏度为 0.21 Pa·s。试计算：

(1)管内油品的流动类型；

(2)泵的扬程；

(3)轴功率为 13.8 kW 时该离心泵的效率。

解　(1)由题意知：输油量 $V_s=36\ m^3\cdot h^{-1}$，则管内流速 u 为

$$u=\frac{V_s}{0.785d^2}=\frac{\frac{36}{3600}}{0.785\times0.1^2}=1.27\ m\cdot s^{-1}$$

则雷诺数

$$Re=\frac{du\rho}{\mu}=\frac{0.1\times1.27\times900}{0.21}=546<2000$$

所以，油品在管内呈层流流动。

(2)设输送过程中该泵提供的扬程为 H，以常压槽内液面 1-1 截面为位能基准，对 1-1 面至高位槽液面 2-2 截面间列机械能守恒式

$$z_1+\frac{u_1^2}{2g}+\frac{p_1}{\rho g}+H=z_2+\frac{u_2^2}{2g}+\frac{p_2}{\rho g}+\sum h_{f1\to2}$$

式中，$p_1=p_2=101.3$ kPa，$u_1=u_2=0$，$z_2-z_1=24$ m。

层流时的摩擦因素为

$$\lambda=\frac{64}{Re}=\frac{64}{546}=0.117$$

所以，层流阻力损失为

$$h_{f1,2}=\lambda\frac{l}{d}\frac{u^2}{2g}=0.117\times\frac{600}{0.1}\times\frac{1.27^2}{2\times9.81}=57.9\ m$$

则所求离心泵的扬程为

$$H=z_2-z_1+h_{f1-2}=24+57.9=81.9\ m$$

(3)该离心泵的有效功率为

$$N_e=V_s\rho gH=\frac{36\times10^{-3}\times900\times9.81\times81.9}{3600}=7.22\ kW$$

所求该泵的效率为

$$\eta=\frac{N_e}{N}=\frac{7.22}{13.8}\times100\%=52.3\%$$

【例 1-17】 在本题附图所示的实验装置中，于异径水平管段两截面间连一倒置 U 形管压差计，以测量两截面之间的压强差。当水的流量为 10800 kg · h^{-1}时，U 形管压差计读数 R 为 100 mm。粗、细管直径分别为 $\varnothing 60$ mm × 3.5 mm 与 $\varnothing 42$ mm × 3 mm。计算：

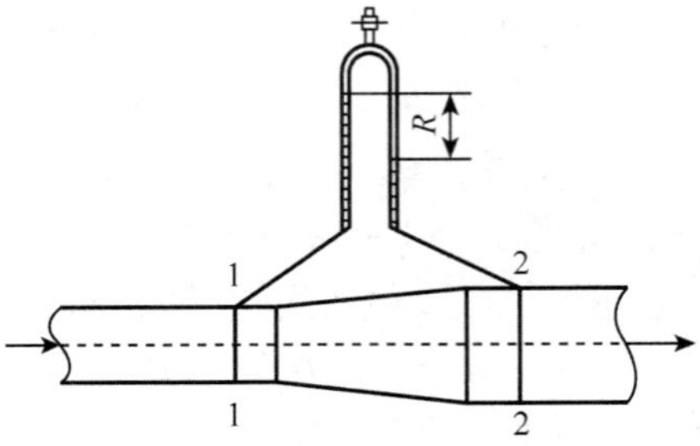

例 1-17　附图

(1) 1 kg 水流经两截面间的能量损失；

(2) 与该能量损失相当的压强降为多少。

解 (1) 因 $V_s = u \cdot A = \dfrac{m_s}{\rho}$

取 $\rho = 1000$ kg · m^{-3}

$$u_1 = \frac{10800}{3600 \times 10^3 \times 0.785 \times 0.036^2} = 2.95\ \text{m} \cdot \text{s}^{-1}$$

$$u_2 = u_1 \left(\frac{d_1}{d_2}\right)^2 = 2.95 \times \left(\frac{36}{53}\right)^2 = 1.36\ \text{m} \cdot \text{s}^{-1}$$

如附图取截面 1-2 与 2-2，对水平管有：

$$\frac{p_1}{\rho} + \frac{u_1^2}{2} = \frac{p_2}{\rho} + \frac{u_2^2}{2} + w_f$$

$$w_f = \left(\frac{p_1 - p_2}{\rho}\right) + \frac{u_1^2 - u_2^2}{2} = gR + \frac{u_1^2 - u_2^2}{2}$$

$$= \frac{9.81 \times 10^2}{10^3} + \frac{2.95^2 - 1.36^2}{2} = 4.41\ \text{J} \cdot \text{kg}^{-1}$$

(2) 因　$-\dfrac{\Delta p}{\rho} = w_f$

压强 $-\Delta p = \rho \cdot w_f = 10^3 \times 4.41 = 4410$ Pa

【例 1-18】 一定量的流体在圆形直管内做湍流流动。若管长及液体物性不变，而管径减至原来的 0.5，因流动阻力而产生的能量损失为原来的多少倍?

解 当流动为湍流时，Hagen-Poiseuille's law 可用：

即　$-\Delta p = \dfrac{32\mu u l}{d^2}$

当 $l_2 = l_1$，$\mu_2 = \mu_1$ 时，$d_2 = \dfrac{d_1}{2}$，质量流量不变，密度不变：$u_2 = u_1 \left(\dfrac{d_1}{d_2}\right)^2 = 4u_1$

那么　$\dfrac{-\Delta p_2}{-\Delta p_1} = \left(\dfrac{d_1}{d_2}\right)^2 \left(\dfrac{u_2}{u_1}\right) = 4 \times 4 = 16$

即能量损失为原来的 16 倍。

【例 1-19】 内截面为 1000 mm × 1200 mm 的矩形烟囱的高度为 30 m。平均分子

量为 30 kg·kmol^{-1}、平均温度为 400 ℃的烟道气自上而下流动。烟囱下端维持 49 Pa 的真空度。在烟囱高度范围内大气的密度可视为定值，大气温度为 20 ℃，地面处的大气压强为 101.33×10^3 Pa。流体流经烟囱时的摩擦系数可取为 0.05，试求烟道气的流量为多少。

解　20 ℃空气密度 $\rho = 1.21\ \text{kg}\cdot\text{m}^{-3}$，400 ℃烟道气密度 $\rho' = \dfrac{P_m M}{RT}$

$$P_m = \frac{p_{上} + p_{下}}{2} = \frac{(p_a - \rho gh) + (p_a - p_{真})}{2}$$

$$= 101330 - \frac{1}{2}(1.21 \times 9.81 \times 30 + 49) = 101127\ \text{Pa} \approx 101\ \text{kPa}$$

$$\rho' = \frac{101 \times 30}{8.314 \times (273 + 400)} = 0.54\ \text{kg}\cdot\text{m}^{-3}$$

在烟囱出口内侧与下端列伯氏方程，得：

$$gz_1 + \frac{p_1}{\rho'} + \frac{u_1^2}{2} = gz_2 + \frac{p_2}{\rho'} + \frac{u_2^2}{2} + \lambda\frac{l}{d_e}\frac{u_2^2}{2}$$

令　$z_1 = 0$，$z_2 = 30$ m；$p_1 = 101330 - 49 = 101281$ Pa

$p_2 = 101330 - 1.2 \times 9.81 \times 30 = 100974$ Pa

$u_2 = u_1 = u$

$d_e = \dfrac{4 \times 1 \times 1.2}{(1 + 1.2) \times 2} = 1.09$ m，$l = 30$ m

以上值代入原方程，得

$$\frac{101281}{0.54} + 0.5u^2 = 9.81 \times 30 + \frac{100974}{0.54} + 0.5u^2 + \frac{0.05 \times 30 \times 0.5u^2}{1.09}$$

解得　$u = 19.96\ \text{m}\cdot\text{s}^{-1}$

故　$V_s = u \cdot A \times 3600$，$m_s = 3600 \times 19.96 \times 1.2 \times 1 \times 0.54 = 46563\ \text{kg}\cdot\text{h}^{-1}$

【例 1-20】　用泵将贮槽中密度为 1200 kg·m^{-3}的溶液送到蒸发器内，贮槽内液面维持恒定，其上方压强为 101.33×10^3 Pa，蒸发器上部的蒸发室内操作压强为 26670 Pa（真空度），蒸发器进料口高于贮槽内液面 15 m，进料量为 20 m^3·h^{-1}，溶液流经全部管路的能量损失为 120 J·kg^{-1}，求泵的有效功率。管路直径为 60 mm。

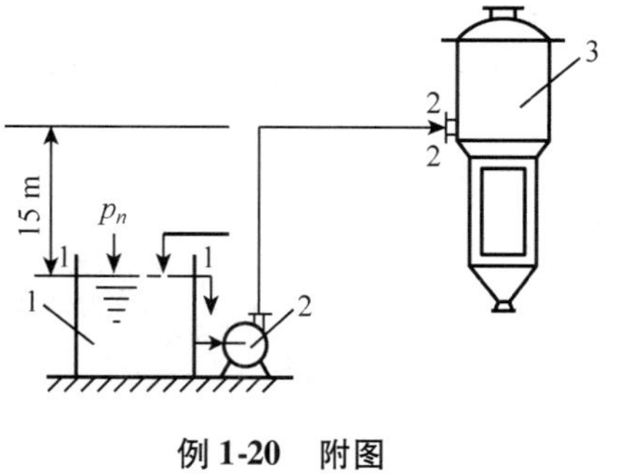

例 1-20　附图

解　如附图，取贮槽液面为 1-1 截面，管路出口内侧为 2-2 截面，并以 1-1 截面为基准水平面，在两截面间列机械能衡算式，即

$$gz_1 + \frac{u_1^2}{2} + \frac{p_1}{\rho} + w_e = gz_2 + \frac{u_2^2}{2} + \frac{p_2}{\rho} + \Sigma w_f$$

式中，$z_1 = 0$，$z_2 = 15$ m；$p_1 = 0$（表压），$p_2 = -26670$ Pa（表压）；$u_1 = 0$，

$$u_2=\frac{\frac{20}{3600}}{0.785\times(0.06)^2}=1.97\ \text{m}\cdot\text{s}^{-1};\quad \sum w_f=120\ \text{J}\cdot\text{kg}^{-1}。$$

将上述各项数值代入上式，则

$$w_e=15\times9.81+\frac{(1.97)^2}{2}+120+\frac{26670}{1200}=246.9\ \text{J}\cdot\text{kg}^{-1}$$

泵的有效功率 N_e 为：$N_e=w_e\cdot m_s$

式中，$m_s=V_s\cdot\rho=\dfrac{20\times1200}{3600}=6.67\ \text{kg}\cdot\text{s}^{-1}$

$$N_e=246.9\times6.67=1647\ \text{W}=1.65\ \text{kW}$$

【例 1-21】 每小时将 20×10^3 kg 的溶液用泵从反应器输送到高位槽（见附图）。反应器液面上方保持 26.7 kPa 的真空度，高位槽液面上方为大气压强。管道为∅76 mm × 4 mm 的钢管，总长为 50 m，管线上有两个全开的闸阀，1 个孔板流量计（局部阻力系数为 4），5 个标准弯头。反应器内液面与管路出口的距离为 15 m。若泵的效率为 0.7，求泵的轴功率。

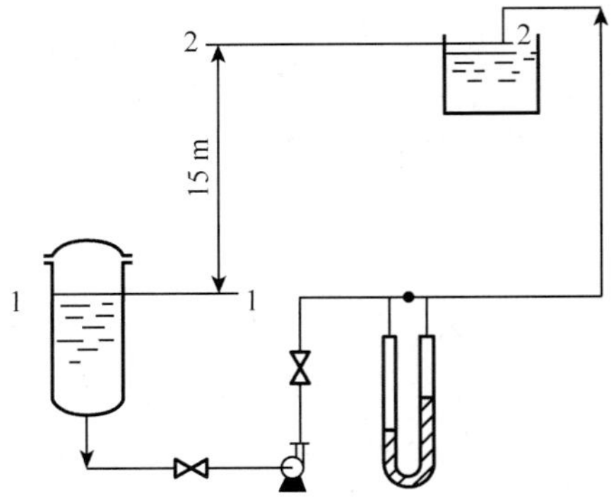

例 1-21　附图

解　取反应器液面和管出口分别为截面 1-1 和 2-2，以 1-1 为基准面，列伯氏方程：

$$gz_1+\frac{p_1}{\rho'}+\frac{u_1^2}{2}+w_e=gz_2+\frac{p_2}{\rho'}+\frac{u_2^2}{2}+\sum w_f$$

式中，$z_1=0$，$z_2=15$ m；$u_1\approx0$，$u_2=u$；$p_1=-26.7\times10^3$ Pa，$p_2=0$（均表压）；溶液密度 ρ 取为1000 $\text{kg}\cdot\text{m}^{-3}$，黏度为 1 mPa · s。

各数值代入，整理方程，得

$$w_e=174+\frac{u^2}{2}+\sum w_f$$

$$u=\frac{V_s}{A}=\frac{m_s}{\rho A}=\frac{2\times10^4}{1000\times0.785\times(0.076-2\times0.004)^2\times3600}$$
$$=1.53\ \text{m}\cdot\text{s}^{-1}$$

$$\sum w_f=\left(\lambda\cdot\frac{l+\sum l_e}{d}+\xi_c\right)\frac{u^2}{2}$$

式中，$l=50$ m，$\xi_c=4$，$u=1.53\ \text{m}\cdot\text{s}^{-1}$，$d=0.068$ m。

2 个全开闸阀、5 个标准弯头查当量长度共线图，得

$$\sum l_e=2\times0.45+5\times2.1=11.4\ \text{m}$$

$$Re=\frac{du\rho}{\mu}=\frac{0.068\times1.53\times10^3}{10^{-3}}=1.04\times10^5$$

ε 取为0.2 mm，$\frac{\varepsilon}{d}=\frac{0.2}{68}=0.0029$，查莫狄图，得

$\lambda=0.027$

$$w_e=174+\left[\frac{0.027\times(50+11.4)}{0.068}+4+1\right]\times\frac{1.53^2}{2}=208.4\ \text{J}\cdot\text{kg}^{-1}$$

故泵的轴功率

$$N=\frac{m_s w_e}{\eta}=\frac{2\times10^4}{3600}\times\frac{208.4}{0.7}=1654\text{W}=1.654\ \text{kW}$$

【例 1-22】 用离心泵将水从储槽送至水洗塔的顶部，槽内水位维持恒定，各部分相对位置如附图所示。管路的直径均为∅76 mm×2.5 mm。在操作条件下，泵入口处真空表的读数为 24.66×10^3 Pa；水流经吸入管与排出管（不包括喷头）的能量损失可分别按 $\sum w_{f1}=2u^2$ 与 $\sum w_{f2}=10u^2$ 计算。由于管径不变，故式中 u 为吸入或排出管的流速，$(\text{m}\cdot\text{s}^{-1})$。排水管与喷头处的压强为 98.07×10^3 Pa（表压）。求泵的有效功率。（水的密度取为 $1000\ \text{kg}\cdot\text{m}^{-3}$）

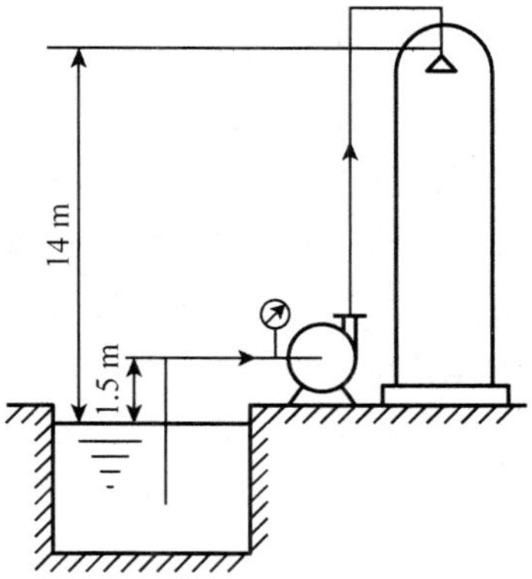

例 1-22　附图

解　(1)水在管内的流速与流量设储槽水面为上游截面 1-1′，真空表连接处为下游截面 2-2′，并以截面 1-1′为基准水平面。在两截面间列伯努利方程。

$$gz_1+\frac{u_1^2}{2}+\frac{p_1}{\rho}=gz_2+\frac{u_2^2}{2}+\frac{p_2}{\rho}+\sum w_{f1}$$

式中，$z_1=0$，$z_2=1.5$ m；$p_1=0$（表压），$p_2=-24.66\times10^3$ Pa（表压）；$u_1\approx0$，$\sum h_{f1}=2u^2$。

将上列数值代入伯努利方程式，解得水在管内的流速 u_2：

$$u_2=\sqrt{\left(\frac{24660}{1000}-9.81\times1.5\right)/2.5}=2\ \text{m}\cdot\text{s}^{-1}$$

水的流量 $m_s=uA\rho=2\times0.785\times0.071^2\times1000=7.92\ \text{kg}\cdot\text{s}^{-1}$

(2)泵的有效功率

设储槽水面为上游截面 1-1′，排水管与喷头连接处为下游截面 2-2′，仍以截面 1-1′为基准水平面。在两截面间列伯努利方程。

$$gz_1+\frac{u_1^2}{2}+\frac{p_1}{\rho}+w_e=gz_2+\frac{u_2^2}{2}+\frac{p_2}{\rho}+\sum w_{f1}+\sum w_{f2}$$

$$gz_1+\frac{u_1^2}{2}+\frac{p_1}{\rho}+w_e=gz_2+\frac{u_2^2}{2}+\frac{p_2}{\rho}+\sum h_{f1}+\sum h_{f2}$$

式中，$z_1=0$，$z_2=14$ m；$u_1\approx0$，$u_2=2\ \text{m}\cdot\text{s}^{-1}$；$p_1=0$（表压），$p_2=98.07\times10^3$ Pa（表压）；$\sum h_{f1}+\sum h_{f2}=2u^2+10u^2=12u^2$。

将上列数值代入伯努利方程式，解得：

$$w_e = 9.81 \times 14 + \frac{98070}{1000} + 12 \times 2^2 \ \text{J} \cdot \text{kg}^{-1}$$

泵的有效功率 $N_e = w_e \cdot m_s = 285.41 \times 7.92 = 2260 \ \text{W}$

【例 1-23】 从设备送出的废气中含有少量可溶物质，在放空之前令其通过一个洗涤器，以回收这些物质进行综合利用，并避免环境污染。一气体流量为 3600 $\text{m}^3 \cdot \text{h}^{-1}$（在操作条件下），其物性与 50 ℃的空气基本相同。如附图所示，气体进入鼓风机前的管路上装有指示液为水的 U 形管压差计，其读数为 30 mm。输气管与放空管的内径均为 250 mm，管长与管件、阀门的当量长度之和为 50 m（不包括进、出塔及管出口阻力），放空口与鼓风机进口的垂直距离为 20 m，已估计气体通过塔内填料层的压强降为 1.96×10^3 Pa。管壁的绝对粗糙度 ε 可取为 0.15 mm，大气压强为 101.33×10^3 Pa。求鼓风机的有效功率。

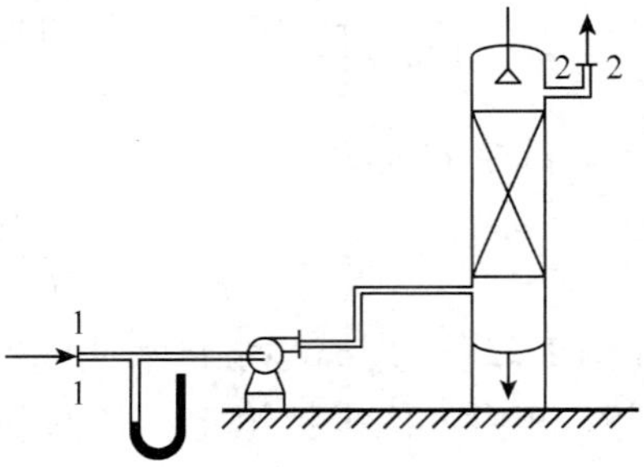

例 1-23 附图

解 以风机进口管及放空管为截面 1-1 和 2-2，取 1-1 为基准面。列伯氏方程，得

$$gz_1 + \frac{p_1}{\rho_m} + \frac{u_1^2}{2} + w_e = gz_2 + \frac{p_2}{\rho_m} + \frac{u_2^2}{2} + \sum w_f$$

式中，$z_1 = 0$，$z_2 = 15 \ m$；$u_1 = u_2 = 0$（外侧）；$p_1 = 30 \times 9.81 = 294.3$ Pa（表压），$p_2 = 0$（表压）。

由题及图知 $$\sum w_f = \frac{\lambda \dfrac{2(l + l_e)}{d} + 2\xi_B + 2\xi_i}{2} u^2 + \frac{-\Delta p}{\rho}$$

气体流速 $$u = \frac{V_s}{A} = \frac{3600}{3600 \times 0.785 \times 0.25^2} = 20.4 \ \text{m} \cdot \text{s}^{-1}$$

气体密度 $$\rho = \frac{PM}{RT} = \frac{(101.3 \times 2 + 0.094) \times 29}{2 \times 8.314 \times (273 + 50)} = 1.1 \ \text{kg} \cdot \text{m}^{-3}$$

气体黏度 $\mu = 19.6 \times 10^6 \ \text{Pa} \cdot \text{s}$（查表）

$$Re = \frac{du\rho}{\mu} = \frac{0.25 \times 20.4 \times 1.1}{19.6 \times 10^6} = 2.86 \times 10^5$$

$$\frac{\varepsilon}{d} = \frac{0.15}{250} = 0.0006$$

查莫狄图 $\lambda = 0.019$

$$\sum w_f = \frac{\dfrac{0.019 \times 50}{0.25} + 2 + 1}{2} \times 20.4^2 + \frac{1.96 \times 10^3}{1.1} = 3197 \ \text{J} \cdot \text{kg}^{-1}$$

数值代入原方程，并化简，得

$$w_e = 9.81 \times 15 + 3197 - \frac{294.3}{1.1} = 3077 \ \text{J} \cdot \text{kg}^{-1}$$

鼓风机的有效功率

$$N_e = w_e \cdot m_s = V_s \cdot \rho_m \cdot w_e = \frac{3600}{3600} \times 1.1 \times 3077 = 3385\ \text{W} = 3.385\ \text{kW}$$

【例 1-24】 某车间生产用水是由一根直径为 d 的钢管，从水塔中引入。今因生产发展用水增加两倍，原管路中水流量不足。现有两种建议：

(1)增加一根直径相同的水管，并联使用；

(2)将原管路换成一根直径为 $2d$ 的水管。

试问哪一种建议可行。计算时可假设管路的摩擦系数 λ 均相同。

解 (1)用一根相同管径的水管并联，而且两管流速相同，都等于原流速(管路阻力损耗相同、总位头相同)

并联管总流量　$V = V_1 + V_2 = 2V_{原} < 3V_{原}$

故第一种建议不行。

(2) $D = 2d$ 时，原来　$H = \left(1 + \frac{\lambda l}{d}\right)\frac{u_d^2}{2g}$

新情况下　$H = \left(1 + \frac{\lambda l}{D}\right)\frac{u_D^2}{2g}$

即　$\left(1 + \frac{\lambda l}{D}\right)u_D^2 = \left(1 + \frac{\lambda l}{d}\right)u_d^2$

当 λ、l 相同时，且 $\frac{1}{D} = \frac{1}{2d}$

即　$1 + \frac{\lambda l}{d} > 1 + \frac{\lambda l}{D}$

故　$u_D > u_d$

且　$V = \frac{\pi}{4}D^2 u_D = \frac{\pi}{4}(2d)^2 u_D$

$$\frac{V}{V_{原}} = \frac{4d^2 \cdot u_D}{d^2 \cdot u_d} > 4$$

因此，第二种建议可行。当水量过大时，可用阀门调节。

【例 1-25】 在一内径为 320 mm 的管道中，用皮托管测定平均分子量为 64 的某气体的流速。管内气体的压强为 101.3 kPa，温度为 40 ℃，黏度为 0.022 mPa。已知在管道同一截面上皮托管所连接的 U 形管压差计最大读数为 30 mmH_2O。试问此时管道内气体的平均流速为多少？

解 同截面上皮托管的压差计最大读数指明设测点为管中心最大流速点，即 u_c，依式：

$$u_c = \left(\frac{2gR\rho_A}{\rho_B}\right)^{0.5}$$

气体密度　$\rho_B = \frac{PM}{RT} = \frac{101.33 \times 60}{8.314 \times (273 + 40)} = 2.336\ \text{kg} \cdot \text{m}^3$

$$u_c = \left(\frac{2 \times 9.81 \times 30 \times 10^{-3} \times (1000 - 2.336)}{2.336}\right)^{0.5} = 15.85\ \text{m} \cdot \text{s}^{-1}$$

$$Re=\frac{du_c\rho}{\mu}=\frac{320\times10^{-3}\times15.85\times2.336}{0.022\times10^{-3}}=5.38\times10^5$$

由 Re，查$\frac{u}{u_c}$与 Re 关系图，得 $\frac{u}{u_c}=0.85$

平均流速　$u=0.85u_c=0.85\times15.85=13.5\ \text{m}\cdot\text{s}^{-1}$

【例 1-26】　用∅159 mm×4.5 mm 钢管输送密度 878 $\text{kg}\cdot\text{m}^{-3}$、黏度 4.1×10^{-3} Pa·s 的某种油。油的最大流量为 65 $\text{m}^3\cdot\text{h}^{-1}$，油通过孔板流量计时，在所连接的 U 形管压差计上允许的最大读数 R 为 400 mm，压差计中指示液为汞，其密度为 $1.36\times10^4\ \text{kg}\cdot\text{m}^{-3}$。试求孔板流量计的孔径。

解　管路流速　$u=\frac{V_s}{A}=\frac{65}{3600\times0.785\times0.15^2}=1.02\ \text{m}\cdot\text{s}^{-1}$

$$Re=\frac{du\rho}{\mu}=\frac{0.15\times1.02\times878}{4.1\times10^{-3}}=3.3\times10^4>10^4$$

依 C_0 与 Re、$\frac{A_0}{A_1}$关系曲线知：取 $C_0=0.6$ 是合理的。

令 $u_0=C_0\left[\frac{2gR'(\rho_A-\rho)}{\rho}\right]^{0.5}=0.6\times\left[\frac{2\times9.81\times0.4\times(1.36\times10^4-878)}{878}\right]^{0.5}$

$=6.4\ \text{m}\cdot\text{s}^{-1}$

$$A_0=\frac{V}{u_0}=\frac{65}{3600\times6.4}=0.785d_0^2$$

解得孔板流量计的孔径　$d_0=0.0599$ m，可取孔径为 60 mm。

【例 1-27】　用∅160 mm×5 mm 管子输送 1.01325×10^5 Pa、20 ℃的空气。管路上装有文氏流量计，其喉管部直径为 50 mm，所连接的 U 形压差计的读数为 79 mm，压差计中指示液为水，其密度为 $1\times10^3\ \text{kg}\cdot\text{m}^{-3}$。试求空气的质量流量。

解　文氏流量计流量　$m_s=C_vA_0\left[\frac{2gR(\rho_A-\rho)}{\rho}\right]^{0.5}\cdot\rho$

式中，C_v 对管径 <200 mm 的管路，$C_v=0.98$

空气 $\rho=1.205\ \text{kg}\cdot\text{m}^{-3}$（查表）

故 $m_s=0.98\times0.785\times0.05^2\times\left[\frac{2\times9.81\times0.079\times(1000-1.205)}{1.205}\right]^{0.5}\times1.205$

$=0.083\ \text{kg}\cdot\text{s}^{-1}$

或　$m_s=300\ \text{kg}\cdot\text{h}^{-1}$

【例 1-28】　用水来校定某转子流量计，如改测空气（30℃、730 mmHg*）。原来转子为硬钴，密度为 11000 $\text{kg}\cdot\text{m}^{-3}$，现改用形状相同，密度为 1150 $\text{kg}\cdot\text{m}^{-3}$的胶质转子。试问在同一刻度下，空气流量为水流量的多少倍?

---

* 1 mmHg = 0.133 kPa

解 转子流量计流量公式 $V_s = C_R A_R \left[\dfrac{2gV_f(\rho_f - \rho)}{A_f\rho}\right]^{0.5}$

对形状相同，于同一刻度下，A_R 不变，近似相等，V_f、A_f 不变

取水的密度 $\rho_{H_2O} = 1000\ kg \cdot m^{-3}$

空气的密度 $\rho_{air} = \dfrac{PM}{RT} = \dfrac{730 \times 0.133 \times 29}{8.314 \times 303} = 1.12\ kg \cdot m^{-3}$

故 $\dfrac{V_{s(air)}}{V_{s(H_2O)}} = \left[\dfrac{(1150 - 1.12) \times 1000}{(11000 - 1000) \times 1.12}\right]^{0.5} = 10.13$

空气流量约为水流量(同一刻度下)的 10.13 倍。

五、思考题

【例 1-29】 有一水平管路，A、B 两截面间的压强差以 U 形压差计读数 R 的大小来表示。现仍为同一管路，而将水平管路倾斜一定高度，A、B 两截面间距离不变，但两点不在同一水平位置，此时两截面间的压强差以 U 压差计测定，问读数 R 可有改变?

答 不变。由于 U 形压差计测的是 A、B 两截面静压差，当 A 向 B 倾斜 Δz 高度时，若未改变管路流速，距离与管径不变，阻力损失亦不改变，B 端静压头虽增加 Δz 位头，A 端却也增加了 Δz 位头，所以 U 形压差计的读数 R 不变(若位能差转换为动能，一般情况下，阻力损失增大，读数 R 可能增大)。

【例 1-30】 如附图所示，测压管分别与 3 个设备 A、B、C 相连通。连通管的下部是水银，上部是水，3 个设备内水面在同一水平面上。问：

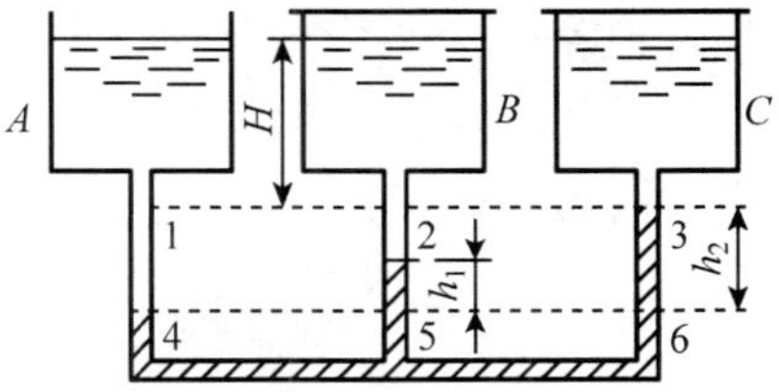

例 1-30 附图

(1)1、2、3 三处压强是否相等?

(2)4、5、6 三处压强是否相等?

(3)若 $h_1 = 100$ mm、$h_2 = 200$ mm 且知设备 A 直接接通大气(大气压强为 101.33×10^3 Pa)。求 B、C 两设面上方的压强。

答 连续流体内，同一水平面具有相同压强。所以：(1)1、2、3 三处虽在同一水平面上，但连通的流体不连续、压强亦不等。

(2)4、5、6 三处压强相等。

(3)$p_A + \rho_{水} g(H + h_2) = p_B + \rho_{水} g(H + h_2 - h_1) + \rho_{水} gh_1$

即 $101.33 \times 10^3 + 1000 \times 9.81 \times 100 \times 10^{-3} = p_B + 13.6 \times 10^3 \times 9.81 \times 100 \times 10^{-3}$

$p_B = 88969.4$ Pa

同理 $p_C = p_B - (\rho_{Hg} - \rho_{水})g(h_2 - h_1)$

$= 88969.4 - (13.6 - 1) \times 10^3 \times 9.81 \times (200 - 100) \times 10^{-3}$

$p_C = 76608.8$ Pa

【例 1-31】 某液体分别在附图所示的 3 根管道中稳定流过，各管绝对粗糙度、

管径均相同，上游截面 1-1 的压强、流速也相等。问：

(1)在 3 种情况下，下游截面 2-2 的流速是否相等？

(2)在 3 种情况中，下游截面 2-2 的压强是否相等？如果不等，哪种情况最大，理由何在。

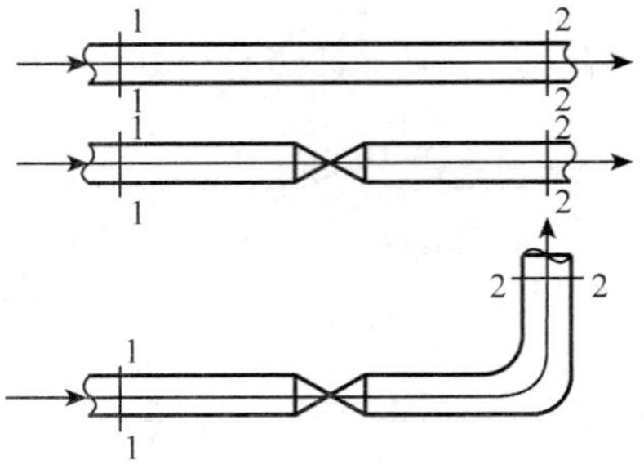

例 1-31　附图

答　(1)按连续性方程，不可压缩流体经等径管道，流速不变，则 3 种情况下，下游截面流速都和原流速相同(亦即相等)。

(2)下游截面之各压强不等，以(a)种情况压强最大，因为在流径中阻力损耗最少，(b)情况对立阀门阻力损耗，(c)情况再多了变向阻力损失，又增加了位能，似乎管长也大了，当然最小。

【例 1-32】　附图所示的高位槽液面维持恒定，管路中 ab 和 cd 两段的长度、直径及粗糙度均相同。某液体以一定流量流过管路，液体在流动过程中温度可视为不变。问：

(1)液体通过 ab 和 cd 两段的能量损失是否相等？

(2)该两段的压强差是否相等？并写出它们的表达式。

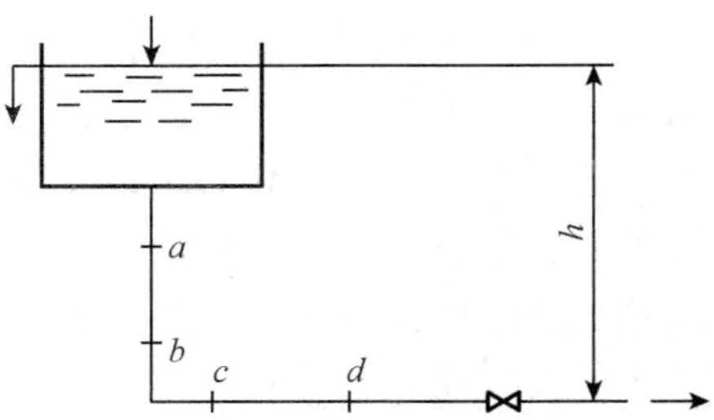

例 1-32　附图

答　(1)能量损耗表达式 $\sum w_f = \frac{\lambda l}{d} \cdot \frac{u^2}{2}$，对等径管路，$u$ 不变，今 l、d、ε 相同，流通的又是同一液体，则 Re 相同，λ 亦相等，故通过两管段的阻力损失相等。

(2)不等。因 ab 管段尚有位能差 Δl，则 $p_a - p_b = \left[\frac{\lambda l}{d} \cdot \frac{u^2}{2} + g\Delta l\right]\rho$；$p_c - p_d = \frac{\lambda l}{d} \cdot \frac{u^2}{2} \cdot \rho$

【例 1-33】　例 1-32 的附图所示的管路上装有一个阀门，如减少阀门的开度。试讨论：

(1)液体在管内的流速及流量的变化情况；

(2)液体流经整个管路系统的能量损失情况。

答　(1)由于阀门的开度减少，则阻力损失 $\sum h_f$ 增大，总位能不变，进出口压力能亦不变，只能是动能降低，即流速减少，流量降低。

(2)液体流经整个系统的能量损失 $\sum w_f = \left(\frac{\lambda l}{d} + \sum \xi\right) \cdot \frac{u^2}{2}$，即能量损失为直管部分与局部管、阀件阻力损失之总和。

【例 1-34】 附图所示，槽内液面（水）维持不变，水从 B、C 两支管排出，各管段的直径、粗糙度相同，槽内水面与两支管出口的距离相等，水在管内已达完全湍流状态。试分析：

（1）两阀门全开时，两支管的流量是否相等？

（2）若把 C 支管的阀门关闭，这时 B 支管内水的流量有何改变。

（3）当 C 支管的阀门关闭时，主管路 A 处的压强比两阀门全开时是增加还是降低？

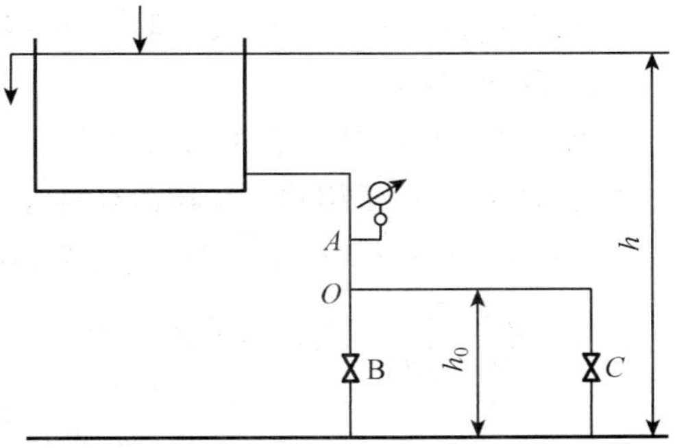

例 1-34　附图

答　（1）两阀门全开时：节点 O 及 B、C 支管出口内侧列伯氏方程有：

B 管：

$$gh_0+\frac{p_0}{\rho}+\frac{u_B^2}{2}=0+\frac{p_a}{\rho}+\frac{u_B^2}{2}+\sum w_{f_B}$$

C 管：

$$gh_0+\frac{p_0}{\rho}+\frac{u_C^2}{2}=0+\frac{p_C}{\rho}+\frac{u_C^2}{2}+\sum w_{f_C}$$

因在同一节点，h_0、p_0 相同，故有 $\sum w_{f_B}=\sum w_{f_C}$，即

$$\left(\frac{\lambda_B l_B}{d}+\xi\right)\cdot\frac{u_B^2}{2}=\left(\frac{\lambda_C l_C}{d}+\xi\right)\cdot\frac{u_C^2}{2}$$

完全湍流时，ε/d 相同，λ 不因 Re 改变而改变，即 $\lambda_B=\lambda_C$，若 $l_B<l_C$，则 $u_B>u_C$，相反亦然，流量都不等。只有 $l_B=l_C$ 时，流量才相同。

（2）C 支管的阀门关闭时，B 支管的流速增大，因为 $u_C=0$，$u_{总}$ 降低，能耗减少，若 B 管流速不变，势必造成 B 管出口端压强增大，而 B、C 支管出口压强均为大气压，唯有增大 u_B，才可维持能量守恒。

（3）一般情况下，两阀门全开时的流量要比只开单阀时高，即 $u_{总}$ 在 C 阀关闭时，流速变小，主管的能耗减少，A 处的位能不变，动能亦减少，唯有压力能增加，即压强增加。

【例 1-35】 从水塔引水到车间，水塔的水位可视为不变。送水管的内径为 50 mm，管路总长为 l，且 $l \gg l_e$，流量为 V_s，水塔水面与送水管出口间的垂直距离为 h_0。今用水量增加 50%，需对送水管进行改装。

（1）有人建议将管路并联一根长度为 $l/2$，内径为 50 mm 的管子[见附图（b）]；

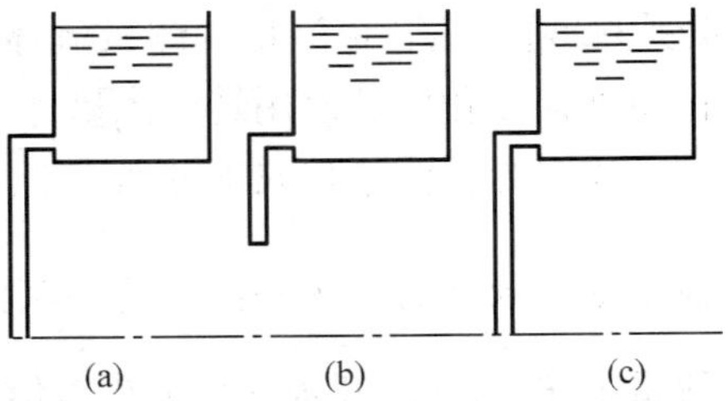

例 1-35　附图

（2）有人建议将管子换成内径为 75 mm 的管子[见附图（a）]；

（3）有人建议将管路并联一根长度为 l、内径为 25 mm 的管子[见附图（c）]。

试分析这些建议的效果。假设在3种情况下，摩擦系数λ变化不大；水在管内的动能可忽略。

答　当$l \gg l_e$时，管路局部阻力不计，只计直管阻力损失，加之管内动能可忽略，各情况下λ相同，水塔的位能全用于克服直管的阻力损失。

(1)并联一根长度为$l/2$，内径为50 mm的管子时，该管有：

$h' = \frac{\lambda l}{2d} \cdot \frac{u^2}{2g}$，假设此时位差也减为原来的$\frac{1}{2}$，即$\frac{h}{2} = h'$

$$u = \left(\frac{gh \cdot 2d}{\lambda \cdot l}\right)^{0.5}$$

$u_{原} = \left(\frac{2gh \cdot d}{\lambda \cdot l}\right)^{0.5}$，$\frac{u}{u_{原}} = 1$，此时二管的总流量恰为原来的2倍。

(2)管径换成75 mm的管子，即$d' = \frac{75}{50}d = 1.5d$

$$h = \frac{\lambda l}{d'} \cdot \frac{u^2}{2g}$$

$$u = \left(\frac{2gh \times 1.5d}{\lambda \cdot l}\right)^{0.5} = \left(\frac{2gh \times d}{\lambda \cdot l}\right)^{0.5} \times (1.5)^{0.5} = 1.5^{0.5} u_{原}$$

$$\frac{V'}{V_{原}} = \frac{uA'}{u_{原} A} = 1.5^{0.5} \times 1.5^2 = 2.76$$

可使放水量增加276 %。

(3)管路并联一根长度为l，内径为25 mm的管子，即$d' = \frac{d}{2}$

$$h = \frac{\lambda l}{d'} \cdot \frac{u^2}{2g}$$

$$u = \left(\frac{2gh \cdot d}{\lambda l} \times 0.5\right)^{0.5} = \sqrt{0.5} u_{原}$$

新路流量

$$V' = \sqrt{0.5} u_{原} \times \frac{\pi}{4} \times \left(\frac{d}{2}\right)^2 = \frac{\pi}{4} d^2 \cdot u_{原} (\sqrt{0.5} \times 0.5^2)$$

$$= 0.5^{2.5} V_{原} = 0.177 V_{原}$$

即增加了17.7%流量。

【例1-36】　用孔板流量计测量流体流量时，随着流量的增加，孔板前后的压差值将如何变化？若改用转子流量计，转子上下的压差值又将如何变化？

答　孔板流量计属恒截面、变压差的节流式流量计，即流过固定孔流截面的流量随孔板前后的压差而变化。其流量计算式为$V_s = C_0 A_0 \sqrt{\frac{2gR(\rho_s - \rho)}{\rho}}$。故随流量$V_s$的增加，孔板前后的压差值$R$将增大。而转子流量计则属于变截面、恒压差的流量计，即通过转子流量计的流量随转子环隙的截面积而变化，但压差却始终保持不变。因此，随流量的增加，转子上下的压差不变化。

【例 1-37】　什么是边界层脱离？流体黏度的大小与层流内层的厚度有何关系？

答　实际流体流经曲面（如圆柱面）时，在壁面上产生了边界层，边界层内的流体流动先处于加速减压状态，之后流速减慢，边界层内流体处于减速减压状态，产生了逆压梯度，最终将会在曲面近壁面附近发生边界层脱离固体壁面的情况，称之为边界层脱离。任何实际流体的流动过程，即使是高度湍流，在近壁面处也存在层流内层，流动过程的阻力也主要集中于此。层流内层的厚度随流体湍动程度的增加而减小，因此其厚度将随流体黏度的增加而增大。

六、符号表

符号	符号说明	单位
A	面积	m^2
C_0	流量系数	
C_R	转子流量计的流量系数	
d	管内径	m
d_e	当量直径	m
E_t	以单位质量流体计的总机械能	$J \cdot kg^{-1}$
F	力	N
G	质量流量	$kg \cdot m^{-2} \cdot s^{-1}$
h	总压头	m
h_e	外界加于流体的压头	m
h_f	压头损失	m
L	长度	m
l_e	当量长度	m
m_s	质量流量	$kg \cdot s^{-1}$
M	摩尔质量	$kg \cdot kmol^{-1}$
N_e	有效功率	W
p	压力	Pa
P	总压力	N
r	径向距离	m
R	半径；压差计读数	m
Re	雷诺数	
t	时间	s
T	时间周期	s
u	流速	$m \cdot s^{-1}$
U	单位质量流体的内能	$J \cdot kg^{-1}$
v	点速度	$m \cdot s^{-1}$
v'	脉动速度	$m \cdot s^{-1}$
V_s	体积流量	$m^3 \cdot s^{-1}$
w_e	对单位质量流体输入的外功	$J \cdot kg^{-1}$
w_f	单位质量流体的阻力损失	$J \cdot kg^{-1}$

（续）

符号	符号说明	单位
z	高度（z方向上的距离）	m
ε	绝对粗糙度	m
λ	摩擦系数	
μ	黏度	Pa · s
ν	运动黏度	$m^2 \cdot s^{-1}$
ρ	密度	$kg \cdot m^{-3}$
τ	剪应力	$N \cdot m^{-2}$
τ_w	壁面上的剪应力	$N \cdot m^{-2}$
υ	比体积	$m^3 \cdot kg^{-1}$
ξ	阻力系数	

第二章　流体输送机械

一、教学基本要求

本章主要涉及流体输送机械的操作原理、基本构造与性能、合理选用与安装。通过学习，能根据生产工艺要求，合理地选择和正确使用输送机械，并使之在高效率下可靠运行。

本章应掌握离心泵的操作原理、安装高度的计算以及泵的选用；掌握气缚、汽蚀概念及其产生的原因和防止方法；熟悉离心泵的压头、主要性能参数、特性曲线、工作点等概念；了解离心泵的构造、类型、安装和操作。重点是离心泵的特性和选用，难点是离心泵基本方程的应用及其安装高度的计算。主要内容包括以下几个方面：

- 离心泵的工作原理，离心泵的特性参数及其影响因素；
- 离心泵的特性曲线、管道特性曲线，离心泵的工作点及流量调节；
- 离心泵的安装、操作要点、使用范围及选用；
- 离心式通风机的性能参数、特性曲线及选用。

二、重点内容

（一）离心泵的理论压头与实际压头

1. 离心泵流量 Q

$$Q = 2\pi r_2 b_2 c_{2r} \tag{2-1}$$

式中：Q——泵的流量，$m^3 \cdot s^{-1}$；

r_2——叶轮的半径，m；

b_2——叶轮周边的宽度，m；

c_{2r}——绝对速度 c_2 在径向的分速度，$m \cdot s^{-1}$。

2. 离心泵扬程（压头）h

$$h_e = \Delta z + \frac{\Delta p}{\rho g} + \frac{\Delta u^2}{2g} + \sum h_f \tag{2-2}$$

式中：Δz——升举高度；

$\frac{\Delta p}{\rho g}$——液位静压头的增量；

$\frac{\Delta u^2}{2g}$——动压头的增量，与其他项相比，一般可以忽略不计；

$\sum h_f$——全管路（包括吸入管路和排出管路）的压头损失。

或

$$h = h_0 + h_{表} + h_{真} \tag{2-3}$$

式中：h_0——真空表与压强表间垂直距离，m；

$h_{表}$——压强表读数相当的水柱高度，m；

$h_{真}$——真空表读数相当的水柱高度，m。

（二）离心泵的主要性能参数

轴功率 N：

$$N = \frac{N_e}{\eta} \tag{2-4}$$

式中：η——泵的效率，%；

其余符号同前。

（三）离心泵的特性曲线

转速、叶轮直径变化后的性能换算：

（1）转速由 n 改为 n' 时

$$\frac{Q'}{Q} = \frac{n'}{n};\frac{H'}{H} = \left(\frac{n'}{n}\right)^2;\frac{N'}{N} = \left(\frac{n'}{n}\right)^3$$

（2）叶轮直径变小时（比例定律）

$$\frac{Q'}{Q} = \frac{D_2'}{D_2};\frac{H'}{H} = \left(\frac{D_2'}{D_2}\right)^2;\frac{N'}{N} = \left(\frac{D_2'}{D_2}\right)^3$$

（四）离心泵的安装高度

1. 离心泵的安装高度 z_s

$$z_s = H_s' - \frac{u_e^2}{2g} - H_{f,0-1} - (0.5 \sim 1) \tag{2-5}$$

$$H'_s = [H_s - (10.33 - H_a) - (H_V - 0.24)] \cdot \frac{\rho_{H_2O}}{\rho} \tag{2-6}$$

式中：u_e^2——泵的进口流速，$m \cdot s^{-1}$；

z_s——安装高度，m；

H_a——使用条件下的液面压强，mH_2O；

H_V——使用温度下水的饱和蒸汽压，mH_2O；

ρ——被输送液体密度，$kg \cdot m^{-3}$；

$H_{f,0-1}$——吸入段的总压头损耗，m 液柱；

H_s'——校正后允许吸上真空度，m 液柱。

或

$$z_s = \frac{p_s}{\rho g} - \frac{p_V}{\rho g} - \Delta h_{允许} - H_{f,s-e} - (0.5 \sim 1) \tag{2-7}$$

式中：p_s——吸入液面上方压强，$N \cdot m^{-2}$；

p_V——操作温度下水的饱和蒸汽压，$N \cdot m^{-2}$；

$\Delta h_{允许}$——离心泵的允许气蚀余量，m；

其余符号同前。

2. 管路所需压头与流量的关系

$$h_e = A + BQ^2 \tag{2-8}$$

式中：A——常数，$A = \Delta z + \Delta p/\rho g$，m 液柱；

B——系数，$B = \dfrac{(\lambda \cdot l/d + \sum\zeta)}{2g} \cdot (3600A)^2$，$s^2 \cdot m^{-5}$；

其余符号同前。

(五)离心通风机

$$p_t = (p_c - p_b) + \rho \cdot \frac{u_c^2}{2} \tag{2-9}$$

式中：p_t——风机全风压，$N \cdot m^{-2}$；

$p_c - p_b$——静风压，$N \cdot m^{-2}$，可以 H_{st} 表示；

$\rho \cdot u_c^2/2$——动风压，$N \cdot m^{-2}$。

"标准情况"($p = 760$ mmHg，$t = 20$ ℃)时：

$$\frac{p_t}{p_{t0}} = \frac{\rho}{1.2} \tag{2-10}$$

式中：p_t——全压，kPa；

ρ——输送状况下气体的密度，$kg \cdot m^{-3}$。

(六)往复压缩机有关计算式

1. 压缩循环功 W_s

(1)等温压缩

$$W_s = p_1 V_1 \ln\left(\frac{p_2}{p_1}\right) \tag{2-11}$$

式中：p_1——吸入气体的压强，$N \cdot m^{-2}$；

p_2——排出气体的压强，$N \cdot m^{-2}$；

V_1——吸入气体的体积，m^3；

W_s——循环功，J。

(2)绝热压缩

$$W_s = \frac{\gamma}{\gamma - 1} p_1 V_1 \left[\left(\frac{p_2}{p_1}\right)^{\frac{\gamma-1}{\gamma}} - 1\right] \tag{2-12}$$

式中：γ——气体的绝热指数，对空气 $\gamma = 1.4$；

其他符号同前。

(3)多变压缩

$$W_s = \frac{k}{k-1} p_1 V_1 \left[\left(\frac{p_2}{p_1} \right)^{\frac{k-1}{k}} - 1 \right] \tag{2-13}$$

式中：k——气体的多变指数，对空气 $k=1.25$；

其他符号同前。

(七)余隙及容积系数

1. 余隙系数 ε

$$\varepsilon = \frac{V_3}{V_1 - V_3} \times 100\% \tag{2-14}$$

式中：V_3——余隙容积，m^3；

V_1——气缸有效容积，m^3。

2. 容积系数 λ_0

$$\lambda_0 = 1 - \varepsilon \left[\left(\frac{p_2}{p_1} \right)^{1/k} - 1 \right] \tag{2-15}$$

3. 气体出口温度 T_2

$$T_2 = T_1 \left(\frac{p_2}{p_1} \right)^{\frac{1}{k}} \tag{2-16}$$

式中：T_1、T_2——分别为吸入、排出气体的绝对温度，K；

其他符号同前。

(八)理论吸气量 V'_{min}

1. 单动往复压缩机吸气量

$$V'_{min} = A \cdot S \cdot n_r \tag{2-17}$$

2. 双动往复压缩机吸气量

$$V'_{min} = (2A - a) \cdot S \cdot n_r \tag{2-18}$$

式中：V'_{min}——理论吸气量，$m^3 \cdot min^{-1}$；

A——活塞的截面积，m^2；

a——活塞杆的截面积，m^2；

S——活塞冲程，m；

n_r——活塞每分钟往复次数，min^{-1}。

(九)多级绝热压缩功 $\overline{W_i}$

$$\overline{W_i} = \frac{ik}{ik-1} p_1 V_1 \left[\left(\frac{p_2}{p_1} \right)^{\frac{k-1}{ik}} - 1 \right] \tag{2-19}$$

式中：i——级数，无因次；

其他符号同前。

三、知识点关联图

离心泵

(1)主要部件

叶轮(给能部件),泵壳(转能部件),轴封部件

(2)性能参数

流量 Q,$m^3 \cdot s^{-1}$;压头(扬程)H:单位重量的液体经泵后所获得的机械能,m;轴功率 N,W;效率 η;$N=\dfrac{QH\rho g}{\eta}$。

影响因素有,密度:$\rho\uparrow\rightarrow Q$ 不变,H 不变,η 基本不变,$N\uparrow$;黏度:$\mu\uparrow\rightarrow Q\downarrow$,$H\downarrow$,$\eta\downarrow$,$N\uparrow$

$$转速:\frac{Q'}{Q}=\frac{n'}{n};\frac{H'}{H}=\left(\frac{n'}{n}\right)^2;\frac{N'}{N}=\left(\frac{n'}{n}\right)^3$$

$$叶轮直径:\frac{Q'}{Q}=\frac{D'}{D};\frac{H'}{H}=\left(\frac{D'}{D}\right)^2;\frac{N'}{N}=\left(\frac{D'}{D}\right)^3$$

(3)特性曲线

某型号泵在一定转速下用 20 ℃清水测定,包括 H-Q,N-Q,η-Q 3 条曲线。

(4)工作点

泵特性曲线与管路特性曲线的交点。

(5)流量调节

改变管路特性曲线—调泵出口阀门开度;改变泵特性曲线—调泵的转速;切削叶轮直径;泵的串、并联操作。

(6)安装

有效汽蚀余量:$\Delta h_{允许}=\dfrac{p_e}{\rho g}+\dfrac{u_1{}^2}{2g}-\dfrac{p_v}{\rho g}$

必需汽蚀余量:在给定的转速和流量下泵所必需的汽蚀余量 $\Delta h_{允许}$,由离心泵产品样本提供

允许安装高度:$\Delta h=\dfrac{P_0-P_V}{\rho g}-\Delta h_{允许}-\sum h_{f吸入}$　选用:$Q_泵>Q_需$,$H_泵>H_需$

⇧

液体输送机械(压头及全风压)

⇩

其他类型化工用泵

(1)正位移式(或容积式)泵

往复式:往复泵、计量泵、隔膜泵等;旋转式:齿轮泵、螺杆泵等。

工作原理:造成容积变化后吸入和排出液体,直接将机械能作用于流体。

正位移特性:输液量仅与泵特性有关,而压头仅与管路特性有关。

(2)旋涡泵

工作原理同离心泵,使用同正位移式泵

气体输送机械

(1)离心式通风机

性能参数

流量(风量)Q,$m^3 \cdot s^{-1}$或 $m^3 \cdot h^{-1}$　全分压 P_T:单位体积的气体经风机后所获得的机械能,Pa

静风压:$p_{st}=p_c-p_b$　动风压:$pdy=\dfrac{\rho}{2}u_c^2$　全风压:$p_t=p_{st}+pdy$　轴功率 N 与效率 η:$N=\dfrac{ptQ}{\eta}$

特性曲线:某型号风机在一定转速下用 101.3 kPa、20 ℃空气测定,包括 p_T-Q,p_{St}-Q,N-Q,η-Q 4 条曲线

(2)往复式压缩机

工作过程:膨胀、吸气、压缩和排出 余隙系数:$\varepsilon=\dfrac{V_3}{V_1-V_3}$　容积系数:$\lambda_O=\dfrac{V_C-V_B}{V_C-V_A}$　关系:$\lambda_O=1-\varepsilon\left[\left(\dfrac{p_2}{p_1}\right)^{\frac{1}{k}}-1\right]$

四、习题解答

【例 2-1】 某离心泵用 20 ℃清水进行性能实验，测得其体积流量为 580 $m^3 \cdot h^{-1}$，出口压强表读数为 0.3 MPa(表压)，吸入口真空表读数为 0.03 MPa，两表间垂直距离为 400 mm，吸入管和压出管内径分别为 350 mm 和 310 mm。试求对应此流量的泵的扬程。

解 离心泵的扬程可在真空表与压强表之间列伯氏方程，得

$$h_e = \Delta z + \frac{\Delta p}{\rho g} + \frac{\Delta u^2}{2g} + \Sigma h_f$$

式中，$\Delta z = 400\ \text{mm} = 0.4\ \text{m}$。

$$\frac{\Delta p}{\rho g} = \frac{(p_2 - p_1)}{\rho g} = \frac{(0.3 + 0.03) \times 10^6}{1000 \times 9.81} = 33.64\ \text{m}$$

$$u_1 = \frac{V_s}{A_1} = \frac{580}{3600 \times 0.785 \times 0.35^2} = 1.68\ \text{m} \cdot \text{s}^{-1}$$

$$u_2 = \frac{u_1 A_1}{A_2} = 1.68 \times \left(\frac{350}{310}\right)^2 = 2.14\ \text{m} \cdot \text{s}^{-1}$$

两表间管路很短，流动阻力予以忽略不计，即 $\Sigma h_f \approx 0$，所以，泵的扬程：

$$H = 0.4 + 33.64 + \frac{2.14^2 - 1.68^2}{2 \times 9.81} = 34.2\ \text{m}$$

【例 2-2】 一台离心泵在转速为 1450 $r \cdot min^{-1}$时，送液能力为 22 $m^3 \cdot h^{-1}$，扬程为 25 m，现转速调至 1300 $r \cdot min^{-1}$，试求此时泵的流量和压头。

解 泵的近似比例定律有 $\dfrac{Q'}{Q} = \dfrac{n'}{n} = \dfrac{H'}{H} = \left(\dfrac{n'}{n}\right)^2$

所以，调速后流量 $Q' = Q \cdot \dfrac{n'}{n} = 22 \times \dfrac{1300}{1450} = 19.7\ \text{m}^3 \cdot \text{h}^{-1}$

压头为 $H' = H\left(\dfrac{n'}{n}\right)^2 = 25 \times \left(\dfrac{1300}{1450}\right)^2 = 20.1\ \text{mH}_2\text{O}$

【例 2-3】 一台离心泵在海拔 1000 m 处输送 20 ℃清水，若吸入管中的动压头不计，且全部能量损失压头为 6.5 m，泵安装在水源上面以上 3.5 m，试问此泵能否正常工作?

解 泵所需的液面压强

$$\frac{p_s}{\rho g} = z_s + \left(\frac{p_e}{\rho g} + \frac{u_e^2}{2g}\right) + h_{f(s-e)} = 3.5 + (0.24 + 0) + 6.5 = 10.24\ \text{m}$$

因为海拔 1000 m 处的气压远低于 10.24 mH_2O，所以该泵无法正常工作。

【例 2-4】 某车间有一台离心泵，现用此泵将贮槽液面压强为 157 kPa、温度为 40 ℃、密度为 1100 $kg \cdot m^{-3}$的料液送至一设备中，其流量和扬程均满足要求。已知其允许吸上真空度为 5.5 m，吸入管中流体的动压头和能量损失为 1.4 m。试确定其安装高度。

解 泵的性能是以 20 ℃清水在 1 标准大气压下测定的，吸上真空度的校正原则

上是气压降低多少扣多少，液体饱和蒸汽压强多少扣多少，最后对输液密度再校正。40 ℃水的 $p_v' = 0.75\ mH_2O$。

由　$z_s' = H_s - (p_a - p_s) - (p_v' - p_v)$

$$= 5.5 - \left(10.33 - \frac{157 \times 10^3}{1 \times 10^3 \times 9.81}\right) - (0.75 - 0.24) = 10.66\ mH_2O$$

所以，安装高度

$$z_s = z_s' \frac{\rho_{H_2O}}{\rho} - \left(H_f + \frac{u_b^2}{2g}\right) - 0.5 = 10.66 \times \frac{1000}{1100} - 1.4 - 0.5 = 7.79\ m$$

【例 2-5】　将密度为 1500 $kg \cdot m^{-3}$ 的硝酸送入反应釜，最大流量为 6 $m^3 \cdot h^{-1}$，升举高度为 8 m。釜内压力为 300 kPa，管路的压力损失为 30 kPa。试在表 2-1 中的耐腐蚀泵性能表中选定一个型号，并估计泵的轴功率。

表 2-1　IH 型耐腐蚀泵的性能参数

型　号	流量/$m^3 \cdot h^{-1}$	扬程/m	转速/$r \cdot min^{-1}$	效率/%
IH40-32-160	6.3	32	2900	36
IH40-32-200	6.3	50	2900	34
IH40-32-250	6.3	80	2900	26

注：耐腐蚀泵型号的意义，以 IH40-32-160 为例，IH-国际标准化工泵系列产品；40-泵入口直径，mm；32-泵排出口直径，mm；160-叶轮的名义直径，mm。

解　$h_e = \Delta z + \frac{\Delta p}{\rho g} + \frac{\Delta p_f}{\rho g} = 8 + \frac{300 \times 1000}{1500 \times 9.81} + \frac{30 \times 10^3}{1500 \times 9.81} = 30.4\ m$

根据 $h_e = 30.4$ m、$Q = 6 m^3 \cdot h^{-1}$，选表中 IH40-32-160 型泵，最高效率为 36%。

泵的轴功率　$N = \frac{Q h_e \rho g}{\eta} = \frac{6 \times 30.4 \times 1500 \times 9.81}{0.36 \times 3600} = 2071\ W$ 或 2.07 kW

【例 2-6】　用内径 100 mm 的钢管抽取河水送入一贮水池中，水从贮水池水面下送入池内。池中水面比河面高 15 m，管路的总长度(包括局部阻力的当量长度在内)为 100 m，抽水量为 80 $m^3 \cdot h^{-1}$，已知管路的摩擦系数为 0.03，试选择一台合适的离心泵。

解　泵所需的扬程

$$h_e = \Delta z + \frac{\Delta p}{\rho g} + \frac{\Delta u^2}{2g} + \sum h_f$$

式中，$\Delta z = 15\ m$；$\frac{\Delta p}{\rho g} = 0$；$\frac{\Delta u^2}{2g} = 0$；$\sum h_f = \left(\lambda \cdot \frac{l}{d}\right) \cdot \frac{u^2}{2g}$

管内流速　$u = \frac{V_s}{A} = \frac{80}{3600 \times 0.785 \times 0.1^2} = 2.83\ m \cdot s^{-1}$

$$h_e = 15 + \frac{0.03 \times 100 \times 2.83^2}{2 \times 9.81 \times 0.1} = 27.25\ mH_2O$$

根据 $Q_e = 80\ m^3 \cdot h^{-1}$ 和 $H_e = 27.25$ m，查水泵系列，可选用 4B35A(4BA -

12A)型泵，其性能为：

$Q_e = 85\ m^3 \cdot h^{-1}$；$H_e = 28.6\ m$；$N = 8.7\ kW$；$\eta = 76\ \%$；$N_s = 6.0\ m$；$n = 2900\ r \cdot min^{-1}$

【例 2-7】 常压贮槽内盛有石油产品，其密度为 900 $kg \cdot m^{-3}$，在贮存条件下的饱和蒸汽压为 2.66×10^4 Pa。现欲用65Y-60B 型油泵将此石油产品以 15 $m^3 \cdot h^{-1}$ 的流量送往压强为 1.47×10^5 Pa(表压)的设备中。排出管路最终出口处比贮槽液面高 5 m。吸入管路与排出管路流动阻力损失分别为 8.829×10^3 Pa 与 2.649×10^4 Pa。试计算并说明该泵是否试用？若油泵位于贮槽液面以下 1.2 m 处，问此泵能否正常工作？

解 在流量 $Q_e = 15\ m^3 \cdot h^{-1}$下，该泵所需的扬程：

$$h_e = \Delta z + \frac{\Delta p}{\rho g} + \frac{\Delta u^2}{2g} + \sum h_f = 5 + \frac{1.47 \times 10^5}{900 \times 9.81} + 0 + \frac{8.829 \times 10^3 + 2.649 \times 10^4}{900 \times 9.81} =$$

25.65 m 油柱

查 65Y-60B 型泵性能，得 $Q_e = 19.8\ m^3 \cdot h^{-1}$，$H = 38$ m，$\Delta h = 2.6$ m，所以此泵适用。

安装高度校核：

$$z_{s现} = \frac{p_a}{\rho g} - \frac{p_V}{\rho g} - \Delta h - H_f$$

$$= \frac{101.3 \times 10^3}{900 \times 9.81} - \frac{2.666 \times 10^4}{900 \times 9.81} - 2.6 - \frac{8.829 \times 10^3}{900 \times 9.81} = 4.85\ m$$

（当 Δh 值折算为油柱时，$z_{s现} = 4.56$ m 油柱）

现安装在液面下方，能正常工作。

【例 2-8】 某输水系统中，所装置的离心泵其性能如表 2-2：

表 2-2 离心泵的性能

$Q/L \cdot s^{-1}$	0	10	20	30	40	60	80
H/m	35	37.5	38	37	35	29	18

此离心泵的效率为 60 %。管路性能曲线方程为 $H = 22 + 10550Q^2$，式中的单位为 m，Q 的单位为 $m^3 \cdot s^{-1}$。试求此泵输水量与所消耗的功率。

解 泵的流量与扬程的关系可拟合为方程：$H = aQ^2 + bQ + c$

回归分析求常数 a，b，c，有：

$$\sum H = a\sum Q^2 + b\sum Q + c \cdot N \qquad (a)$$

$$\sum HQ = a\sum Q^3 + b\sum Q^2 + c \cdot \sum Q \qquad (b)$$

$$\sum H^2 = a\sum Q^2 H + b\sum QH + c\sum H \qquad (c)$$

从表中计得 $\sum H = 229.5$，$\sum Q = 240$，$\sum Q^2 = 13000$，$\sum Q^3 = 828000$，$\sum H = 7834.25$，$\sum HQ = 6825$，$\sum Q^2 H = 327850$

上述数值代入式(a)(b)(c)并联立，得

$$229.5 = 13000a + 240b + 7c \tag{d}$$

$$6825 = 828000a + 13000b + 240c \tag{e}$$

$$7834.25 = 327850a + 6825b + 229.5c \tag{f}$$

联立式(d)、(e)、(f)得

$a = -0.0045$，$b = 0.14$，$c = 36.35$

所以

$$H = -0.0045Q^2 + 0.14Q + 36.35 \tag{g}$$

式(g)与 $H = 22 + 10550 \times 10^{-6}Q$（式中 Q 的单位为 $L \cdot s^{-1}$）联立，得

$$Q = 72.7\ L \cdot s^{-1},\ H = 22.8\ m$$

泵消耗的功率：

$$N = \frac{HQ\rho g}{\eta} = \frac{22.8 \times 72.7 \times 10^{-3} \times 1000 \times 9.81}{0.6} = 27101\ W = 27.101\ kW$$

本解也可以通过做泵的特性曲线与管路的特性曲线的交点进行求解。

【例 2-9】 多车间排出的热水平均温度为 65 ℃，先汇集于热水池中，然后用离心泵以 40 $m^3 \cdot h^{-1}$ 的流量输送至冷水塔顶，并经喷头喷出而落入凉水池中，以达到冷却的目的。已知水在进入喷头之前要维持 4×10^3 Pa 的表压强，喷头入口的位置较热水池水面高 6 m，吸入管路和排出管路中压头损失分别为 1 m 和 3 m，管路中的动压头可忽略不计。试选用合适的离心泵并确定泵的安装高度。当地大气压按 1.0133×10^5 Pa 计。

解　65 ℃水的密度 $\rho = 983.2\ kg \cdot m^{-3}$，离心泵的杨程　$h_e = \Delta z + \frac{\Delta p}{\rho g} + \frac{\Delta u^2}{2g} + \sum h_f$

$$h_e = 6 + \frac{40 \times 10^3}{983.2 \times 9.81} + 0 + (1 + 3) = 15.08\ m$$

离心泵的最大流量 $Q_1 = 40\ m^3 \cdot h^{-1}$，查泵的规格，选 3B19(3BA-13)型水泵，其性能有：

$$Q_1 = 45\ m^3 \cdot h^{-1} \quad H_1 = 18.8\ m \quad N = 2.33\ kW \quad \eta = 80\%$$

$$H_s = 5.5\ m \quad n = 2900\ r \cdot min^{-1}$$

65 ℃水的饱和蒸汽压　$p'_v = 1.87\ mH_2O$

$$H'_s = H_s - (p'_v - p_v) = 5.5 - (1.87 - 0.24) = 3.87\ m$$

所以，安装高度（考虑 0.5 m 的安全余量）

$$z_s = H'_s(\rho_v \cdot \rho^{-1}) - H_{fs} - 0.5 = 3.87 \times \frac{1000}{983.2} - 1 - 0.5 = 2.44\ m$$

【例 2-10】 单动往复活塞的直径为 160 mm，冲程为 200 mm，现拟用以将密度为 930 $kg \cdot m^{-3}$ 的液体从贮槽送至某设备中，流量为 25.8 $m^3 \cdot h^{-1}$，设备的液体入口较贮槽液面高 19.5 m。设备内液面上方压强为 3.14×10^5 Pa（表压），贮槽为敞开，外界大气压强为 9.81×10^4 Pa，管路的点压头损失为 10.3 m，当有 15% 的液体漏损和总效率为72% 时，试分别计算此泵的活塞每分钟往复次数与轴功率。

解　往复泵的送液能力为　$Q = LAn\eta$

依题意有　$25.8 = 0.2 \times 0.785 \times 0.16^2 \times (1-15\%) \times 60n$；解得　$n = 126\ \text{min}^{-1}$

往复泵扬程　$h_e = \Delta z + \dfrac{\Delta p}{\rho g} + \dfrac{\Delta u^2}{2g} + \sum h_f = 19.5 + \dfrac{314 \times 10^3}{930 \times 9.81} + 0 + 10.3$

$= 64.22\ \text{m}$

往复泵需轴功率　$N = \dfrac{h_e Q \rho g}{\eta} = \dfrac{64.22 \times 25.8 \times 930 \times 9.81}{0.72 \times 3600} = 5832\ \text{W} = 5.83\ \text{kW}$

【例 2-11】　15 ℃的空气直接由大气(1.0133×10^5 Pa)进入风机而通过内径为 800 mm 的水平管道送到炉底，炉底的表压为 1.08×10^4 Pa。空气输送量为 20000 $\text{m}^3 \cdot \text{h}^{-1}$(15 ℃、$1.0133 \times 10^5$ Pa)，管第与管件、阀门的当量长度之和为 100 m，管壁绝对粗糙度可取为 0.3 mm。现库存一台离心通风机，其性能如表 2-3 所示。

表 2-3　风机的性能参数

转速/$\text{r} \cdot \text{min}^{-1}$	风压/Pa	风量/$\text{m}^3 \cdot \text{h}^{-1}$
1450	12650	21800

复核此风机是否适用？

解　15 ℃空气物性　$\rho = 1.226\ \text{kg} \cdot \text{m}^{-3}$；$\mu = 17.9 \times 10^{-6}\ \text{Pa} \cdot \text{s}$

空气流速　$u = \dfrac{V_s}{A} = \dfrac{20000}{3600 \times 0.785 \times 0.8^2} = 11.06\ \text{m} \cdot \text{s}^{-1}$

$$Re = \frac{du\rho}{\mu} = \frac{0.8 \times 11.06 \times 1.226}{17.9 \times 10^{-6}} = 6.1 \times 10^5$$

$$\frac{e}{d} = \frac{0.3}{800} = 0.000375$$

查莫狄图得　$\lambda = 0.0105$

则　$\rho \sum h_f = \dfrac{\left(\dfrac{\lambda l}{d}\right) \cdot u^2}{2 \cdot \rho} = \dfrac{0.0165 \times 100 \times 11.06^2}{2 \times 1.226 \times 0.8} = 102.89\ \text{Pa}$

风机全风压　$H_t = (P_2 - P_1) + \dfrac{\rho \Delta u^2}{2} + \rho \sum h_f = 10.8 \times 10^3 + \dfrac{11.05^2 \times 1.226}{2} +$ $102.89 = 10978\ \text{Pa}$

实况下全风压　$H'_t = \dfrac{1.2 H_t}{\rho} = \dfrac{1.2 \times 10978}{1.226} = 10745\ \text{Pa}$

该条件下所需风机的风量及风压均比库存风机低，所以库存风机适用。

【例 2-12】　某离心式通风机，以 800 $\text{r} \cdot \text{min}^{-1}$做性能测定实验时，得到的数据如表 2-4 所示。

表 2-4　离心式通风机的性能测试结果

Q /$\text{m}^3 \cdot \text{h}^{-1}$	0	1500	3000	6000	9000	12000
H_t/Pa	706	579	559	688	785	804

将此风机安装于某输气管路系统中。已知当 $Q=8\times10^3\ m^3\cdot h^{-1}$时，输气管路进、出口之间的静压头差为 294 Pa，速度头差与摩擦压头共计 539 Pa。试求此风机运转时的实际输气量与全风压为多少?

解　管路系统的全风压　$H_t=(P_2-P_1)+\dfrac{(u_2^2-u_1^2)\rho}{2}+\rho\sum h_f=A+BQ^2$

依题意有　$BQ^2=539\quad B=\dfrac{539}{(8\times10^3)^2}=8.42\times10^{-6}\quad A=294\ Pa$

所以　$H_t=294+8.42\times10^{-6}Q^2$（$Q$ 的单位为 $m^3\cdot h^{-1}$）

按试验数值作为风机特性曲线，且计算得到管路特性曲线对应值，如表 2-5 所示。

表 2-5　管路特性曲线数据

$Q/m^3\cdot h^{-1}$	0	1500	3000	6000	9000	12000
H_t/Pa	294	313	370	597	976	1507

将其绘附图，得交点 A(7300，736)，即风机实际输气量为 $7.3\times10^3\ m^3\cdot h^{-1}$，全风压为 736 Pa。

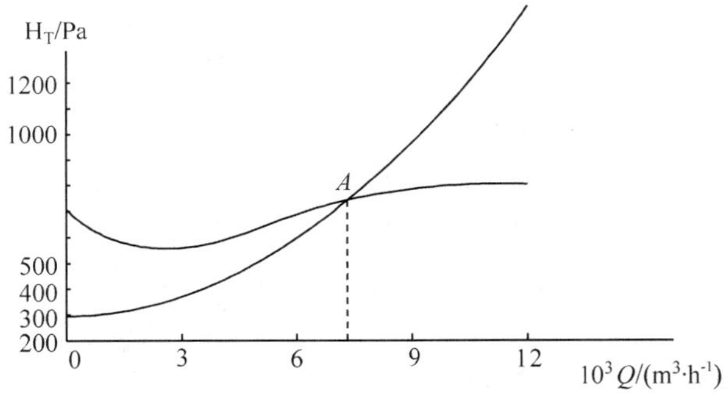

例 2-12　附图

【例 2-13】　在题 12 的输气管路系统中，若把风机的转速提高到 $1200\ r\cdot min^{-1}$时，则此风机的实际输送量与全风压又为多少?

解　风机转速提高到 $1200\ r\cdot min^{-1}$，则　$Q'=\dfrac{n'}{n}Q=\dfrac{1200}{800}Q=1.5\ Q$

且　$H'=\left(\dfrac{n'}{n}\right)^2H=\left(\dfrac{1200}{800}\right)^2H=2.25\ H$

由原实验数据整理得到新转速下风机的性能参数，如表 2-6 所示。

表 2-6　新转速下风机的性能

$Q/m^3\cdot h^{-1}$	0	2250	4500	9000	13500	18000
H_t/Pa	1588.5	1303	1258	1548	1766	1809

将其绘在附图上，连成曲线，得到风机在新转速下的性能曲线。性能曲线与

原管路特性曲线 $H_t = 294 + 8.42\times10^{-6}Q^2$ 的交点 B(13000，1760)的风压与风量即为所求，即 $Q = 1.3\times10^4\ m^3\cdot h^{-1}$，$H_t = 1.76\times10^3$ Pa。

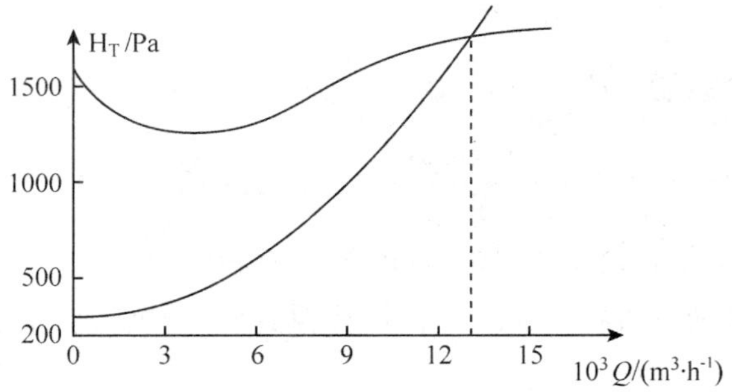

例 2-13 附图

【例 2-14】 用风机将 20 ℃，38000 kg · h^{-1}的常压空气送入加热器加热至160 ℃，然后经管路而排入常压设备内。输送系统所需的风压为 1.35×10^3 Pa，试选一台合适的风机。若把已选的风机(转速一定)置于加热器之后，且为输送系统风压不变，问是否仍能完成输送任务？

解 20 ℃空气的密度 $\rho = 1.205\ kg\cdot m^{-3}$

则风量与风压 $Q = \dfrac{m_s}{\rho} = \dfrac{38000}{3600\times1.205} = 8.76\ m^3\cdot s^{-1} = 31535\ m^3\cdot h^{-1}$

$H_t = 1.35\times10^3\ Pa = 138\ mmH_2O$

根据 Q 与 H 查《化工原理》第四版上册(谭天恩主编)中附录十八 4-72-11 型离心通风机规格，得型号为 4-72-11No. 10C，其性能如下：

$Q = 32700\ m^3\cdot h^{-1}$ $H_t = 145\ mmH_2O$ $N = 16.5$ kW

$\eta = 94.3\%$ $n = 1000\ r\cdot min^{-1}$

若风机置于加热器之后，风量

$$Q' = \frac{T'}{T}Q = 31535\times\frac{273+160}{273+20} = 46603\ m^3\cdot h^{-1}$$

因为大于其最大风量，所以不能完成输送任务。

【例 2-15】 单级、单动往复压缩机的气缸直径为 180 mm，活塞冲程为 200 mm，往复次数为 240 min^{-1}，余隙系数为 5%，排气系数为容积系数的 85%。现需向设备提供表压强为 4.41×10^5 Pa 的压缩空气 80 kg · h^{-1}。空气进压缩机的压强为 9.807×10^4 Pa，温度为 20 ℃。空气的压缩为多变过程，多变指数为 1.25，此压缩机能否满足生产要求？

解 压缩机的容积系数

$$\lambda_0 = 1 - \tau\left[\left(\frac{P_2}{P_1}\right)^{1/m} - 1\right] = 1 - 0.05\times\left[\left(\frac{441+98.07}{98.07}\right)^{1/1.25} - 1\right] = 0.855$$

压缩机的打气量

$$Q = LAn\cdot(0.85\lambda_0) = 0.2\times0.785\times0.18^2\times60\times240\times0.85\times0.855$$
$$= 52.9\ m^3\cdot h^{-1}$$

需提供设备的气量　$V_h=\frac{m_h}{\rho}=\frac{80}{1.205}=66.4\ m^3\cdot h^{-1}>Q$，所以，此压缩机不能满足生产的要求。

【例 2-16】 用三级压缩机把 20 ℃的空气从 9.807×10^4 Pa 压缩到 6.28×10^6 Pa，设中间冷却器能把送到后一级的空气冷却到 20 ℃，各级压缩比相等。试求：

(1)在各级的活塞的冲程及往复次数相同情况下，各级气缸直径的比例。

(2)三级压缩所消耗的理论功(接绝热过程考虑，绝热指数为 1.4，并以 1 kg 空气计)。

解　(1)三级压缩，每级的压缩比：

$$\chi=\left(\frac{P_2}{P_1}\right)^{1/l}=\left(\frac{6280}{98.07}\right)^{1/3}=4$$

因各级的空气温度保持不变，则　$p_1V_1=p_2V_2=p_3V_3$

因为　$\frac{V_1}{V_2}=\frac{V_2}{V_3}=4$ 或 $V_1:V_2:V_3=(4\times4):4:1$

得　$D_1^2:D_2^2:D_3^2=16:4:1$，则　$D_1:D_2:D_3=4:2:1$

(2)空气密度　$\rho=\frac{pM}{(RT)}=98.07\times\frac{29}{(8.314\times293)}=1.167\ kg\cdot m^{-3}$

每千克空气的体积　$V_1=\frac{1}{\rho}=\frac{1}{1.167}=0.857\ m^3\cdot kg^{-1}$，故 1 kg 空气所需的理论功为

$$W_s=\left[i\cdot\frac{\gamma}{(\gamma-1)}\right]p_1\cdot V_1\left[\left(\frac{p_1}{p_1}\right)^{(\gamma-1)/i_\gamma}-1\right]$$

$$=\left[\frac{1.4}{(1.4-1)}\right]\times98.07\times10^3\times0.857\times\left[\left(\frac{6280}{98.07}\right)^{(1.4-1)/3}-1\right]$$

$$=218041\ J\cdot kg^{-1}$$

五、思考题

【例 2-17】 原用以输送水的离心泵，现改用输送密度为水的 1.2 倍的水溶液，水溶液其他物性可视为与水相同。若管路布局与泵的前后两个开口容器液面间的垂直距离不变，试说明以下几种参数有无变化：

(1)流量度；

(2)压头；

(3)泵出口处压强表的读数；

(4)泵的轴功率。

答　解题过程如下：

(1) $Q=\pi D_2b_2c_2\sin\alpha_2$，可见离心泵的流量(体积)与密度无关。

(2) $H_2=\frac{u_2c_2\cos\alpha_2}{g}$，可见压头与输送液体的密度无关。

(3) 因输液体的密度变大，在转速不变时，产生的离心力变大，从而压强增

大，即泵出口处压强表的读数增大 1.2 倍。

(4) $N=\frac{HQ\rho g}{\eta}$，N 正比于 ρ，所以泵的轴功率增大 1.2 倍（设 η 不变）。

【例 2-18】 若将离心泵的出口阀门关小，试问泵的压强表与真空表读数有什么变化？为什么？

答 在离心泵吸入液面与真空计截面间列伯氏方程，得：

$$\frac{p_s}{r}=Z_s+\frac{P_e}{r}+\frac{u_e^2}{2g}+H_{fs}$$

当出口阀门关小时，管路的排出流量降低，随之吸入管路流量亦变小，而吸入段管径、管长、局部阻力系数和吸上高度均不变，摩擦系数基本不变，从而 u_e、H_{fs}减小。$\frac{p_s}{r}$不变，则$\frac{p_e}{r}$增大，即真空表读数减少；在真空计与压强计所在截面列伯氏方程，得：

$$H+\frac{p_e}{r}=h_0+\frac{p_D}{r}+\left[\left(\frac{d_1}{d_2}\right)^4-1\right]\frac{u_e^2}{2g}+H_{f1-d}$$

因两表间管路甚短，暂不考虑 H_{f1-d}，出口阀关小，H 有所变大，$\frac{p_e}{r}\uparrow$，$u_e\downarrow$，$\frac{p_D}{r}\uparrow$（压强表读数增加）。

【例 2-19】 有下列输送任务，试分别提出合适的泵的类型：

(1)往空气压缩机的气缸中注润滑油；

(2)输送番茄浓汁至装罐机；

(3)输送带有粒状结晶的饱和盐溶液至过滤机；

(4)将水从水池送到冷却塔顶（塔高 30 m，水量 5000 $m^3\cdot h^{-1}$）；

(5)将洗衣粉浆液送到喷雾干燥器的喷头中（喷头内压强 100 标准大气压，流量 5 $m^3\cdot h^{-1}$）；

(6)配合 pH 控制器，将碱液按控制的流量加进参加化学反应的物流中。

答

(1)该系输送小流量，高压头的粘性油，可用齿轮泵或螺杆泵；

(2)该系输送含有杂质的浓汁，可用开式或半开式叶轮的离心泵；

(3)该系输送明显含有杂质的盐溶液，可用开式叶轮离心泵（若压头不高时）或隔膜泵（若压头大时）；

(4)该系输送清水，流量大，压头一般，可用普通离心泵；

(5)该系输送流量小，压头高的，具有一定粉性的液体，可用旋塞式往复泵或螺杆泵；

(6)该系定量输送碱液，可用计量泵。

【例 2-20】 离心泵启动后不出水，原因是什么？如何弥补？

答 离心泵启动后不出水，主要原因是“气缚”，即泵体未注液，或液体自底阀漏掉；也可能是吸入管或底阀、叶轮堵塞。查明原因，对症下药，即可弥补。

【例 2-21】 离心泵的压强计及真空计的接管高度对读数是否有影响？为什么？

答 压强计及真空计系测量该截面的静压值，若接管高度变化，其液柱高度亦代表一定的静压值。表中的读数必然变化。如接管变高，压强表读数减少，真空表读数增大。

【例 2-22】 大小不同的两台离心泵是否可以进行并联？操作时应注意些什么？

答 泵的并联是为了增大管路流量，原则上是可以并联。但两泵的扬程不同，若某台泵扬程较小，操作时则可调小其流量以增大压头，或输送任务多按扬程小的泵为准。

六、符号表

符号	符号说明	单位
b	宽度	m
c	离心泵内液体流动的绝对速度	$m \cdot s^{-1}$
D	直径	m
F_c	离心力	N
H	压头	m
$H\infty$	离心泵的理论压头	m
h_e	流体流过管路所需的压头	m
h_f	压头损失	m
$\triangle h$	汽蚀余量(净正吸上高度)	m
L	长度	m
l_e	当量长度	m
m	质量	kg
N	轴功率	W
n	转速	$r \cdot s^{-1}$
p	压力	Pa
p_a	大气压	Pa
p_s	大气压	Pa
p_e	泵入口一侧的液面上的压力	Pa
p_{st}	风机的静压	Pa
p_t	风机的全压	Pa
p_v	蒸汽压	Pa
Q	泵的流量、风量	$m^3 \cdot s^{-1}$
r	半径	m
T	热力学温度	K
V	体积	m^3
W_s	压缩机活塞对气体做的功(轴功)	J

（续）

符号	符号说明	单位
z	高度	m
z_s	泵的安装高度	m
$z_{s,允许}$	泵的允许安装高度	m
α	绝对速度和圆周速度的夹角	rad
β	相对速度和圆周速度的夹角	rad
γ	绝热指数	—
ρ	密度	$kg \cdot m^{-3}$
η	效率，通风机的全压效率	—
ω	角速度	$rad \cdot s^{-1}$

第三章　机械分离

一、教学基本要求

本章主要涉及非均相混合物所采用的分离方法，如重力沉降、离心沉降、过滤等过程的原理、计算方法、典型设备结构特性。通过本章学习，能够根据生产工艺的要求合理选择分离设备。

本章应掌握重力沉降速度、降尘室尺寸、可分离最小粒径的计算方法，掌握过滤计算方法；熟悉过滤基本概念、基本理论、基本方程；了解板框过滤机、转筒过滤机的结构和操作方法。重点是沉降速度的概念和计算、过滤理论和恒压过滤计算，难点是过滤速率方程及其应用。主要内容包括以下几个方面：

- 重力沉降和离心沉降的基本原理、沉降速度的计算方法及其应用；
- 降尘室、沉降槽处理能力的数学描述以及旋风分离器的主要性能；
- 过滤操作的基本概念、过滤基本方程式及恒压恒速过滤方程式。

二、重点内容

（一）离心沉降

沉降速度 u_0：

$$u_0 = \left[\frac{4gd(\rho_s - \rho)}{3\rho\zeta}\right]^{0.5} \tag{3-1}$$

（1）层流区（$Re_0 \leqslant 2$）

$$u_0 = d^2\frac{(\rho_s - \rho)g}{18\mu} \tag{3-1a}$$

（2）过渡区（$2 < Re_0 \leqslant 500$）

$$u_0 = 0.27\left[\frac{d(\rho_s - \rho)gRe_0^{0.6}}{\rho}\right]^{0.5} \tag{3-1b}$$

（3）湍流区（$500 < Re_0 \leqslant 2\times10^5$）

$$u_0 = 1.74\left[\frac{d(\rho_s - \rho)g}{\rho}\right]^{0.5} \tag{3-1c}$$

式中：u_0——球形颗粒的自由沉降速度，$m \cdot s^{-1}$；

d——颗粒直径，m；

ρ_s——颗粒密度，$kg \cdot m^{-3}$；

ρ——流体密度，$kg \cdot m^{-3}$；

g——重力加速度，$m \cdot s^{-2}$；

ζ——阻力系数，无因次；

μ——流体的黏度，$N \cdot s \cdot m^{-2}(Pa \cdot s)$；

Re_0——沉降的雷诺数，无因次。

(二)颗粒的特性

颗粒的球形度 φ：

$$\varphi = \frac{S}{S_p} \tag{3-2}$$

式中：φ——颗粒的球形度(形状系数)，无因次；

S_p——单颗粒的表面积，m^2；

S——与颗粒等体积的圆球表面积，m^2。

(三)降沉室

1. 降尘室的必要条件

$$\frac{L}{u} \geqslant \frac{H}{u_0} \tag{3-3}$$

式中：L——沿气流方向的降尘室的长度，m；

u——气体水平通过降尘室的速度，$m \cdot s^{-1}$；

H——降尘室的高度，m。

2. 降尘室的生产能力 V_s

$$V_s = BLu_0 \tag{3-4}$$

式中：B——降尘室的宽度，m；

其余的符号同前。

(四)离心沉降

离心沉降速度 u_r：

$$u_r = \left[\frac{4d(\rho_s - \rho)u_t^2}{3\zeta\rho r}\right]^{0.5} \tag{3-5}$$

式中：u_r——离心沉降速度，$m \cdot s^{-1}$；

u_t——颗粒的切线速度，$m \cdot s^{-1}$；

r——旋转半径，m；

其余符号同前。

(五)旋风分离器性能

1. 临界粒径 d_c

$$d_c = \left(\frac{9\mu B}{\pi N u_i \rho_s}\right)^{0.5} \tag{3-6}$$

式中：d_c——临界粒径(可被分离的最小颗粒直径)，m；

μ——气体黏度，$N \cdot s \cdot m^{-2}$；

B——进气口宽度，m；

N——气流的有效旋转圈数(对标准型的旋风分离器，$N=5$)；

u_i——进口气速(切向速度)，$m \cdot s^{-1}$；

ρ_s——颗粒密度，$kg \cdot m^{-3}$。

2. 分离效率 η

(1)总效率 η_0

$$\eta_0 = \frac{(c_1 - c_2)}{c_1} \tag{3-7}$$

式中：c_1——进口气体含尘浓度，$g \cdot m^{-3}$；

c_2——出口气体含尘浓度，$g \cdot m^{-3}$。

(2)粒级效率 η_{p_i}

$$\eta_{p_i} = \frac{(c_{1i} - c_{2i})}{c_{1i}} \quad 或 \quad \eta = \left(\frac{d}{d_c}\right)^2 \tag{3-8}$$

式中：c_{1i}——进口气体中粒径在第 i 小段范围内的颗粒浓度，$g \cdot m^{-3}$；

c_{2i}——出口气体中粒径在第 i 小段范围内的颗粒浓度，$g \cdot m^{-3}$；

d——颗粒直径，m；

d_c——临界粒径，m。

3. 压降 Δp

$$\Delta p = \frac{\zeta_c \rho u_i^2}{2} \tag{3-9}$$

式中：Δp——气体流经器内的压强降，$N \cdot m^{-2}$；

ζ_c——阻力系数(对标准型旋风分离器，$\zeta=8$)，无因次；

其余符号同前。

(六)过滤

1. 恒压过滤方程

$$V^2 + 2VV_e = KA^2\theta \tag{3-10}$$

或

$$q^2 + 2qq_e = K\theta$$

$$q_e = \frac{V_e}{A} \tag{3-11}$$

$$\theta = \frac{V^2}{KA^2}$$

及

$$K = \frac{2\Delta p^{1-s}}{\mu r_0 c} \tag{3-12}$$

式中：V——获得的滤液量，m^3；

V_e——虚拟滤液量，m^3；

K——过滤常数，$m^2 \cdot s^{-1}$；

A——过滤面积，m^2；

θ——过滤时间，s；

q——单位过滤面积获得的滤液量，$m^3 \cdot m^{-2}$；

q_e——虚拟单位过滤面积获得的滤液量，$m^3 \cdot m^{-2}$；

Δp——通过滤饼和过滤介质的总压降，$N \cdot m^{-2}$；

S——滤饼的压缩性指数，无因次；

μ——滤液黏度，$N \cdot s \cdot m^{-2}$；

r_0——单位压差下滤饼的比阻，m^{-2}；

c——滤饼与相应滤液的体积之比，无因次或 $m^3 \cdot m^{-3}$。

2. 先恒速后恒压过滤方程

（1）恒速段

$$V = Au_R\theta \tag{3-13}$$

式中：u_R——恒速阶段的过滤速度，$m \cdot s^{-1}$；

其余符号同前。

（2）恒压段

$$(V^2 - V_R^2) + 2V_e(V - V_R) = KA^2(\theta - \theta_R) \tag{3-14}$$

式中：V_R——恒速终了时滤液量，m^3；

θ_R——恒速终了的过滤时间，s；

其余符号同前。

3. 滤饼的洗涤时间 $\boldsymbol{\theta_w}$

$$\theta_w = V_w / \left(\frac{dV}{d\theta}\right)_w \tag{3-15}$$

式中：θ_w——洗涤时间，s；

V_w——洗涤液，m^3；

$\left(\frac{dV}{d\theta}\right)_w$——洗涤速率，置换洗涤 $\left(\frac{dV}{d\theta}\right)_w = \left(\frac{dV}{d\theta}\right)_e$，横穿洗涤 $\left(\frac{dV}{d\theta}\right)_w = \frac{1}{4}\left(\frac{dV}{d\theta}\right)_e$，$m^3 \cdot s^{-1}$。

4. 过滤机的生产能力 $\boldsymbol{V_A}$

（1）间歇过滤机的生产能力

$$V_A = \frac{3600V}{\theta + \theta_w + \theta_R} \tag{3-16}$$

$$Q = \frac{V}{\theta_c} = \frac{V}{\theta + \theta_w + \theta_R} \tag{3-16a}$$

式中：θ_R——一个操作循环内的辅助操作所需时间，s；

V_A——过滤机的生产能力，$m^3 \cdot h^{-1}$；

其余符号同前。

(2)连续过滤机的生产能力 V_A

$$V_A = 60[KA^2(60\varphi n + \theta_e n^2) - V_e n] \tag{3-17}$$

或

$$Q = \frac{V}{\theta_c} = nV = A\sqrt{k\Phi n} \tag{3-17a}$$

及

$$V_A = 465A(Kn\varphi)^{0.5} \quad (\theta_e = 0, V = 0) \tag{3-17b}$$

式中：V_A——过滤机的生产能力，$m^3 \cdot h^{-1}$；

n——转速，$r \cdot min^{-1}$；

φ——浸没度,%；

Φ——浸没分数；

θ_e——虚拟过滤时间，s；

其余符号同前。

三、知识点关联图

沉降分离

(1) 球形颗粒沉降受力分析：

$$\frac{\pi}{6}d^3\rho_s g-\frac{\pi}{6}d^3\rho_s g-\xi\frac{\pi}{4}d^2\frac{\rho u^2}{2}=0$$

(a) 重力沉降速度：$u_o=\sqrt{\frac{4d(\rho_s-\rho)g}{3\xi\rho}}$

(b) 离心沉降速度：$u_r=\sqrt{\frac{4d(\rho_s-\rho)u_t^2}{3\xi\rho r}}$

阻力系数 $\xi=f(Re_0)=f\left(\frac{du_0\rho}{\mu}\right)$：

- 层流区：$Re_t\leqslant 2$；$\xi=\frac{24}{Re_t}$ → 层流区重力沉降速度 $u_t=\frac{d^2(\rho_s-\rho)g}{18\mu}$ → 层流区离心沉降速度 $u_r=\frac{d^2(\rho_s-\rho)u_t^2}{18\mu R}$
- 过渡区：$2<Re_t\leqslant 500$；$\xi=\frac{18.5}{Re_t^{0.6}}$
- 湍流区：$500<Re_t\leqslant 2\times10^5$；$\xi=0.44$

(2) 重力沉降设备（降尘室、沉降槽）

降尘室：某粒径颗粒（完全）去除条件：$\theta_t=\frac{l}{u}\geqslant\theta_0=\frac{h}{u_0}\to u_0\geqslant\frac{V_s}{BL}$

计算层流时含尘气临界直径：$d_c=\sqrt{\frac{18\mu}{(\rho_s-\rho)g}\frac{V_s}{A_0}}$　计算最大处理量：$V_s\leqslant u_0BL$；$V_s\leqslant(n+1)u_tBL$（n 层隔板时）

(3) 离心沉降分离设备（沉降离心机、旋液分离器、旋风分离器）：

旋风分离器：某粒径颗粒（完全）去除条件：$\theta=\frac{2\pi R_mN}{u_i}\geqslant\theta_t=\frac{B}{u_r}$；计算层流时含尘气临界直径：$d_c=\sqrt{\frac{9\mu B}{\pi Nu_i\rho_s}}$

(4) 评价指标：① 临界直径 d_c；② 粒级效率 η_i 和总效率 η_0，$\eta_0=\sum x_i\eta_i$；③ 设备压降 $\Delta p=\xi_c\frac{\rho u_i^2}{2}$

过滤分离

(1) 过滤速率：$u=\frac{dV}{Ad\theta}=\frac{\Delta p}{r\mu(L+L_e)}$ ← 并联管路管径 d_0 长度 $l=K_0(L+L_e)$ ← 滤饼层 + 过滤介质厚度 = $L+L_e$

滤饼体积、滤液体积∝ $L=\frac{vV}{A}$　$L_e=\frac{vV_e}{A}$；

滤液流速：$u=\frac{1}{A\varepsilon}\frac{dV}{dt}$　压降：$\Delta p=\frac{32ul\mu}{d_0^2\varepsilon}$　比阻：$r=\frac{32K_0}{d_0^2\varepsilon}$

(2) 过滤基本方程：$\frac{dV}{dt}=\frac{A^2\Delta p}{r\mu v(V+V_e)}$

$\frac{t}{q}=\frac{1}{K}q+\frac{2q_e}{K}$ ← 过滤常数 K、q_e 的实验测定 ← γ' 和 s

过滤常数：$K=\frac{2\Delta p}{r\mu v}$ → $V^2+2VV_e=KA^2\theta$

$q=V/A$　$q_e=V_e/A$　$q^2+2qq_e=K\theta$

恒压过滤方程 → 忽略介质阻力恒压过滤方程：$V^2=KA^2t$；$q^2=Kt$

(3) 转筒式过滤机生产能力的计算：$Q=60n\sqrt{\frac{60\psi KA^2}{n}+V_e^2}-V_e$；$Q=60A\sqrt{60K\psi n}$

(4) 间歇式过滤机的计算：已知 A 和 t 求 V；已知 t 和 V 求 A；已知 V、A 求 t；

计算过滤机的生产能力：$Q=\frac{3600V}{T}$ ← 间歇操作周期：$T=t+t_W+t_R$

(5) 滤饼洗涤速率：

- 横穿 $\left(\frac{dV}{dt}\right)_W=\frac{1}{4}\left(\frac{dV}{dt}\right)_E=\frac{1}{4}\frac{KA^2}{2(V+V_e)}$
- 置换 $\left(\frac{dV}{dt}\right)_W=\left(\frac{dV}{dt}\right)_E=\frac{KA^2}{2(V+V_e)}$

计算洗涤时间：$t_W=V_W/\left(\frac{dV}{dt}\right)_W$

(6) 过滤设备：板框式过滤机（间歇操作、横穿洗涤）；叶滤机（间歇操作、置换洗涤）；转筒真空过滤机（连续操作、置换洗涤）。

四、习题解答

【例 3-1】 求直径 30 μm 的球形石英粒子在 20 ℃的水中与在 20 ℃的空气中的沉降速度。石英粒子的密度为 2650 kg · m^{-3}。

解 20 ℃下：$\rho_{H_2O} = 998.2\ kg \cdot m^{-3}$，$\mu_{H_2O} = 1.005\ cP$；$\rho_{air} = 1.205\ kg \cdot m^{-3}$，$\mu_{air} = 18.1\ cP$

(1)石英粒子在水中的沉降速度为 u_0

设沉降属于层流，即斯托克斯定律可用

$$u_0 = \frac{d^2(\rho_s - \rho_{H_2O})g}{18\mu_{H_2O}} = \frac{(30 \times 10^{-6})^2 \times (2650 - 998.2) \times 9.81}{18 \times 1.005 \times 10^{-3}}$$
$$= 8.06 \times 10^{-4}\ m \cdot s^{-1}$$

校核 $Re_0 = \dfrac{du_0\rho}{\mu} = \dfrac{30 \times 10^{-6} \times 8.06 \times 10^{-4} \times 998.2}{1.005 \times 10^{-3}} = 0.024 < 0.3 \sim 1$，结果可行。

(2)石英粒子在空气中的沉降速度为 u_0

设斯托克斯定律可用

$$u_0 = \frac{d^2(\rho_s - \rho)g}{18\mu} = \frac{(30 \times 10^{-6})^2 \times (2650 - 1.205) \times 9.81}{18 \times 18.1 \times 10^{-6}} = 0.072\ m \cdot s^{-1}$$

校核 $Re_0 = \dfrac{du_0\rho}{\mu} = \dfrac{30 \times 10^{-6} \times 0.072 \times 1.205}{18.1 \times 10^{-6}} = 0.144 < 2$，结果可行。

【例 3-2】 用落球法测定某液体的黏度，将待测液体置于玻璃容器中，测得直径为 6 mm 的钢球在此液体中沉降 200 mm 所需的时间为 7.32 s。已知钢球的密度为 7900 kg · m^{-3}，液体密度为 1300 kg · m^{-3}，计算液体黏度。

解 设沉降为层流，有

$$u_0 = \frac{d^2(\rho_s - \rho)g}{18\mu}$$

$$\mu = \frac{d^2(\rho_s - \rho)g}{18u_0} = \frac{(6 \times 10^{-3})^2 \times (7900 - 1300) \times 9.81}{18 \times \dfrac{200 \times 10^{-3}}{7.32}} = 4.74\ Pa \cdot s$$

校核 $Re_0 = \dfrac{du_0\rho}{\mu} = \dfrac{6 \times 10^{-3} \times 200 \times 10^{-3} \times 1300}{7.32 \times 4.74} = 0.045 < 0.3 \sim 1$，结果可行。

【例 3-3】 试求棱长为 30 μm 的正方形体结晶颗粒在 30℃水中的沉降速度。固体颗粒密度为 2.44×10^3 kg · m^{-3}。

解 30 ℃水的密度为 $\rho = 995.7\ kg \cdot m^{-3}$，黏度 $\mu = 0.801\ cP$

棱长 30 μm 的正方体颗粒的当量体积直径为 d_e，则 $\dfrac{\pi}{6}d_e^3 = 30^3$

解得 $d_e = 37.23\ \mu m$

又因为正方形的球形度 $\varphi = 0.806$，计算不含 u_0 的摩擦数群，则

$$\xi Re_0 = \frac{4d_e^3\rho(\rho_s - \rho)g}{3\mu^2}$$

$$= \frac{4\times(37.23\times10^{-6})^3\times995.7\times(2440-995.7)}{3\times(0.801\times10^{-3})^2}$$

$$= 0.1542$$

当 $\varphi = 0.806$ 时，当 $\xi Re_0 - Re_0$ 关系曲线，延伸得 $Re_0 = 0.0409$，则

$$u_0 = \frac{\mu Re_0}{d_e\rho} = \frac{0.801\times10^{-3}\times0.0409}{37.23\times10^{-6}\times995.7} = 8.83\times10^{-4}\ \text{m}\cdot\text{s}^{-1}$$

【例 3-4】 有一沉降室，长 4 m，宽 1.8 m，高 4 m，内部用隔板分成 40 层，在操作温度下，某含尘气体的密度为 $0.8\ \text{kg}\cdot\text{m}^{-3}$，黏度为 $5\times10^{-5}\ \text{Pa}\cdot\text{s}$，尘粒密度为 $3500\ \text{kg}\cdot\text{m}^{-3}$。欲在此沉降室中除去 80 μm 以上的尘粒。试计算沉降室的生产能力。

解 设尘粒在沉降室属层流，则

$$u_0 = \frac{d^2(\rho_s-\rho)g}{18\mu} = \frac{(80\times10^{-6})^2\times(3500-0.8)\times9.81}{(18\times5\times10^{-5})}$$

$$= 0.244\ \text{m}\cdot\text{s}^{-1}$$

校验 $Re_0 = \dfrac{du_0\rho}{\mu} = \dfrac{80\times10^{-6}\times0.244\times0.8}{5\times10^{-5}} = 0.312 < 1$，计算可行。

则降尘室的生产能力为

$$V_s = u_0A = 0.244\times1.8\times4\times40 = 70.3\ \text{m}^3\cdot\text{s}^{-1}$$

当 $V_s = 70.3\ \text{m}^3\cdot\text{s}^{-1}$时，气体通过降尘室时的气速为

$$u = \frac{V_s}{BH} = \frac{70.3}{1.8\times4} = 9.764\ \text{m}\cdot\text{s}^{-1}$$

校核 $\dfrac{L}{u} = \dfrac{4}{9.764} = 0.41\ \text{s}$，$\dfrac{H}{u_0} = \dfrac{4}{40\times0.244} = 0.41\ \text{s}$

符合$\dfrac{H}{u_0} \leqslant \dfrac{L}{u}$，所以降尘室的生产能力为 $70.3\ \text{m}^3\cdot\text{s}^{-1}$。

【例 3-5】 用一多层降沉室除去炉气中的矿尘，矿尘最小粒径 10 μm，密度为 $4500\ \text{kg}\cdot\text{m}^{-3}$。降尘室长 4 m、宽 2 m、高 4 m，气体温度为 427 ℃，黏度为 $3.4\times10^{-5}\ \text{Pa}\cdot\text{s}$，密度为 $0.5\ \text{kg}\cdot\text{m}^{-3}$。若每小时的炉气量为 2160 标准 m^3，试求降尘室内隔板的层数与间距。

解 设最小矿尘的沉降属层流，则

$$u_0 = \frac{d^2(\rho_s-\rho)g}{18\mu} = \frac{(10\times10^{-6})^2\times(4500-0.5)\times9.81}{18\times3.4\times10^{-5}}$$

$$= 7.21\times10^{-3}\ \text{m}\cdot\text{s}^{-1}$$

校核 $Re_0 = \dfrac{du_0\rho}{\mu} = \dfrac{10\times10^{-6}\times7.21\times10^{-3}\times0.5}{3.4\times10^{-5}} = 1.06\times10^{-3} < (0.3\sim1)$

设隔板层数为 n，沉降室的生产能力 $V_s = u_0A_0$

即　$\dfrac{2160\times(273+427)}{3600\times273}=7.21\times10^{-3}\times2\times4n$

解得　$n=26.7$，取 $n=27$ 层；隔板间距　$h_0=\dfrac{H}{n}=\dfrac{4}{27}=0.148\ \text{m}$；每层尘降的时间 $\theta_0=\dfrac{0.148}{7.21\times10^{-3}}=20.53\ \text{s}$。

气流经过的时间　$\theta=\dfrac{L}{u}=\dfrac{LBH}{V_s}=\dfrac{4\times2\times4\times3600\times273}{2160\times(273+427)}=20.8\ \text{s}$

因此，$\theta_0<\theta$，分 27 层合理，间距为 148 mm。

【例 3-6】　某降尘室长 2 m、宽 1.5 m、高 2 m。其常压、100 ℃下处理 2700 $\text{m}^3\cdot\text{h}^{-1}$的含尘气体，气体的物性与空气相同。设尘粒为球形，其密度为 2400 $\text{kg}\cdot\text{m}^{-3}$，试求：

(1)能被完全除去的最小颗粒直径；

(2)直径为 50 μm 的颗粒有百分之几能被除去？

解　(1)先设沉降在斯托克斯区，则能被完全除去的最小颗粒直径

$$d_{\min}=\sqrt{\frac{18\mu V_s}{(\rho_s-\rho)gA_o}}$$

因为常压，100 ℃空气的 $\rho=0.946\ \text{kg}\cdot\text{m}^{-3}$，$\mu=2.19\times10^{-5}\ \text{Pa}\cdot\text{s}$

又已知 $\rho_s=2400\ \text{kg}\cdot\text{m}^{-3}$，$V_s=\dfrac{2700}{3600}=0.75\ \text{m}^3\cdot\text{s}^{-1}$，$A_o=2\times1.5=3\ \text{m}^2$，

代入上式得　$d_{\min}=\sqrt{\dfrac{18\times2.19\times10^{-5}}{(2400-0.946)\times9.81}\times\dfrac{0.75}{3}}=64.7\ \mu\text{m}$

检验　$u_0=\dfrac{d_{\min}^2(\rho_s-\rho)g}{18\mu}=\dfrac{(64.7\times10^{-6})^2\times(2400-0.946)\times9.81}{18\times2.19\times10^{-5}}=0.25\ \text{m}\cdot\text{s}^{-1}$

$Re_0=\dfrac{\rho u_0d_{\min}}{\mu}=\dfrac{0.946\times0.25\times64.7\times10^{-6}}{2.19\times10^{-5}}=0.7<2$，因此以上计算有效。

(2)直径小于 $d_{\min}$的颗粒被除去的百分率等于其沉降距离 h 与降尘室高度 H 之比，而在沉降时间一定下 h 又与 u_0成正比，于是：

直径 50 μm 的颗粒被除去的百分率 $=\dfrac{h}{H}=\dfrac{u_0'}{u_0}=\dfrac{d^2}{d_{\min}^2}=\left(\dfrac{50}{64.7}\right)^2=0.597$

【例 3-7】　速溶咖啡粉(密度为 1050 $\text{kg}\cdot\text{m}^{-3}$)的直径为 60 μm，被 250 ℃的热空气带入旋风分离器中，进入时的切线速度为 20 $\text{m}\cdot\text{s}^{-1}$。在器内的平均旋转半径为 0.5 m，求其径向沉降速度及分离因数。

解　已知 $d=60\times10^{-6}\ \text{m}$，$\rho_s=1050\ \text{kg}\cdot\text{m}^{-3}$，$r_m=0.5\ \text{m}$，$u_i=20\ \text{m}\cdot\text{s}^{-1}$

查得 250 ℃空气的 $\rho=0.674\ \text{kg}\cdot\text{m}^{-3}$，$\mu=0.0274\times10^{-3}\ \text{Pa}\cdot\text{s}$

(1)设斯托克斯定律适用，则有

$$u_r=\frac{d^2\rho_s u_i^2}{18\mu r_m}=\frac{(60\times10^{-6})^2\times1050\times20^2}{18\times0.0274\times10^{-3}\times0.5}=6.13\ \text{m}\cdot\text{s}^{-1}$$

验算 $Re=\dfrac{du_r\rho}{\mu}=\dfrac{60\times10^{-6}\times6.13\times0.674}{27.4\times10^{-6}}=9.05>2$

改用过渡区的公式计算，得

$$u_r=0.269\sqrt{\frac{u_i^2d(\rho_s-\rho)Re^{0.6}}{\rho r_m}}=0.269\sqrt{\frac{20^2\times60\times10^{-6}\times1050\times Re^{0.6}}{0.674\times0.5}}=2.326Re^{0.3}$$

将 $Re=\dfrac{du_r\rho}{\mu}=\dfrac{60\times10^{-6}\times0.674}{27.4\times10^{-6}}u_r$代入上式，得 $u_r^{0.7}=2.613$

解得 $u_r=3.94\ \mathrm{m\cdot s^{-1}}$

验算 $Re=\dfrac{du_r\rho}{\mu}=\dfrac{60\times10^{-6}\times3.94\times0.674}{27.4\times10^{-6}}=5.82$，可见过渡区公式适用。

(2)重力沉降速度

按斯托克斯公式计算，即

$$u_0=\frac{d^2(\rho_s-\rho)g}{18\mu}=\frac{(60\times10^{-6})^2\times1050\times9.81}{18\times27.4\times10^{-6}}=0.075\ \mathrm{m\cdot s^{-1}}$$

验算 $Re=\dfrac{du_0\rho}{\mu}=\dfrac{60\times10^{-6}\times0.075\times0.674}{27.4\times10^{-6}}=0.11<2$

分离因数 $=\dfrac{u_i^2}{r_mg}=\dfrac{20^2}{0.5\times9.81}=81.5$

【例3-8】 在一直径为400 mm的标准型旋风分离器中分离空气中的尘粒子。空气温度为250 ℃，处理量800 kg · m^{-3}，尘粒的密度为200 kg · m^{-3}，试估算其临界粒径、分割粒径及压降。

解 250 ℃空气的密度为$\rho=0.674\ \mathrm{kg\cdot m^{-3}}$，黏度$\mu=2.74\times10^{-5}\ \mathrm{Pa\cdot s}$

此时标准型旋风分离器，其宽度 $B=\dfrac{D}{4}=\dfrac{0.4}{4}=0.1\ \mathrm{m}$

进口高度 $A=\dfrac{D}{2}=\dfrac{0.4}{2}=0.2\ \mathrm{m}$

空气进旋风分离器的向速度 $u_i=\dfrac{V_s}{A_i}=\dfrac{800}{3600\times0.1\times0.2}=11.11\ \mathrm{m\cdot s^{-1}}$

(1)临界直径

$$d_c=\left[\frac{9\mu B}{\pi N_e u_i\rho_s}\right]^{0.5}$$

对标准型旋风分离器，气流的有效旋转因数 N_e 可取为5，则

$$d_c=\left[\frac{9\times2.74\times10^{-5}\times0.1}{3.14\times5\times11.11\times2000}\right]^{0.5}=8.4\times10^{-6}\ \mathrm{m}=8.4\ \mu\mathrm{m}$$

(2)分割粒径(标准型旋风分离器分割粒径估算式)

$$d_{50}=0.27\left[\mu D\mu_i^{-1}(\rho_s-\rho)^{-1}\right]^{0.5}=0.27\times\left[\frac{2.74\times10^{-5}\times0.4}{11.11\times(2000-0.674)}\right]^{0.5}$$

$$=6\times10^{-6}\ \mathrm{m}=6\ \mu\mathrm{m}$$

(3)压强降

$$\Delta P = \xi_c(0.5\mu_i^2)\rho$$

对标准型旋风分离器 $\xi_c = 8$，则有 $\Delta P = 8 \times 11.11^2 \times 0.674 \times 0.5 = 332.8$ Pa

【例 3-9】 原用一个旋风分离器分离含尘气体中的尘粒，因分离效率不够，拟用 3 个并联，其型式及各部位的尺寸比例不变。每个旋风分离器的直径减少到使气体进口速度 u_i 与以前一样。试求各个旋风分离器的直径应为原来的几倍？可分离的粒径为原来的几倍？

解 设气体的处理量为 V_s，原旋风分离器的直径为 D，改用 3 个并联的旋风分离器直径为 d，依题意有

$$u_i = V_s\alpha^{-1}D^{-2} = \frac{V_s\alpha^{-1}d^{-2}}{3}, d = \frac{\sqrt{3}}{3}D$$

临界粒径 $d_c = \left(\frac{9\mu B}{\pi N u_i \rho_s}\right)^{0.5}$

可得 $\frac{d_{c'}}{d_c} = \left(\frac{B'}{B}\right)^{0.5} = \left(\frac{b_d}{b_D}\right)^{0.5} = \left(\frac{\sqrt{3}}{3}\right)^{0.5} = 0.76$

【例 3-10】 表 3-1 为某种催化剂粒度分布及使用某种旋风分离器时的每一种粒度范围的粒级效率。

表 3-1　旋风分离器的粒级效率

粒径/μm	质量分率	粒级效率 η_i	粒径/μm	质量分率	粒级效率 η_i
5 ~ 10	0.2	0.80	30 ~ 50	0.3	0.95
10 ~ 30	0.2	0.90	50 ~ 80	0.3	1.0

分离器进口气体含催化剂尘粒的量为 25 g · m^{-3}气，含尘气体的流量为 1200 $m^3 \cdot h^{-1}$。试求：

(1) 旋风分离器的总效率及未分离下来颗粒的质量分率 $\overline{y_i}$；

(2) 每日损失的催化剂量。

解 (1) 由表 3-1 计算每一粒度的总效率 $\eta_{p_i} = \eta_i\alpha_i$，则

$\eta_{p1} = 0.8 \times 0.2 = 0.16$；$\eta_{p2} = 0.9 \times 0.2 = 0.18$；$\eta_{p3} = 0.95 \times 0.3 = 0.285$；

$\eta_{p4} = 0.3$

所以，总效率 $\eta_{总} = \eta_{p1} + \eta_{p2} + \eta_{p3} + \eta_{p4} = 0.16 + 0.18 + 0.285 + 0.3 = 0.925$

以含每克催化剂气体计，各粒度为被分离的质量级

$m_1 = 0.2 \times (1 - 0.8) = 0.04$ g；$m_2 = 0.2 \times (1 - 0.9) = 0.02$ g；

$m_3 = 0.3 \times (1 - 0.95) = 0.015$ g；$m_4 = 0$

未被分离粒度的质量分率 $\overline{y_i} = \frac{m_i}{\sum m}$

则 $\overline{y_1} = \frac{0.04}{(0.04 + 0.02 + 0.015)} = 0.533$

同理 $\overline{y_2} = 0.267$；$\overline{y_3} = 0.2$；$\overline{y_4} = 0$

(2) 每日损失的催化剂量 $= 1200 \times 25 \times 24 \times (1 - 0.925) \times 10^{-3} = 54$ kg · d^{-1}

【例 3-11】 一台过滤机在恒压下进行过滤操作，过滤进行 20 min 时，得滤液 4.2 m^3。试问当过滤进行到 1 h 时可获得多少滤液？该瞬间的过滤速率为多少？介质阻力不计。

解 当过滤介质阻力不计时，恒压过滤方程：

$$V^2 = KA^2\theta \tag{a}$$

则 $V' = \left(\dfrac{\theta'}{\theta}\right)^{0.5} V = \left(1 \times \dfrac{6}{2.0}\right)^{0.5} \times 4.2 = 7.27\ m^3$ 滤液

微分(a)式，得瞬时过滤速率 $\dfrac{dV}{d\theta} = \dfrac{KA^2}{2V}$

由(a)式，得 $KA^2 = \dfrac{V^2}{\theta} = \dfrac{4.2^2}{20} = 0.882$

所以，过滤 1 h 时的瞬时速率 $= \dfrac{0.882}{(2 \times 7.27)} = 0.061\ m^3 \cdot min^{-1}$

【例 3-12】 用板框压滤机过滤某悬浮液，框的长、宽各为 450 mm，共有 10 个框。过滤压力为 400 kPa，不洗涤($Q_w = 0$)。此外，拆卸、重装等辅助时间共为 1200 s。试求其最大生产能力(m^3滤液 · h^{-1})。已测得过滤常数 $K = 4.3 \times 10^{-7}\ m^2 \cdot s^{-1}$，$q_e = 0.004\ m^3 \cdot m^{-2}$。

解 此题 $q_e \neq 0$，最大生产能力不能按 $\theta = \theta_R$ 这一条件计算，需要重新推导。

$$Q = \frac{V}{\sum \theta} = \frac{V}{\theta + \theta_R} = \frac{V}{\dfrac{V^2 + 2V_eV}{KA^2} + \theta_R}$$

令 $\dfrac{dQ}{dV} = 0$，得 $\theta_R = \dfrac{V^2}{KA^2}$

即当 $V = A\sqrt{\theta_R K}$时，Q 最大。

将 $K = 4.3 \times 10^{-7}\ m^2 \cdot s^{-1}$，$A = 10 \times 0.45^2 \times 2 = 4.05\ m^2$，$\theta_R = 1200$ s 代入得

$$V = 4.05\sqrt{1200 \times 4.3 \times 10^{-7}} = 0.092\ m^3$$

再代入恒压过滤方程

$$V^2 + 2VV_e = KA^2\theta$$

即 $0.092^2 + 2 \times 0.092 \times 0.004 \times 4.05 = 4.3 \times 10^{-7} \times 4.05^2\theta$

解得 $\theta = 1623$ s

于是 $Q_{max} = \dfrac{V}{\theta + \theta_R} = \dfrac{0.092}{1623 + 1200} = 3.26 \times 10^{-5}\ m^3 \cdot s^{-1} = 0.117\ m^3 \cdot h^{-1}$

【例 3-13】 在小型板框压滤机上进行碳酸钙的水悬浮液过滤试验，测得的数据如表 3-2 所示。

表 3-2 压滤机的过滤试验数据

过滤压强差 $\Delta p/(N \cdot m^{-2})$	过滤时间 θ/s	滤液体积 V/m^3
1.0×10^5	50	2.27×10^{-3}
	660	9.10×10^{-3}
3.5×10^5	17.1	2.27×10^{-3}
	233	9.10×10^{-3}

已知过滤面积为 0.1 m^2，试求：

(1)过滤压强差为 1×10^5 Pa · s 时的过滤常数 K_e，q_e，Q_e；

(2)滤饼的压缩指数 s；

(3)若滤布的介质阻力不变，试写出在过滤压强差为 2×10^5 N · m^{-2}时的过滤方程式。

解　(1)把压差为 1×10^5 Pa 时的表 3-2 中数据代入恒压过滤方程，得

$$(2.27\times10^{-3})^2+2\times2.27\times10^{-3}V_e=K\times(0.1)^2\times50$$

$$(9.10\times10^{-3})^2+2\times9.10\times10^{-3}V_e=K\times(0.1)^2\times660$$

解得　$K=1.35\times10^{-5}$ m · s^{-1}；$q_e=\dfrac{V_e}{A}=3.544\times10^{-3}$ m^3 · m^{-2}

又因　$q_e^2=KQ_e$，所以，$Q_e=\dfrac{q_e^2}{K_e}=\dfrac{(3.544\times10^{-3})^2}{1.35\times10^{-5}}=0.93$ s

(2)同理，$\Delta p=3.5\times10^5$ Pa 时，利用题表数据，解得

$$K=3.78\times10^{-5}\ m^2\cdot s^{-1},q_e=2.89\times10^{-3}\ m$$

因 $K=\dfrac{2\Delta p^{1-s}}{\mu r_0 c}$，对同一悬浮液，其 μ，r_0，c 相同。则两不同压差下 K 的比值为

$$\frac{K_1}{K_2}=\frac{\Delta p_1^{1-s}}{\Delta p_2^{1-s}},即\ \frac{(1\times10^5)^{1-s}}{(3.5\times10^5)^{1-s}}=\frac{1.35\times10^{-5}}{3.78\times10^{-5}}$$

解得　$s=0.18$

(3)在 $\Delta p_3=2\times10^5$ Pa 时

$$K_3=K_1\left(\frac{\Delta p_3}{\Delta p_1}\right)^{1-s}=1.35\times10^{-5}\times\left(\frac{2\times10^5}{1\times10^5}\right)^{1-0.18}=2.38\times10^{-5}\ m^2\cdot s^{-1}$$

q_e 取(1)和(2)的平均值为

$$q_e=\frac{(3.544+2.89)\times10^{-3}}{2}=3.22\times10^{-3}\ m$$

于是在压差 $\Delta p=2\times10^5$ N · m^{-2}时，恒压过滤方程式为

$$q^2+6.44\times10^{-3}q=2.38\times10^{-5}\theta$$

【例 3-14】　有一板框压缩机，在表压 1.5×10^5 Pa 下以恒压操作方式过滤某种悬浮液。2 h 后，得滤液 40 m^3。过滤介质阻力忽略不计，试计算：

(1)若其他情况不变，而过滤面积加倍，可得滤液多少？

(2)若表压加倍，滤饼的压缩性指数 $s=0.25$，2 h 后可以得到多少滤液？

(3)若其他条件不变，但操作时间缩短到 1 h，所得的滤液为多少？

解　恒压过滤方程，当不计介质阻力时：

$$V^2=KA^2\theta$$

(1)若过滤面积加倍，则

$$\left(\frac{V'}{V}\right)^2=\frac{K(2A^2)\theta}{KA^2\theta}=4$$

所以，$V'=2V=2\times40=80\ \text{m}^3$

(2)若表压加倍，且 $s=0.25$，$K=\dfrac{2\Delta p^{1-s}}{\mu r_0 c}$，则

$$\frac{K}{K'}=\left(\frac{\Delta p'}{\Delta p}\right)^{1-s}=2^{1-0.25}=1.68$$

$$\left(\frac{V'}{V}\right)^2=\frac{K'A^2\theta}{KA^2\theta}=1.68$$

解得 $V'=1.68^{0.5}\times40=52\ \text{m}^3$

(3)时间缩短为 1 h，则

$$\left(\frac{V'}{V}\right)^2=\frac{KA^2\theta'}{KA^2\theta}=0.5$$

解得 $V'=0.5^{0.5}\times40=28.28\ \text{m}^3$

【例 3-15】 用叶压滤机过滤某种悬浮液，先以恒速过滤 10 min，得滤液 5 L。此后即保持恒定压强差再过滤 60 min，又可得滤液多少升？滤布阻力可以忽略不计。

解 过滤介质阻力不计时，过滤速率为

$$\frac{dV}{d\theta}=\frac{KA^2}{2V} \tag{a}$$

恒速过滤 10 min，得滤液 5L，即 $\dfrac{dV}{d\theta}=\dfrac{V_r}{\theta_r}=\dfrac{KA^2}{2V}$

把已知数值代入上式，得

$$KA^2=\frac{2\times5^2}{10}=5\ \text{L}^6\cdot\text{min}^{-1}$$

接着恒压过滤，K 为常数，积分(a)式，得

$$2\int_{V_r}^{V}dV=KA^2\int_{\theta_r}^{\theta}d\theta$$

$$V^2-V_r^2=KA^2(\theta-\theta_r)$$

式中，$V_r=5$ L，$KA^2=5\ \text{L}^6\cdot\text{min}^{-1}$，$\theta=70$ min，$\theta_r=10$ min。代入解得

$$V=18.03\ \text{L}$$

所以，可再获得滤液 $=18.03-5=13.03$ L

【例 3-16】 用一板框过滤机过滤某悬浮液，悬浮液的固相质量分率为 0.14，固相密度为 2650 $\text{kg}^3\cdot\text{m}^{-3}$，液相为水。每 1 m^3滤饼含水 500 kg，其余为固相。操作条件下的过滤常数 $K=2.7\times10^{-5}\text{m}^2\cdot\text{s}^{-1}$，$q_e=3.5\times10^{-3}\ \text{m}^3\cdot\text{m}^{-2}$，滤框尺寸为 810 mm×810 mm×25 mm，共 40 个框。试求：

(1)过滤至滤框内全部充满滤渣所需的时间及所得的滤液的体积；

(2)过滤完毕用 0.8 m^3清水洗涤滤饼，求洗涤时间。已知洗水表压、温度与滤浆相同。

解 (1)滤框面积 $A=0.81\times0.81=0.6561\ \text{m}^2$

滤框体积 $=0.6561\times0.025=0.0164\ \text{m}^3$

滤渣充满40个滤框时，滤饼体积　$V'=40\times0.0164=0.656\ \mathrm{m^3}$

滤饼中固相总容积 $=0.656\times\left(1-\dfrac{500}{1000}\right)=0.328\ \mathrm{m^3}$

滤饼中固相的质量 $=0.328\times2650=869.2\ \mathrm{kg}$

所以，获得滤液体积　$V=\dfrac{869.2}{1000\times(0.14-1)}-\dfrac{0.656}{2}=5\ \mathrm{m^3}$

又由　$V^2+2V_eV=KA^2\theta$

式中，$A=40\times0.6561\times2=52.5\ \mathrm{m^2}$，$q_e=3.5\times10^{-3}\ \mathrm{m}$，$K=2.7\times10^{-5}\ \mathrm{m^2\cdot s}$，$V=5\ \mathrm{m^3}$。

得　$5.01^2+2\times5.01\times3.5\times10^{-3}\times52.5=2.7\times10^{-5}\times52.5^2\theta$

解得　$\theta=362\ \mathrm{s}$

过滤终了速率 $\left(\dfrac{dq}{d\theta}\right)_{q_e}=\dfrac{K}{2(q_e+q_E)}=\dfrac{2.7\times10^{-5}}{2(5.01/52.5+3.5\times10^{-3})}=0.136\times10^{-3}\ \mathrm{m\cdot s^{-1}}$

(2) 对板框压滤机

$$\left(\frac{dq}{d\theta}\right)_w=\frac{1}{4}\left(\frac{dq}{d\theta}\right)_{q_e}=0.137\times10^{-3}\times0.25=3.43\times10^{-5}\ \mathrm{m\cdot s^{-1}}$$

所以，洗涤时间　$\theta_w=\dfrac{q_w}{(dq/d\theta)_w}=\dfrac{0.8/52.5}{3.43\times10^{-5}}=444\ \mathrm{s}$

【例3-17】　某滤浆在一台板框压滤机上进行恒压过滤试验得过滤方程式如下：

$$q^2+0.018q=4.16\times10^{-6}\theta$$

式中，q 和 θ 的单位分别为 $\mathrm{m^3\cdot m^{-2}}$ 和 s。

如果上测定结果适用于叶滤机的操作过程，先用5 min进行恒速过滤，压力升至稳定值后进行15 min的恒压过滤，而后进行洗涤，卸饼等过程，滤饼可看成是不可压缩的。试求：

(1) 在一个操作周期内，每平方米过滤面积可获得多少滤液。

(2) 过滤之后，以相当于总滤液量(体积)12%的水进行洗涤，洗涤时的操作压强与恒压过滤所用的压强相等，洗涤水与滤液的黏度相同，卸料等辅助时间为8 min，过滤面积为20 $\mathrm{m^2}$，试计算过滤机的生产能力。

解　由试验过滤方程知，恒压过滤时：

$$K=4.16\times10^{-6}\ \mathrm{m^2\cdot s^{-1}},q_e=\frac{0.018}{2}=0.009\ \mathrm{m^3\cdot m^{-2}}$$

恒速过滤方程式为　$q^2+qq_e=K\Delta p^{1-s}\theta$，现 $s=0$，恒速终了时

$$K\Delta p=\frac{K}{2}=\frac{4.16\times10^{-6}}{2}=2.08\times10^{-6}\ \mathrm{m\cdot s^{-1}},\theta=5\ \mathrm{min}$$

所以　$q^2+0.009q=2.08\times10^{-6}\times5\times60$

解得　$q=0.021\ \mathrm{m^3\cdot m^{-2}}$

恒速 θ_1(得滤液 q_1)后，再恒压过滤，其方程为

$$(q^2-q_1^2)+2q_e(q-q_e)=K(\theta-\theta_1)$$

式中，$q_1=0.021\ m^3\cdot m^{-2}$，$\theta_1=5$ min，$K=4.16\times10^{-6}\ m^2\cdot s^{-1}$，$q_e=0.009\ m^3\cdot m^{-2}$，$\theta=15+5=20$ min。

即 $(q^2-0.021^2)+2\times0.009(q-0.021)=4.16\times10^{-6}\times(20-5)\times60$

解得 $q=0.059\ m^3\cdot m^{-2}$

(2)恒压过滤终了速率 $\left(\dfrac{dq}{d\theta}\right)_e=\dfrac{K}{2(q+q_e)}$

对过滤机(置换洗涤)有 $\left(\dfrac{dq}{d\theta}\right)_w=\dfrac{K}{2(q+q_e)}$

式中，$q_e=q-q_e=0.059-0.021=0.038\ (m^3\cdot m^{-2})$，$K$、$q_e$ 同上值。

解得 $\theta_w=\dfrac{0.12q_E}{K/2(q+q_e)}=\dfrac{0.24(0.038^2+0.038\times0.009)}{4.16\times10^{-6}}=103\ s=1.72$ min

所以，过滤机的生产能力 $V_1=\dfrac{0.059\times20\times60}{5+1.72+15+8}=2.38\ m^3$ 滤液 $\cdot h^{-1}$

【例 3-18】 用板框过滤机在恒压条件下过滤某悬浮液，过滤开始后 10 min 和 20 min，获得累积滤液量分别为 $1.327\ m^3\cdot m^{-2}$、$1.882\ m^3\cdot m^{-2}$，所得滤饼用 1/5 滤液体积的清水在相同压差下洗涤(洗涤水黏度与滤液的黏度相同)，补助生产时间为 15 min，问每周期的过滤时间多长时才能使过滤机的生产能力达到最大?

解 恒压过滤方程为 $q^2+2qq_e=K\theta$

把题给数据代入后得

$$1.327^2+2\times1.327q_e=K\times10;1.882^2+2\times1.882q_e=K\times20$$

联立以二个方程，解得 $q_e=0.013\ m^3\cdot m^{-2}$，$K=0.18\ m^2\cdot min^{-1}$

设每周期的过滤时间为 θ 时，生产能力$\left(\dfrac{q_E}{q_e}\right)$为最大，由 $q_E^2+2q_Eq_e=K\theta_E$，得

$$\theta_E=\frac{q_E^2+2q_Eq_e}{K} \qquad (a)$$

恒压过滤终了速率 $\left(\dfrac{dq}{d\theta}\right)_w=\dfrac{K}{2(q_E+q_e)}$

对板框过滤机，洗涤速率 $\left(\dfrac{dq}{d\theta}\right)_{\bar{w}}=\dfrac{1}{4}\left(\dfrac{dq}{d\theta}\right)_E=\dfrac{K}{2(q_E+q_e)}$

所以，洗涤时间 $\theta_{\bar{w}}=\dfrac{q_{\bar{w}}}{(dq/d\theta)_{\bar{w}}}=\dfrac{8q_E}{5K/(q_E+q_e)}$

因为 $\theta_c=\theta_E+\theta_{\bar{w}}+15$

则 $\dfrac{\theta_c}{q_e}=\dfrac{\theta_E+\theta_{\bar{w}}+15}{q_e}=\dfrac{1}{q_e}\left(\dfrac{q_E^2+2q_Eq_e}{K}+\dfrac{8q_E^2+8q_eq_E}{5K}+15\right)=\dfrac{13q_E+18q_e}{5K}+\dfrac{15}{q_e}$

令 $\dfrac{d(\theta_c/q_e)}{dq_e}=0$，化简得 $\dfrac{15}{q_E^2}=\dfrac{13}{5K}=\dfrac{13}{5\times0.18}$

解得 $q_E=1.02\ m^3\cdot m^{-2}$

将 q_E 值代入(a)式，得 $\theta_E=\dfrac{1.02^2+2\times0.013\times1.02}{0.18}=5.93$ min

【例 3-19】　有一转筒真空过滤机，每分钟转 2 周，每小时可得滤液 4 m^3。现要求每小时获得 5 m^3滤液，转速为多少？转筒表面滤渣厚度为原来的几倍？滤布阻力忽略不计。

解　对转筒过滤机，当滤布阻力可忽略时，有　$Q = A\sqrt{K\varphi n}$

所以　$\dfrac{Q'}{Q} = \sqrt{\dfrac{n'}{n}}$

已知　$Q = 4\ m^3 \cdot h^{-1}$，$Q' = 5\ m^3 \cdot h^{-1}$，$n = 2\ r \cdot min^{-1}$，代入上式得

$$\frac{5}{4} = \sqrt{\frac{n'}{2}} \quad n' = 3.125\ r \cdot min^{-1}$$

因为 $c = \dfrac{\text{滤饼体积}}{\text{滤液体积}} = \text{常数}$

所以，滤渣厚度∝滤饼体积∝滤液体积 $V = \dfrac{Q}{n} \propto \dfrac{1}{\sqrt{n}}$

故滤饼厚度之比为　$\dfrac{L'}{L} = \sqrt{\dfrac{n}{n'}} = \dfrac{4}{5} = 0.8$ 倍

【例 3-20】　一转筒真空过滤机的过滤面积为 3 m^2，浸没在悬浮液中的部分占 30 %。转速为 0.5 $r \cdot min^{-1}$，已知相关的数据如下：滤渣体积与滤液体积之比 $c = 0.23\ m^3 \cdot m^{-3}$，过滤常数 $K = 3.1 \times 10^{-4}\ m^2 \cdot s^{-1}$，滤液黏度 $\mu = 1\ mPa \cdot s$，转鼓内的绝压为 30 kPa，大气压为 101.3 kPa(绝)，滤布阻力相当于 2 mm 厚滤渣层的阻力，计算：

(1)每小时的滤液体积；

(2)所得滤渣层的厚度。

解　(1) V_e = 2 mm 厚滤渣层相应的滤液量 $= \dfrac{2 \times 10^{-3} \times A}{c} = \dfrac{2 \times 10^{-3} \times 3}{0.23} = 0.0261\ m^3$

又因为 $n = 0.5\ r \cdot min^{-1}$ 或 $1/120\ r \cdot s^{-1}$

由恒压过滤方程知　$V^2 + 2VV_e = \dfrac{KA^2\varphi}{n}$

即　$V^2 + 2V \times 0.0261 = 3.1 \times 10^{-4} \times 3^2 \times 0.3 \times 120$

解得　$V = 0.291\ m^3$

$$Q = V \cdot n = 0.291 \times 0.5 = 0.1455\ m^3 \cdot min^{-1} = 8.73\ m^3 \cdot h^{-1}$$

(2)滤饼层厚度 $= \dfrac{\text{滤饼层体积}}{A} = \dfrac{Vc}{A} = \dfrac{0.291 \times 0.23}{3} = 0.022\ m = 2.2\ cm$

【例 3-21】　某悬浮液中固相质量分率为 12.8%，固相密度为 3200 $kg \cdot m^{-3}$，液相为水。现采用一台 GP-1.75 型转筒真空过滤机进行生产(该过滤机的转鼓直径为 1.75 m，长度为 0.98 m，过滤面积为 5 m^2，浸入角度为 120°)，转速为 0.5 $r \cdot min^{-1}$，操作真空度为 600 mmHg(1 mmHg = 0.133 kPa)。已知悬浮液的物料物性常数 $\xi = 1.1 \times 10^{-4}\ m^2 \cdot s^{-1} \cdot atm^{-1}$，滤饼空隙率为 40%，滤饼不可压缩，过滤介质阻力不计。试求此过滤机的生产能力及滤饼厚度。

解 过滤常数 $K=2\xi\Delta p^{1-s}=2\times1.1\times10^{-4}\times\left(\dfrac{600}{700}\right)^{1-0}=1.89\times10^{-4}\ \mathrm{m^2\cdot s^{-1}}$

当介质阻力不计时，恒压过滤方程为 $q^2=K\theta$ 或 $V_h=465A\sqrt{Kn\varphi}$

因为 $A=\pi DL=3.14\times1.75\times0.98=5.38>5$，采用 $A=5\ \mathrm{m^2}$

得 $V_h=465\times5\times\sqrt{\dfrac{1.89\times10^{-4}\times0.5\times120}{360}}=12.73\ \mathrm{m^3\cdot h^{-1}}$

设获 1 $\mathrm{m^3}$ 滤液得滤饼体积为 c $\mathrm{m^3}$，对固相做物料衡算，则

$$[1000+3200c(1-E)+1000cE]\times0.128=3200c(1-E)$$

即 $[1000+3200c(1-0.4)+1000c\times0.4]\times0.128=3200c(1-0.4)$

解得 $c=0.079\ \mathrm{m^3\cdot m^{-3}}$

故滤饼厚度 $L=\dfrac{V_hc}{0.5\times60A}=\dfrac{12.52\times0.079}{30\times5}=6.6\ \mathrm{mm}$

五、思考题

【例 3-22】 要想提高沉降设备的生产能力，采用增加沉降器高度、长度或宽度中的任何一种均可，因为它们都增加了沉降器的容积，对吗?

答 沉降设备的生产能力只和沉降器的横截面积成正比，即只和长度与宽度有关，与高度无关，因此该提法不对。

【例 3-23】 某工厂有一旋风除尘器，由于效率较低，有人建议再安装一台规格相同的旋风分离器与之并联使用。这样，由于减轻了每一个设备的负荷，就自然提高了设备的除尘效率。这种建议可以采纳吗?

答 旋风分离器的效率可否提高要看被分离的粒径是否降低，由于临界直径 $d_c=\sqrt{\dfrac{9\mu B}{\pi N_e u_i\rho_s}}$，用一相同规格的设备并联，假使 u_i 降低 1 倍，其他不变。d_c 增大 $\sqrt{2}$倍，效率更低，建议是错误的，不能采纳。

【例 3-24】 原用一个旋风分离器分离排放气中的灰尘，因分离效率不够高，拟改用 3 个同一型号、较小规格的并联，其各部分尺寸的比例不变，气体进口速度也不变。求每个小旋风分离器的直径应为原来的几倍? 可分离的临界粒径为原来的几倍?

答 据题意改用 3 个旋风分离器并联工作，但保持进气速度不变，故每个小旋风分离器的进口截面($A'B'$)应为原来的 1/3。由于几何相似形的对应长度之比等于面积比的平方根，故 $D'=\sqrt{1/3}D=0.58D$。又因临界粒径与器身直径的平方根成正比，故有$\dfrac{d'_c}{d}=\dfrac{D'}{D}=\sqrt{0.58}=0.76$。

【例 3-25】 以间歇过滤机处理某种悬浮液，若滤布阻力可以忽略，清水与滤液体积比为 a，试分析洗涤时间与过滤时间的关系。

答 当介质阻力不计时，$q^2=K\theta$，$\dfrac{dq}{d\theta}=\dfrac{K}{2q}$。过滤终了速率$\left(\dfrac{dq}{d\theta}\right)_E=\dfrac{K}{2q_E}$，间歇

过滤机的洗涤速率$\left(\dfrac{dq}{d\theta}\right)_{\bar{w}} = \delta\left(\dfrac{dq}{d\theta}\right)_{E} = \dfrac{K\delta}{2q_E}$，今 $q_{\bar{w}} = aq_E$，$q_E = \sqrt{K\theta_E}$。所以 $\theta_{\bar{w}} = \dfrac{q_{\bar{w}}}{(dq/d\theta)_{\bar{w}}}$，即 $\theta_{\bar{w}} = \dfrac{2aq_E\sqrt{K\theta_E}}{K\delta} = 2a\dfrac{\theta_E}{\delta}$。

【例 3-26】 当滤布阻力不计时，若要恒压操作的间歇过滤机取得其最大的生产能力，在下列两种条件下，该如何确定过滤时间 θ?

(1)若已规定每一循环中的辅助操作时间为 θ_D，洗涤时间为 θ_w；

(2)若已规定每一循环中的辅助操作时间为 θ_D，洗水与滤液体积比为 a。

答 阻力(介质)不计时，间歇恒压操作的过滤机其生产最大时的条件是：$\theta_F + \theta_W = \theta_D$

(1)此时过滤时间 $\theta_F = \theta_W - \theta_D$

(2)洗涤时间 θ_D 与过滤时间 θ_F 的关系为：$\theta_W = \dfrac{2a\theta_F}{\delta}$，则 $\theta_F + \dfrac{2a\theta_F}{\delta} = \theta_D$

所以，$\theta_F = \dfrac{\theta_D}{1 + 2a/\delta}$　（对横穿洗涤 $\delta = \dfrac{1}{4}$，对置换洗涤 $\delta = 1$）

【例 3-27】 过滤机的生产能力和过滤速率是否相等? 如果用板框压滤机过滤某悬浮液，现要求滤液量增大 1 倍，问采用以下几种办法是否可达到目的? 效果如何?

(1)框的厚度增大 1 倍；

(2)操作压强增大 1 倍；

(3)框的长或宽的尺寸增加 1 倍；

(4)增加温度来减少滤液的黏度 50 %；

(5)滤浆中固相体积分率由 10 %增加到 20 %，已知滤饼中固相体积分率为 70 %。

答 过滤机的生产能力是一个操作循环周期内单位时间获得的滤液量(或滤渣量)。操作周期的时间除过滤时间外，尚包含洗涤时间与辅助时间。过滤速率指单位过滤时间内通过单位过滤面积的滤液体积。两者基准不同，因而不会相等(通常情况下)。

恒压操作的板框压滤机，当介质阻力可忽略时：$V^2 = KA^2\theta = \dfrac{2\Delta p^{1-s}A^2\theta}{ur_0c}$

(1)框的厚度增大 1 倍，容纳的滤饼量亦扩大 1 倍。在一个操作周期内，相应的增长过滤时间，滤液量可增大 1 倍，但设备费提高了。

(2)操作压强差增加 1 倍，$V^2 \propto \Delta p^{1-s}$，则 $V' = 2^{(1-s)/2}V$，当 $s = 0$ 时，$V' = \sqrt{2}V \neq 2V$,即操作压强增大 1 倍，滤液量为原来的$\sqrt{2}$倍(操作压强增大 1 倍，无法讨论!)。但滤渣充满滤框时，过滤时间缩短了，获得的滤液量仍不变化(除非滤饼的空隙率变化)

(3)框的长或宽尺寸增加 1 倍，$V^2 \propto A^2$，则 $V' = 2V$，即滤液量在一个操作周期内可增大 1 倍，但辅助时间增长了，设备费用提高了。

(4)因 $V^2 \propto 1/\mu$，当 $\mu' = 0.5\mu$ 时，$V' = \sqrt{2}V \neq 2V$，但可降低过滤阻力，提高过滤速率。

(5)当滤浆中固相体积分率由 10 % 增加到 20 % 时，滤饼中固相的体积分率为 70 %，则过滤同体积悬浮液，滤渣量增大 1 倍。同样，滤饼充满滤瓶时，获得的滤液量比为：$\frac{V'}{V} = \frac{1-2/7}{(1-1/7)\times 2} \approx 0.42$，但操作周期内过滤时间有所缩短。

六、符号表

符号	意义	单位
A	面积	m^2
a	质量分率	—
a	比表面积	m^{-1}
a_r	离心加速度	$m \cdot s^{-2}$
B	宽度	m
c	滤饼体积与滤液体积之比	$m^3 \cdot m^{-3}$
D	直径(设备)	m
d，d_p	直径(颗粒)	m
d_{Am}	表面积平均直径	m
L_e	过滤介质的当量滤饼厚度	m
L_{mf}	起始流化床高度	m
l_e	长度	m
m	质量	kg
m_p	固体床层质量	kg
N	气体通过旋风分离器时的旋转圈数	—
n	颗粒数	—
n	转速	s^{-1}
p	压力	Pa
q	通过单位面积的滤液体积	$m^3 \cdot m^{-2}$
q_e	通过单位面积的当量滤液体积	$m^3 \cdot m^{-2}$
r	半径	m
r	比阻	m^{-2}
s	滤饼的压缩指数	—
u	流速，滤液体积，表观流速	$m \cdot s^{-1}$
u_0	沉降速度，带出速度	$m \cdot s^{-1}$
u_i	进口速度	$m \cdot s^{-1}$
u_1	在固定床或滤饼空隙中流动	$m \cdot s^{-1}$
d_{Lm}	长度平均直径	m
d_{Vm}	体积平均直径	m
d_{VAm}	体积表面积平均直径	m
d_c	旋风分离器的颗粒临界直径	m
H	高度	m
J	洗涤液体积与滤液体积之比	—
K	过滤常数	$m^2 \cdot s^{-1}$
K_0　K_1	比例常数	—
L	长度，滤饼厚度，流化床高度	m
u_{mf}	起始流化速度	$m \cdot s^{-1}$

（续）

符号	意义	单位
u_r	径向速度	$m \cdot s^{-1}$
u_t	切线速度	$m \cdot s^{-1}$
V	体积	m^3
V_e	过滤介质的当量滤液体积	m^3
V_s	体积流量	$m^3 \cdot s^{-1}$
δ	洗涤速率与最终过滤速率之比	—
ε	床层空隙率	—
ε_{mf}	起始流化床空隙率	—
η	效率	—
θ	时间	s
μ	黏度	$Pa \cdot s$
ξ	阻力系数	—
ρ	密度	$kg \cdot m^{-3}$
φ	转筒过滤机浸没分数	—
φ	球形度	—

第四章　传　热

一、教学基本要求

本章主要涉及传热的基本原理、影响传热速率的因素和控制传热速率的规律。通过学习，应能根据生产要求强化热量传递，选择适宜的传热设备，并能对列管式换热器进行设计、选型。

本章应掌握传热相关的定义、基本概念、设备以及傅里叶定律；熟悉两流体间的热量传递过程及计算；重点及难点是两流体间的热量传递计算。主要内容包括以下几个方面：

- 传热的基本方式；
- 傅里叶定律，热导率，平壁及圆筒壁的稳定热传导；
- 热交换过程分析，对流传热系数，总传热系数及对数平均温度差；
- 对流传热的影响因素，流体自然对流、强制对流、蒸汽冷凝、液体沸腾时的传热系数，传热的 NTU 法，边界层对传热的影响；
- 斯蒂芬-波尔茨曼定律，克希霍夫定律及固体间的热辐射的计算。

二、重点内容

（一）热传导

1. 傅里叶定律

$$dQ = -\lambda dA \frac{\partial t}{\partial n} \tag{4-1}$$

式中：Q——单位时间内的传热量，W；

A——传热面积，垂直于热流方向的表面积，m^2；

λ——热导率，$W \cdot (m \cdot ℃)^{-1}$；

$\frac{\partial t}{\partial n}$——温度梯度，$℃ \cdot m^{-1}$。

2. 平壁的稳定热传导

单层平壁：

$$Q = \frac{t_1 - t_2}{\frac{b}{\lambda A}} = \frac{\Delta t}{R} \tag{4-2}$$

式中：t_1、t_2——分别为热冷壁面的温度，℃；

b——平壁厚度，m；

R——导热的热阻，℃ · W^{-1}。

n 层平壁：

$$Q = \frac{t_1 - t_{n+1}}{\sum_{i=1}^{n} \frac{b_i}{\lambda_i A}} = \frac{\sum \Delta t}{\sum_{i=1}^{n} R_i} \tag{4-3}$$

式中：$\sum \Delta t$——总温差；

$\sum R_i$——总热阻。

3. 圆筒壁的稳定热传导

单层圆筒壁：

$$Q = \frac{t_1 - t_2}{\frac{b}{\lambda A_m}} = \frac{\Delta t}{R} \tag{4-4}$$

式中：t_1、t_2——分别为热冷壁面的温度，℃；

b——圆筒壁厚度，m；

A_m——平均面积，$A_m = 2\pi r_m l$，而 r_m 为对数平均半径：

$$r_m = \frac{r_2 - r_1}{\ln(r_2/r_1)}$$　当 $r_2/r_1 < 2$ 时，可以改为算术平均值

式中：r_1、r_2——分别为圆筒内、外侧半径，m；

l——圆筒的长度，m。

n 层圆筒壁：

$$Q = \frac{t_1 - t_2}{\frac{b}{\lambda A_m}} = \frac{\Delta t}{R} = \frac{t_1 - t_{n+1}}{\sum_{i=1}^{n} \frac{b_i}{\lambda_i A_{mi}}} = \frac{\sum \Delta t}{\sum_{i=1}^{n} \frac{\ln(r_{i+1}/r_i)}{2\pi l \lambda_i}} \tag{4-5}$$

（二）对流传热

1. 对流传热速率

$$Q = \alpha \cdot A \cdot \Delta t \tag{4-6}$$

式中：α——对流传热系数，W · $(m^2 \cdot ℃)^{-1}$；

Δt——壁面与流体间的温差（或反之）。

2. 对流传热有关的无因次准数（表 4-1）

表 4-1　对流传热有关的无因次准数

特征准数	符　号	意　义
努赛尔数	$Nu = \frac{\alpha l}{\lambda}$	待定特征数，包含待定的给热系数
雷诺数	$Re = \frac{lu\rho}{\mu}$	反映流体的流动形态和湍流程度
普朗特数	$Pr = \frac{c_p u}{\lambda}$	反映与传热有关的流体物性
格拉斯霍夫准数	$Gr = \frac{l^3 \rho^2 \beta g \Delta t}{\mu^2}$	反映由于温差而引起的自然对流强度

式中：α——对流传热系数，$W \cdot m^{-2} \cdot K^{-1}$；

ρ——流体密度，$kg \cdot m^{-3}$；

λ——热导率，$W \cdot (m \cdot ℃)^{-1}$；

β——流通体积膨胀系数，$1℃^{-1}$；

Δt——壁面与流体间的温差；

μ——流体黏度，$Pa \cdot s$；

c_p——等压比热容，$kJ \cdot kg^{-1} \cdot K^{-1}$；

l——设备定型尺寸，m。

（三）对流传热系数经验式

1. 无相变化

低黏度（小于2倍常温水的黏度）流体在圆形直管内强制湍流（$Re > 10^4$）：

$$\alpha = 0.023 \cdot \frac{\lambda}{d_i} \cdot Re^{0.8} \cdot Pr^n \tag{4-7}$$

流体被加热，$n = 0.4$；流体被冷却，$n = 0.3$；应用范围 $Re > 10^4$，$0.7 < Pr < 120 \sim 160$，$l/d_i > 50$；若 $l/d_i < 50$ 时，将上述的 α 乘以 $[1 + (d_i/l)^{0.7}]$；物性常数按流体进、出口温度的算术平均值查值，下同。

高黏度液体在圆形直管内强制湍流：

$$\alpha = 0.027 \cdot \frac{\lambda}{d_i} \cdot Re^{0.8} \cdot Pr^{0.33} \cdot (u/u_w)^{0.14} \tag{4-8}$$

式中，u_w 指壁面温度下流体的黏度，往往 t_w 未知，$(u/u_w)^{0.14}$ 可取近似值，液体被加热取1.05，液体被冷却取0.95，气体均取1。

液体在圆形直管内做强制滞流时（自然对流影响可忽略）：

$$\alpha = 1.86 \cdot \frac{\lambda}{d_i} \cdot Re^{\frac{1}{3}} \cdot Pr^{\frac{1}{3}} \cdot (d_i/l)^{\frac{1}{3}} \cdot (u/u_w)^{0.14} \tag{4-9}$$

应用范围为 $Re < 2300$，$l/d_i > 50$，$Gr < 2.5 \times 10^4$。

流体在弯管内作强制对流：

$$\alpha' = \alpha \cdot (1 + 1.77 \cdot d_i/R) \tag{4-10}$$

流体在非圆形管内做强制对流：上述各关联式仍可使用，只要用 d_e 代替 d_i。

流体在装有圆缺形挡板的管间流动时（$Re = 2 \times 10^3 \sim 10^6$）：

$$\alpha = 0.36 \cdot \frac{\lambda}{d_e} \cdot Re^{\frac{1}{3}} \cdot Pr^{\frac{1}{3}} \cdot (u/u_w)^{0.14} \tag{4-11}$$

式中：α—— 直管中的对流传热系数，$W \cdot (m^2 \cdot K)^{-1}$；

α'—— 弯管中的对流传热系数，$W \cdot (m^2 \cdot K)^{-1}$；

Pr—— 普朗特数，$Pr = c_p \cdot \mu \cdot \lambda^{-1}$，无因次；

R—— 弯管轴的弯曲半径，m；

d_e—— 当量直径，m。

其余符号同前。

流体在水平圆管外自然对流：

$$\alpha = 0.53 \cdot \frac{\lambda}{d_0} \cdot (Gr \cdot Pr)^{\frac{1}{4}} \tag{4-12}$$

$Gr \cdot Pr = 10^4 \sim 10^9$，定性温度为膜的平均温度。

流体在垂直管或板外自然对流：

$$\alpha = 0.59 \cdot \frac{\lambda}{h} \cdot (Gr \cdot Pr)^{\frac{1}{4}} \tag{4-13}$$

$Gr \cdot Pr = 10^4 \sim 10^9$。

或

$$\alpha = 0.1 \cdot \frac{\lambda}{h} \cdot (Gr \cdot Pr)^{\frac{1}{3}} \tag{4-14}$$

$Gr \cdot Pr = 10^9 \sim 10^{13}$，定性温度为膜的平均温度。

式中：Gr——格拉斯霍夫准数，$Gr = \beta g \rho^2 l^3 \cdot \Delta t / \mu^2$（$l$ 为管外径—水平，或 l 为管长或板高—垂直状况），无因次；

h——管长或板高，m。

2. 有相变化

蒸汽在垂直管外或垂直平板侧膜状冷凝：

$$\alpha = 1.13 \cdot [g\rho^2\lambda^3 r/(\mu \cdot H \cdot \Delta t)]^{\frac{1}{4}} \tag{4-15}$$

上式应用范围 $Re < 2100$。

或

$$\alpha = 0.0077 \cdot (g\rho^2\lambda^3/\mu^2)^{\frac{1}{3}} \tag{4-16}$$

上式应用范围 $Re > 2100$。

式中：L—— 管长或板高，m；

r—— 饱和蒸汽的冷凝潜热，$kJ \cdot kg^{-1}$；

其余符号同前，物性取膜温$\left[\frac{1}{2}(t_w + t_s)\right]$下的值。

蒸汽在单根水平管外冷凝：

$$\alpha = 0.725 \cdot [g\rho^2\lambda^3 r/(\mu d_0 n \Delta t)]^{\frac{1}{4}} \tag{4-17}$$

液体泡核沸腾：

$$\alpha = 3.25 \times 10^{-4} \cdot (\lambda/d_b) \cdot \left(\frac{q d_b}{r \rho_V a}\right)^{0.6} \cdot \left(\frac{g d_b^3 \rho_L^2}{\mu^2}\right)^{0.125} \left(\frac{P d_b}{\sigma}\right)^{0.7} \tag{4-18}$$

式中：d_b—— 气泡直径，$d_b = \left[\frac{\sigma}{(\rho_L - \rho_V) \cdot g}\right]^{0.5} \cdot 0.02\theta$，对水蒸发，自由液面与钢壁面间接触角 $\theta = 50°$，m；

r—— 液体汽化热，$kJ \cdot kg^{-1}$；

ρ_V—— 蒸汽密度，$kg \cdot m^{-3}$；

ρ_L—— 饱和液体密度，$kg \cdot m^{-3}$；

a—— 导温系数，$a = \lambda \cdot (c_p \cdot \rho_L)^{-1}$，$m^2 \cdot s^{-1}$；

q—— 热量通量，$W \cdot m^{-2}$；

μ—— 饱和液体黏度，N · s · m^{-2}；

σ—— 液体与蒸汽界面的表面张力，N · m^{-1}；

P—— 压力，N · m^{-2}；

其余符号同前。

（四）两流体间的热量传递

1. 热量衡算

换热器两流体不发生相变化，且比热容与温度无关，热损失忽略时，对于稳态传热有：

$$Q = m_{s1}c_{p1}(T_1 - T_2) = m_{s2}c_{p2}(t_2 - t_1) \tag{4-19}$$

式中：Q——换热器的传热速率，W；

m_{s1}，m_{s2}——热、冷流体的质量流量，kg · s^{-1}；

T_1，T_2——热流体的进出口温度，K；

t_2，t_1——冷流体的出进口温度，K；

c_{p1}、c_{p2}—— 热、冷流体的热容，kJ · kg^{-1} · K^{-1}。

流体中发生相变化，饱和蒸汽冷凝、冷却放热量：

$$Q = D[r + c_{p_1}(T_s - T_2)] \tag{4-20}$$

式中：D—— 蒸汽冷凝量，kg · s^{-1}；

r—— 蒸汽冷凝潜热，kJ · kg^{-1}；

T_s——饱和温度，K。

2. 传热速率方程

$$Q = KA\Delta t_m \tag{4-21}$$

式中：K——总传热系数，W · m^{-2} · K^{-1}；

Δt_m——两流体的平均温度差，℃。

$$\Delta t_m = \frac{(\Delta t_1 - \Delta t_2)}{\ln(\Delta t_1/\Delta t_2)} \tag{4-22}$$

K 计算可采用，

$$K_0 = 1/\left(\frac{1}{\alpha_0} + R_{s0} + \frac{bd_0}{\lambda d_m} + R_{si}\frac{d_0}{d_i} + \frac{d_0}{\alpha_i d_i}\right) \tag{4-23}$$

式中：α_0、α_i—— 间壁外、内侧对流给热系数，W · m^{-2} · K^{-1}；

d_0、d_i—— 圆筒壁外、内直径，m；

d_m—— 圆筒壁的对数平均直径，m；

R_{s0}、R_{si}——换热器间壁外、内垢阻，m^2 · K · W^{-1}（按换热两流体性质查表取值）；

b—— 间壁厚度或导热厚度，m；

A—— 换热面积，$A_0 = \pi d_0 l$；导热面积，$A = \pi d_m l$ 或其他计算法；错流、析流时的平均温度差：

$$\Delta t_m = \varphi_{\Delta t} \cdot \Delta t'_m \tag{4-24}$$

式中：$\varphi_{\Delta t}$——温度差校正系数，无因次；$\varphi_{\Delta t} = f(P,\ R)$；

P——冷流体的温升/两流体的最初温度差；

R——热流体的温降/冷流体的温升；

$\Delta t'_m$——按逆流计算的对数平均温度差，K(或℃)。

3. 传热效率 ε 与传热单元数 *NTU* 及相互关系

(1)ε

$$\varepsilon_h = (T_1 - T_2)/(T_1 - t_1) \tag{4-25}$$

或

$$\varepsilon_c = (t_2 - t_1)/(T_1 - t_1) \tag{4-26}$$

式中：ε 的下标——$m_s c_p$ 值较小的那个流体；

h——热流体；

c——冷流体；

T_1、T_2——热流体的初、终温；

t_1、t_2——冷流体的初、终温。

(2)*NTU*

当 $m_{s1}c_{p1} < m_{s2}c_{p2}$：

$$(NTU)_h = KA/(m_{s1} \cdot c_{p1}) = (T_1 - T_2)/\Delta t_m \tag{4-27}$$

当 $m_{s2}c_{p2} < m_{s1}c_{p1}$：

$$(NTU)_c = KA/(m_{s2} \cdot c_{p2}) = (t_2 - t_1)/\Delta t_m \tag{4-28}$$

式中：m_{s1}、m_{s2}——热、冷流体的质量流量，$kg \cdot s^{-1}$；

c_{p1}、c_{p2}——热、冷流体的热容，$J \cdot (kg \cdot K)^{-1}$；

Δt_m—— 两流体的平均温度差，K(或℃)；

其余符号同前。

(3)ε 与 *NTU* 的关系

逆流时(单程)：

$$\varepsilon = \frac{1 - \exp[(NTU)_{\min} \cdot (1 - c_R)]}{c_R \cdot \exp[(NTU)_{\min} \cdot (1 - c_R)]} \tag{4-29}$$

并流时(单程)：

$$\varepsilon = \frac{1 - \exp[-(NTU)_{\min} \cdot (1 + c_R)]}{1 + c_R} \tag{4-30}$$

式中：$(NTU)_{\min}$—— 基于最小值流体的热容流率的流体传热单元数，无因次；

c_R—— 热容流率，且 $c_R = (m_s \cdot c_p)_{\min}/(m \cdot c_p)_{\max}$，无因次。

其他传热情况下，ε、c_R、*NTU* 关系可查传热手册。

(4)辐射传热

$$Q = c_{1-2}\varphi A \cdot \left[\left(\frac{T_1}{100}\right)^4 - \left(\frac{T_2}{100}\right)^4\right] \tag{4-31}$$

式中：c_{1-2}—— 总辐射系数，需由辐射情况决定使用式，$W(m^2 \cdot K^4)^{-1}$；

φ—— 几何因素(角系数)，%；

T_1—— 辐射物体的温度，K(或℃)；

T_2—— 被辐射物体的温度，K(或℃)。

三、知识点关联图

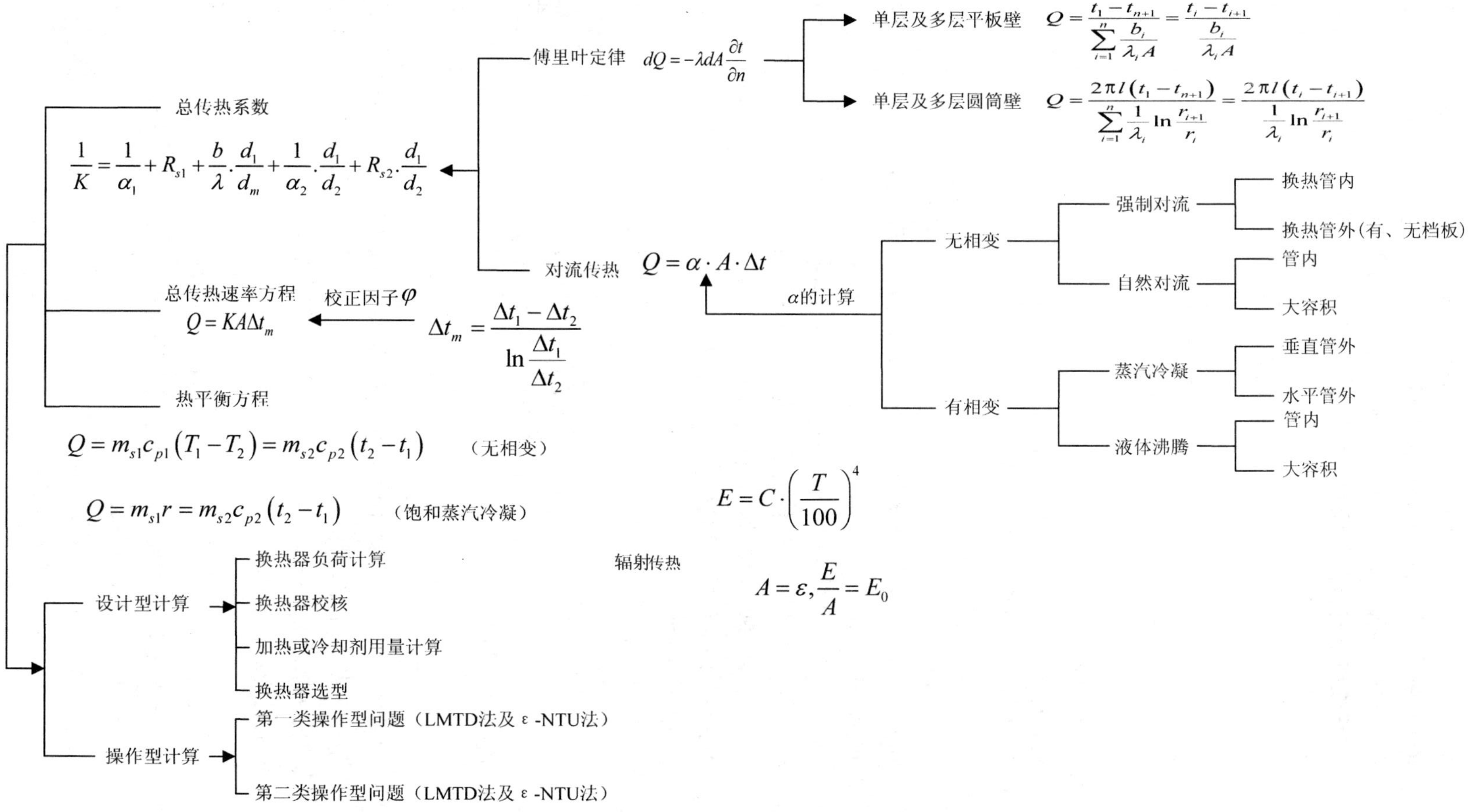
傅里叶定律 $dQ=-\lambda dA\frac{\partial t}{\partial n}$
单层及多层平板壁 $Q=\frac{t_1-t_{n+1}}{\sum_{i=1}^{n}\frac{b_i}{\lambda_i A}}=\frac{t_i-t_{i+1}}{\frac{b_i}{\lambda_i A}}$
单层及多层圆筒壁 $Q=\frac{2\pi l(t_1-t_{n+1})}{\sum_{i=1}^{n}\frac{1}{\lambda_i}\ln\frac{r_{i+1}}{r_i}}=\frac{2\pi l(t_i-t_{i+1})}{\frac{1}{\lambda_i}\ln\frac{r_{i+1}}{r_i}}$
总传热系数
$\frac{1}{K}=\frac{1}{\alpha_1}+R_{s1}+\frac{b}{\lambda}\cdot\frac{d_1}{d_m}+\frac{1}{\alpha_2}\cdot\frac{d_1}{d_2}+R_{s2}\cdot\frac{d_1}{d_2}$
对流传热 $Q=\alpha\cdot A\cdot\Delta t$
α的计算
无相变
强制对流
换热管内
换热管外(有、无档板)
自然对流
管内
大容积
有相变
蒸汽冷凝
垂直管外
水平管外
液体沸腾
管内
大容积
总传热速率方程
$Q=KA\Delta t_m$
校正因子φ
$\Delta t_m=\frac{\Delta t_1-\Delta t_2}{\ln\frac{\Delta t_1}{\Delta t_2}}$
热平衡方程
$Q=m_{s1}c_{p1}(T_1-T_2)=m_{s2}c_{p2}(t_2-t_1)$　（无相变）
$Q=m_{s1}r=m_{s2}c_{p2}(t_2-t_1)$　（饱和蒸汽冷凝）
辐射传热
$E=C\cdot\left(\frac{T}{100}\right)^4$
$A=\varepsilon,\frac{E}{A}=E_0$
设计型计算
换热器负荷计算
换热器校核
加热或冷却剂用量计算
换热器选型
操作型计算
第一类操作型问题（LMTD法及ε-NTU法）
第二类操作型问题（LMTD法及ε-NTU法）

四、习题解答

【例 4-1】 用比较法测定材料热导率的装置如附图所示，标准试件厚 $b_1=16.1$ mm，热导率 $\lambda_1=0.15\text{W}\cdot\text{m}^{-2}\cdot\text{K}^{-1}$，待测试件厚度为 $b_2=15.6$ mm 的玻璃板，试验达稳定态时，测得各壁面温度 $T_{w_1}=44.7$ ℃、$T_{w_2}=22.7$ ℃、$T_{w_3}=18.2$ ℃，求玻璃板的热导率 λ_2。

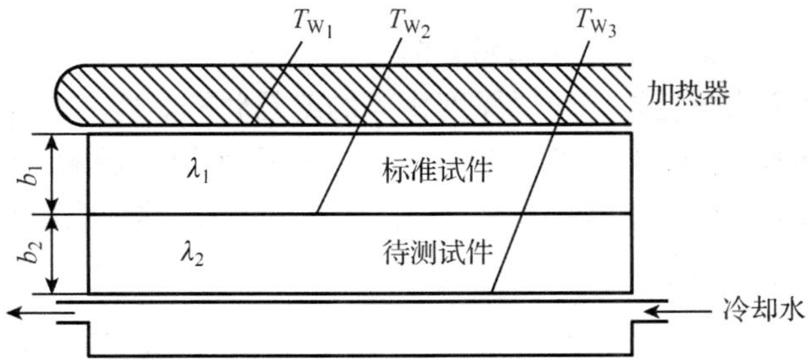

例 4-1　附图

解　多层平壁在稳定传热过程中，通过各层热量相等得

$$\frac{T_{w_1}-T_{w_2}}{\dfrac{b_1}{\lambda_1 A}}=\frac{T_{w_2}-T_{w_3}}{\dfrac{b_2}{\lambda_2 A}}\ (A\text{ 为面积})$$

代入数值得 $$\frac{(44.7-22.7)\times0.15}{16.1}=\frac{(22.7-18.2)\cdot\lambda_2}{15.6}$$

解得　$\lambda_2=0.71\ \text{W}\cdot\text{m}^{-2}\cdot\text{K}^{-1}$

【例 4-2】 如附图所示，炉的砖衬有一层耐火黏土砖，一层红砖，中间填以硅藻土填料所构成。耐火黏土砖的厚度 $b_1=120$ mm，硅藻土填料的厚度 $b_2=50$ mm，红砖的厚度 $b_3=250$ mm。各层的热导率依次为 $\lambda_1=0.93\ \text{W}\cdot\text{m}^{-2}\cdot\text{K}^{-1}$、$\lambda_2=0.14\ \text{W}\cdot\text{m}^{-2}\cdot\text{K}^{-1}$和 $\lambda_3=0.7\ \text{W}\cdot\text{m}^{-2}\cdot\text{K}^{-1}$。如不用硅藻土填料，而要限制热损失，并使热损失的值仍和用填料时一般大，问红砖的厚度必须增加多少倍?

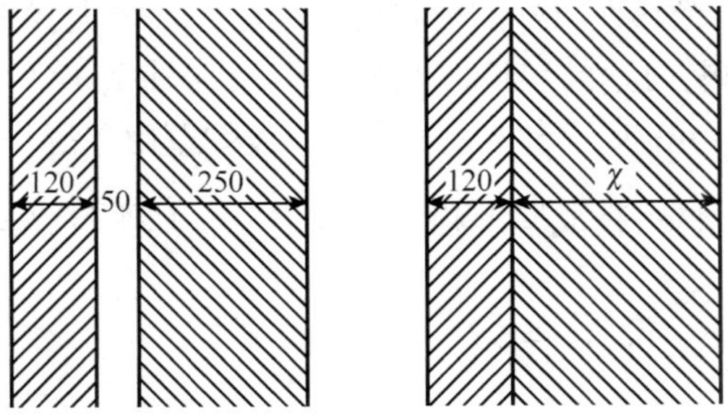

例 4-2　附图

解　当热损失量相等时，有

$$\frac{\Delta t}{\frac{b_1}{\lambda_1 A}+\frac{b_2}{\lambda_2 A}+\frac{b_3}{\lambda_3 A}}=\frac{\Delta t}{\frac{b_1}{\lambda_1 A}+\frac{\chi}{\lambda_3 A}}$$

代入已知值得

$$\frac{1}{\frac{120}{0.93}+\frac{50}{0.14}+\frac{250}{0.7}}=\frac{1}{\frac{120}{0.93}+\frac{\chi}{0.7}}$$

解得 $\chi=500\ \text{mm}$

红砖的厚度是原来的2(500/250)倍。

【例 4-3】 蒸汽管外面包扎有两层厚度相等的绝热材料，第二层的平均直径相当于第一层的平均直径的 2 倍，而第二层的热导率则为第一层的 1/2，若将二层材料互换位置，而其他情况的保持不变，问每米蒸汽管的热损失改变多少？并说明哪一层绝热材料包在内层更为有效。

解 已知 $d_{m_2}=2d_{m_1}$，$\lambda_2=\frac{1}{2}\lambda_1$，$d_{m_2}/d_{m_1}=2$ 可用平壁热传导公式计算，原来情况

$$q_{原}=\frac{\Delta t}{\frac{b}{\lambda_1 A_{m_1}}+\frac{b}{\lambda_2 A_{m_2}}}=\frac{\Delta t}{\frac{b}{2\lambda_2\pi d_{m_1} l}+\frac{b}{2\lambda_2\pi d_{m_1} l}}$$

$$\frac{q_{原}}{l}=\frac{\pi d_{m_1}\Delta t\lambda_2}{b}$$

互换材料位置后

$$q_{互}=\frac{\Delta t}{\frac{b}{\lambda_2\pi d_{m_1} l}+\frac{b}{\lambda_1\pi d_{m_2} l}}=\frac{\Delta t}{\frac{b}{\lambda_2\pi d_{m_1} l}+\frac{b}{2\cdot 2\lambda_2\pi d_{m_1} l}}$$

即 $\frac{q_{互}}{l}=\frac{4\pi d_{m_1}\Delta t\lambda_2}{5b}$

故 $\frac{q_{互}/l}{q_{原}/l}=\frac{4\pi d_{m_1}\Delta t\lambda_2/(5b)}{\pi d_{m_1}\Delta t\lambda_2/b}=0.8$

即互换位置后，绝热性能好的材料放在内层，热损失减少。

【例 4-4】 为测量炉壁内壁的温度，在炉外壁及离外壁 1/2 厚度处设置热电偶，测得 $t_2=280$ ℃，$t_3=40$ ℃。求内壁温度 t_1，设炉壁由单层均质材料组成。

解 炉壁为单层均质材料组成厚度相同的两部分，其热阻 $R=\frac{b}{\lambda A}$相同

由 $Q=\frac{\Delta t_1}{R_1}=\frac{\Delta t_2}{R_2}$，得 $\Delta t_1=\Delta t_2$

即 $t_1-t_2=t_2-t_3$

$t_1=2\cdot t_2-t_3=2\times 280-40=520$ ℃

【例 4-5】 钢制蒸汽管，外径为40 mm，壁厚为3.5 mm，热导率 $\lambda_1=45\ \text{W}\cdot\text{m}^{-1}\cdot\text{K}^{-1}$，管外包以30 mm 厚的氧化镁，其热导率 $\lambda_2=0.075\ \text{W}\cdot\text{m}^{-1}\cdot\text{K}^{-1}$，

管内壁温度为169 ℃，氧化镁外表温度为40 ℃，求每米管长每小时所损失的热量及两层交界面处的温度。

解　已知 $r_1=\frac{40}{2}-3.5=16.5\ \text{mm}$，$r_2=20\ \text{mm}$，$r_3=20+30=50\ \text{mm}$

$\lambda_1=45\ \text{W}\cdot\text{m}^{-1}\cdot\text{K}^{-1}$，$\lambda_2=0.075\ \text{W}\cdot\text{m}^{-1}\cdot\text{K}^{-1}$，$t_3=40\ ℃$，$t_1=169\ ℃$

设两层交界处温度为 t_2

$$\frac{r_2}{r_1}=\frac{20}{16.5}<2$$

取 $r_{m_1}=\frac{r_1+r_2}{2}=\frac{(20+16.5)\times10^{-3}}{2}=0.01825\ \text{m}$

$$\frac{r_3}{r_2}=\frac{50}{20}>2,\ r_{m_2}=\frac{r_3-r_2}{\ln\frac{r_3}{r_2}}=\frac{(50-20)\times10^{-3}}{\ln\frac{50}{20}}=0.033\ \text{m}$$

$$A_{m_1}=2\pi r_{m_1}l=2\times3.14\times0.01825\times l=0.115l\ \text{m}$$

$$A_{m_2}=2\pi r_{m_2}l=2\times3.14\times0.033\times l=0.207l\ \text{m}$$

由 $Q=\dfrac{\Delta t}{\dfrac{b_1}{\lambda_1A_{m_1}}+\dfrac{b_2}{\lambda_2A_{m_2}}}$，代入已知值得

$$\frac{Q}{l}=\frac{169-40}{\dfrac{3.5\times10^{-3}}{45\times0.115}+\dfrac{30\times10^{-3}}{0.075\times0.207}}=66.73\ \text{W}\cdot\text{m}^{-1}=240\ \text{kJ}\cdot\text{h}^{-1}\cdot\text{m}^{-1}$$

又 $\dfrac{Q}{l}=\dfrac{\Delta t}{\dfrac{b_1}{0.115\lambda_1}}$，即 $\dfrac{169-t_2}{\dfrac{3.5\times10^{-3}}{45\times0.115}}=66.73$

解得　$t_2=168.96\ ℃$

【例4-6】　试推导中空球壁热传导的公式，并计算某造纸厂的蒸球，其内径为1.2 m，球壁厚100 mm，内壁温度140 ℃，外表面温度40 ℃，球壁的热导率 $\lambda=45\ \text{W}\cdot\text{m}^{-2}\cdot\text{K}^{-1}$，求通过球面的热损失。

解　热流穿过中空球壁所经过的传热面积 A，随球壁半径改变而改变。

球面积　$A=4\pi r^2$，r 为球壁半径。

由傅里叶定律知　$Q=-\lambda A\cdot\dfrac{\mathrm{d}t}{\mathrm{d}r}=-4\lambda\pi r^2\cdot\dfrac{\mathrm{d}t}{\mathrm{d}r}$

分离变量，进行积分：

$$Q\int_{r_1}^{r_2}\frac{\mathrm{d}r}{r^2}=-4\pi\lambda\int_{t_1}^{t_2}\mathrm{d}t$$

$$-Q\left(\frac{1}{r_2}-\frac{1}{r_1}\right)=-4\pi\lambda(t_2-t_1)$$

即 $Q=\dfrac{4\pi\lambda(t_2-t_1)}{\dfrac{1}{r_2}-\dfrac{1}{r_1}}=\dfrac{4\pi\lambda(t_2-t_1)}{\dfrac{r_2-r_1}{r_1r_2}}$

已知 $r_1=\frac{1.2}{2}$ m = 0.6 m，$r_2=0.6+100\times10^{-3}=0.7$ m，$t_1=140$ ℃，$t_2=40$ ℃，$\lambda=45\ \mathrm{W\cdot m^{-1}\cdot K^{-1}}$

所以 $Q_l=\dfrac{4\times\pi\times45\times(140-40)}{\dfrac{0.7-0.6}{0.7\times0.6}}=2.37\times10^5$ W

【例 4-7】 试用因次分析法推导壁面和流体间强制对流给热系数 α 的准数关联式。已知 α 为下列变量的函数：$\alpha=f(\lambda,\ c_p,\ \rho,\ \mu,\ u,\ l)$。式中，$\lambda$、$C_P$、$\rho$、$\mu$ 分别为流体的热导率、等压热容、密度、黏度，u 为流体流速，l 为传热设备定型尺寸。

解 由题可令

$$\alpha = K\lambda^a c_p^b\rho^c\mu^d u^e l^f$$

各物理量的因次见表 4-2。

表 4-2

物理量	λ	c_p	ρ	μ	u	l	α
因次	$MLT^{-1}\theta^{-3}$	$L^2T^{-1}\theta^{-2}$	ML^{-3}	$ML^{-1}\theta^{-1}$	$L\theta^{-1}$	L	$MT^{-1}\theta^{-3}$

根据因次一致性原理，有：

$$MT^{-1}\theta^{-3} = M^{a+c+d}L^{a+2b-3c-d+e+f}\theta^{-3a-2b-d-e}T^{-(a+b)}$$

所以有 $a+2b-3c-d+e+f=0$

$a+b=1$，$a+c+d=1$，$3a+2b+d+e=3$

联立有 $a=1-b$，$e=b-d$，$f=3c+2d-2b-1$

所以有 $al\lambda^{-1}=K(lu\rho\mu^{-1})^c(c_p\mu/\lambda)^b$ 即 $Nu=K\,Re^c\,Pr^b$。

【例 4-8】 在列管式换热器内用饱和蒸汽将浓度为98%的乙酸从20 ℃预热到100 ℃，乙酸在管内流动，每根管内的乙酸流量为400 kg·h^{-1}，管子为∅19 mm×2 mm的不锈钢管，试求管壁和乙酸之间的对流传热系数 α。

解 查得在 $t_m=(20+100)/2=60$ ℃下，乙酸物性：$c_p=1.99\ \mathrm{kJ\cdot kg^{-1}\cdot K^{-1}}$，$\mu=0.75\times10^{-3}$ Pa·s，$\rho=1049\ \mathrm{kg\cdot m^{-3}}$，$\lambda=0.17\ \mathrm{W\cdot m^{-1}\cdot K^{-1}}$

令 $u=\dfrac{V_s}{A}=\dfrac{\dfrac{400}{(1049\times3600)}}{\dfrac{\pi}{4}\times[(19-2\times2)\times10^{-3}]^2}=0.6\ \mathrm{m\cdot s^{-1}}$

$$Pr = \frac{c_p\mu}{\lambda} = \frac{1.99\times10^3\times0.75\times10^{-3}}{0.17} = 8.78$$

$$Re = \frac{du\rho}{\mu} = \frac{0.015\times0.6\times1049}{0.75\times10^{-3}} = 1.26\times10^4$$

则 $Nu=0.023\,Re^{0.8}Pr^{0.4}=0.023\times(1.26\times10^4)^{0.8}\times8.78^{0.4}=104.57$

故管壁和乙酸之间的对流传热系数 α

$$\alpha = \frac{\lambda}{d}\cdot Nu = \frac{0.17}{0.015}\times104.57 = 1185\ \mathrm{W\cdot m^{-2}\cdot K^{-1}}$$

【例 4-9】 在 2 atm，20 ℃下，54 $m^3 \cdot h^{-1}$的空气在套管换热器的内管被加热到 100 ℃，内管直径为50 mm，长度为 3 m，试求管壁对空气的对流传热系数。

解 查得 $t_m = (20+100)/2 = 60$ ℃下，空气物性：$c_p = 1.005\ kJ \cdot kg^{-1} \cdot K^{-1}$，$\rho = 1.06\ kg \cdot m^{-3}$，$\lambda = 0.029\ W \cdot m^{-1} \cdot K^{-1}$，$\mu = 20.1 \times 10^{-6}\ Pa \cdot s$，$Pr = 0.696$

则 2 atm，60℃时

$$\rho = \frac{PM}{RT} = \frac{2 \times 1.013 \times 10^2 \times 29}{8.314 \times (273+60)} = 2.12\ kg \cdot m^{-3}$$

其余仍用上述数值。

而 $$u = \frac{V_s}{A} = \frac{\frac{54}{3600}}{\frac{\pi}{4} \times 0.05^2} = 7.64\ m \cdot s^{-1}$$

$$Re = \frac{du\rho}{\mu} = \frac{0.05 \times 7.64 \times 2.12}{20.1 \times 10^{-6}} = 4.0 \times 10^4$$

$$\frac{l}{d} = \frac{3}{0.05} = 60$$

可用式 $Nu = 0.023\ Re^{0.8} Pr^{0.4} = 0.023 \times (4.0 \times 10^4)^{0.8} \times 0.696^{0.4} = 95.6$

故 $\alpha = \frac{\lambda}{d} \cdot Nu = \frac{0.029}{0.05} \times 95.6 = 55.4\ W \cdot m^{-2} \cdot K^{-1}$

【例 4-10】 在长为 6 m，内径为77 mm 的水平管内加热原油，原油在管内的流速为0.5 $m \cdot s^{-1}$，已知管内壁温度为150 ℃，原油的平均温度为40 ℃，在此温下油的密度为850 $kg \cdot m^{-3}$，比热为 2 $kJ \cdot kg^{-1} \cdot K^{-1}$，热导率为0.13 $W \cdot m^{-1} \cdot K^{-1}$，黏度为 $2.6 \times 10^{-2}\ Pa \cdot s$，体积膨胀系数为0.001 K^{-1}，又原油在150 ℃时的黏度为 $3 \times 10^{-3}\ Pa \cdot s$，试求原油在管内的对流传热系数。

解 已知 $l = 6$ m，$d = 0.077$ m，原油 $u = 0.5\ m \cdot s^{-1}$，$\Delta t = 150 - 40 = 110$ ℃

40 ℃时，$\rho = 850\ kg \cdot m^{-3}$，$c_p = 2\ kJ \cdot kg^{-1} \cdot K^{-1}$，$\lambda = 0.13\ W \cdot m^{-1} \cdot K^{-1}$，$\mu = 2.6 \times 10^{-2}\ Pa \cdot s$，$\beta = 0.001\ K^{-1}$

在壁温150℃下，$\mu_w = 3 \times 10^{-3}\ Pa \cdot s$

$$Re = \frac{du\rho}{\mu} = \frac{0.077 \times 0.5 \times 850}{2.6 \times 10^{-2}} = 1258.7$$

$$Pr = \frac{c_p\mu}{\lambda} = \frac{2 \times 10^3 \times 2.6 \times 10^{-2}}{0.13} = 400$$

$$Gr = \frac{\rho^2 d^3 \beta g \Delta t}{\mu^2} = \frac{850^2 \times 0.077^3 \times 0.001 \times 9.81 \times 110}{(2.6 \times 10^{-2})^2} = 5.27 \times 10^5 > 25000$$

$$RePr \cdot \frac{d}{l} = 1258.7 \times 400 \times \frac{0.077}{6} = 6461 > 10$$

$$Nu = 1.86\ Re^{\frac{1}{3}} Pr^{\frac{1}{3}} \cdot \left(\frac{d}{l}\right)^{\frac{1}{3}} \cdot \left(\frac{\mu}{\mu_w}\right)^{0.14}$$

$$= 1.86 \times (1258.7)^{\frac{1}{3}} \times 400^{\frac{1}{3}} \times \left(\frac{0.077}{6}\right)^{\frac{1}{3}} \times \left(\frac{2.6 \times 10^{-2}}{3 \times 10^{-3}}\right)^{0.14} = 46.86$$

校正系数 $f=0.8\cdot(1+0.015Gr^{\frac{1}{3}})=0.8\times[1+0.015\times(5.27\times10^5)^{\frac{1}{3}}]=1.77$

则 $Nu'=46.86\times1.77=82.94$

故 $\alpha=\frac{\lambda}{d}\cdot Nu'=\frac{0.13}{0.077}\times82.94=140\ \text{W}\cdot\text{m}^{-2}\cdot\text{K}^{-1}$

【例 4-11】 铜氨溶液在由四根∅45 mm × 3.5 mm 钢管并联而成的蛇管冷却器中由38℃冷却至 8℃，蛇管的平均曲率半径为0.285 m，已知铜氨溶液的流量为2.7 $\text{m}^3\cdot\text{h}^{-1}$，黏度为 2.2×10^{-3} Pa · s，密度为1200 $\text{kg}\cdot\text{m}^{-3}$，其余物性常数可按水的0.9 倍来取，试求铜氨溶液的对流传热系数。

解 由已知得

$$u=\frac{V_s}{A}=\frac{\frac{2.7}{3600}}{4\times\frac{\pi}{4}\times(0.045-2\times0.0035)^2}=0.1655\text{m}\cdot\text{s}^{-1}$$

查平均温度 $\frac{38+8}{2}=23$℃下，水的物性 $c_p=4.1803\ \text{kJ}\cdot\text{kg}^{-1}\cdot\text{K}^{-1}$，$\lambda=0.6047\ \text{W}\cdot\text{m}^{-1}\cdot\text{K}^{-1}$

铜氨溶液的$c_p=0.9\times4.1803=3.7623\ \text{kJ}\cdot\text{kg}^{-1}\cdot\text{K}^{-1}$

$$\lambda=0.9\times0.6047=0.5442\ \text{W}\cdot\text{m}^{-1}\cdot\text{K}^{-1}$$

则 $Re=\frac{du\rho}{\mu}=\frac{0.038\times0.1655\times1200}{2.2\times10^{-3}}=3430$

$$Pr=\frac{c_p\mu}{\lambda}=\frac{3.7623\times10^3\times2.2\times10^{-3}}{0.5442}=15.2$$

故 $\alpha=0.023\cdot\frac{\lambda}{d}\cdot Re^{0.8}\cdot Pr^{0.4}$

$$=0.023\times\frac{0.5442}{0.038}\times3430^{0.8}\times15.2^{0.3}=501.75\ \text{W}\cdot\text{m}^{-2}\cdot\text{K}^{-1}$$

校正系数 $f=1-\frac{6\times10^5}{Re^{1.8}}=1-\frac{6\times10^5}{3430^{1.8}}=0.74$

$$\alpha'=0.74\times501.75=371.3\ \text{W}\cdot\text{m}^{-2}\cdot\text{K}^{-1}$$

又由于流体是在平均曲率半径 $R=0.285$ m 的蛇管内流动，

故 $\alpha''=\alpha'\cdot\left(1+1.77\cdot\frac{d}{R}\right)=371.3\times\left(1+1.77\times\frac{0.038}{0.285}\right)=459\ \text{W}\cdot\text{m}^{-2}\cdot\text{K}^{-1}$

【例 4-12】 室温为10℃的大房间中，有100 mm 直径的烟囱，其垂直部分高1.5 m，水平部分长15 m，求烟囱的平均壁温为110℃时，每小时的对流传热量。

解 定性温度 $t_m=(110+10)/2=60$℃，在此温度下，空气物性 $\beta=1/(273+60)=3.0\times10^{-3}\ \text{K}^{-1}$，$\rho=1.06\ \text{kg}\cdot\text{m}^{-3}$，$\lambda=0.029\ \text{W}\cdot\text{m}^{-1}\cdot\text{K}^{-1}$，$c_p=1.017\ \text{kJ}\cdot\text{kg}^{-1}\cdot\text{K}^{-1}$，$\mu=2.01\times10^{-5}$ Pa · s，$\upsilon=\mu/1.06=1.896\times10^{-5}\ \text{m}^2\cdot\text{s}^{-1}$，$Pr=0.696$

垂直部分

$$Gr = \frac{\beta g\Delta tH^3}{\mu^2}$$
$$= 3.0\times10^{-3}\times9.81\times(110-10)\times1.5^3/(1.896\times10^{-5})^2$$
$$= 2.76\times10^{10}$$

$Gr\cdot Pr = 2.76\times10^{10}\times0.696 = 1.923\times10^{10}$

查得 $c = 0.135$，$n = 1/3$

$$\alpha = c\cdot\frac{\lambda}{H}\cdot\left(\frac{\beta g\Delta tH^3}{\upsilon^2}\cdot\frac{c_p\mu}{\lambda}\right)^n$$
$$= 0.135\times\frac{0.029}{1.5}\times(1.921\times10^{10})^{1/3}$$
$$= 6.990\ \mathrm{W\cdot m^{-2}\cdot K^{-1}}$$

水平部分

$$Gr' = \beta g\Delta tH^3/\upsilon^2$$
$$= 3.0\times10^{-3}\times9.81\times(110-10)\times0.1^3/(1.896\times10^{-5})^2$$
$$= 8.178\times10^6$$

$Gr'\cdot Pr = 8.178\times10^6\times0.696 = 5.7\times10^6$

查得 $c = 0.54$，$n = 1/4$

$$\alpha' = 0.54\times\frac{0.029}{0.1}\times(5.7\times10^6)^{1/4} = 7.652\ \mathrm{W\cdot m^{-2}\cdot K^{-1}}$$

故

$$Q_l = \alpha A\Delta t + \alpha' A\Delta t$$
$$= (6.990\times1.5 + 7.652\times15)\cdot\pi\cdot0.1\times(110-10)$$
$$= 3933\ \mathrm{W} = 14160\ \mathrm{kJ\cdot h^{-1}}$$

【例 4-13】 室内设置有表面温度相同的两根加热管，管内通有饱和蒸汽，两管均被空气的自由流动所冷却，设两管之间没有相互影响，已知两管中，一管的直径 10 倍于另一管的直径，小管的$(Gr\cdot Pr) = 1\times10^8$。试求两管的对流传热系数的比值与热损失的比值。

解 对水平管 $Gr\propto d^3$，大管 $d' = 10d$，因为大管的 $Gr' = 10^3Gr$

故大管的 $Gr'\cdot Pr = 10^3Gr\cdot Pr = 10^3\times1\times10^8 = 1\times10^{11}$。

查得大小管的 c 与 n 值相同

$$\frac{\alpha'}{\alpha} = \frac{c_1\cdot\dfrac{\lambda}{10D_0}\cdot(Gr'\cdot Pr)^n}{c\cdot\dfrac{\lambda}{D_0}\cdot(Gr\cdot Pr)^n} = \frac{1}{10}\cdot\left(\frac{10^3\cdot Gr\cdot Pr}{Gr\cdot Pr}\right)^{1/3} = 1$$

对垂直管 $Gr\propto H^3$，$\alpha\propto1/H$

当两根管子等长，则可得 $\alpha' = \alpha$

同样地 $\dfrac{Q_l'}{Q_l} = 10$

【例 4-14】 某厂精馏塔塔顶冷凝器，采用列管式冷凝器，共有 $\varnothing25\ \mathrm{mm}\times2.5$

mm 管子 60 根，管长 2 m，塔顶蒸汽在管外冷凝，冷却水在管内通过，冷却水进口温度为20 ℃，出口温度为60 ℃，水的流速为 1 m·s^{-1}，试计算：

(1)管内对流传热系数；

(2)管内壁温度；

(3)如使冷凝器管数改为 50 根，管长增加至2.4 m，以保持传热面积不变，如冷水用量保持不变，此时管内对流传热系数又为多少？

解　(1)在平均温度(20+60)/2=40 ℃下，水的物性 $c_p=4.174$ kJ·kg^{-1}·K^{-1}，$\lambda=0.634$ W·m^{-1}·K^{-1}，$\mu=0.653\times10^{-3}$ Pa·s，$\rho=992.2$ kg·m^{-3}，流体被加热，所以　$n=0.4$

$$Pr=\frac{c_p\mu}{\lambda}=\frac{4.174\times10^3\times0.653\times10^{-3}}{0.634}=4.30$$

$$Re=\frac{du\rho}{\mu}=\frac{(25-2.5\times2)\times10^{-3}\times1\times992.2}{0.653\times10^{-3}}=30389$$

则　$\alpha=0.023\cdot\dfrac{\lambda}{d}\cdot Re^{0.8}\cdot Pr^{0.4}=0.023\times\dfrac{0.634}{0.020}\times30389^{0.8}\times4.3^{0.4}=5039$ W·m^{-2}·K^{-1}

(2) $Q=c_pm_s\Delta t=c_p\times60\times\dfrac{\pi d^2}{4}\times1\times992.2\times(60-20)=\alpha\cdot A\cdot(t_w-40)$

$$t_w=\frac{4.174\times10^3\times(\pi\times0.02^2/4)\times60\times1\times992.2\times(60-20)}{5039\times\pi\times0.02\times2\times60}+40=122.2\ ℃$$

(3)当传热面积不变，管数由 60 根减为 50 根，管长由 2 m 增为2.4 m 时，新管径设为 d'，则 $n'\pi d'l'=n\pi dl$，即　$50\times2.4\cdot d'=60\times2\cdot d$，故 $d'=d$

水流速 $u'=\dfrac{60\times1}{50}=1.2$ m·s^{-1}

$$Re'=\frac{du'\rho}{\mu}=1.2Re$$

$$\frac{\alpha'}{\alpha}=\left(\frac{Re'}{Re}\right)^{0.8}=1.2^{0.8}=1.157$$

故　$\alpha'=1.157\times5039=5830$ W·m^{-2}·K^{-1}

【例 4-15】　饱和温度为100℃的水蒸气在长 3 m、外径为0.03 m 的单根黄铜管表面上冷凝，铜管水平放置，管外壁的温度维持96 ℃，试求每小时冷凝的蒸汽量。又若将管子竖直放置，冷凝的蒸汽量又为多少？

解　定性温度(100+96)/2=98 ℃，水的物性如下：$\mu=28.94\times10^{-5}$ Pa·s，$\lambda=0.6824$ W·m^{-2}·K^{-1}，$c_p=4.2176$ kJ·kg^{-1}·K^{-1}，$\rho=959.8$ kg·m^{-3}

$t_s=100$ ℃时，水蒸气的 $r=2258$ kJ·kg^{-1}

水平放置时 $\alpha=0.725\times\left(\dfrac{r\rho^2g\lambda^3}{\mu d_0\Delta t}\right)^{1/4}$

$$=0.725\times\left(\frac{2258\times10^3\times959.8^2\times9.81\times0.6824^3}{28.94\times10^{-5}\times0.03\times(100-96)}\right)^{1/4}$$

$$=15071\ \mathrm{W\cdot m^{-2}\cdot K^{-1}}$$

冷凝蒸汽量 $m=\dfrac{\alpha A\Delta t}{r}=\dfrac{15071\times\pi\times0.03\times3\times(100-96)}{2258\times10^3}$

$$=7.545\times10^{-3}\ \mathrm{kg\cdot s^{-1}}=27.2\ \mathrm{kg\cdot h^{-1}}$$

单根垂直放置时 $\dfrac{\alpha_{垂直}}{\alpha_{水平}}=\dfrac{1.13}{0.725}\times\left(\dfrac{d_0}{H}\right)^{1/4}=\dfrac{1.13}{0.725}\times\left(\dfrac{0.03}{3}\right)^{1/4}=0.493$

故有 $\dfrac{m'}{m}=\dfrac{Q'}{Q}=\dfrac{\alpha'}{\alpha}=0.493$

$m'=0.493\times27.2=13.4\ \mathrm{kg\cdot h^{-1}}$

【例 4-16】 压力为 1×10^5 Pa 的饱和水蒸气，在长为 2 m 的竖管外壁冷凝，管壁平均温度为60℃，求：

(1)冷凝对流传热系数；

(2)使冷凝水量不小于72 $\mathrm{kg\cdot h^{-1}}$时的竖管外径。

解 查表得 1×10^5 Pa 饱和水蒸气：$t_s=99.6$ ℃，$r=2259.5\ \mathrm{kJ\cdot kg^{-1}}$

冷凝液膜平均温度$(99.6+60)/2=79.8$ ℃下，水的物性常数：$\rho=971.8\ \mathrm{kg\cdot m^{-3}}$，$\mu=0.355\times10^{-3}$ Pa·s，$\lambda=0.675\ \mathrm{W\cdot m^{-1}\cdot K^{-1}}$，$c_p=4.195\ \mathrm{kJ\cdot kg^{-1}\cdot K^{-1}}$

(1) $\alpha=1.13\times\left(\dfrac{r\rho^2g\lambda^3}{\mu h\Delta t}\right)^{1/4}$

$$=1.13\times\left(\frac{2259.5\times10^3\times971.8^2\times9.81\times0.675^3}{0.355\times10^{-3}\times2\times(99.6-60)}\right)^{1/4}$$

$$=4395.7\ \mathrm{W\cdot m^{-2}\cdot K^{-1}}$$

(2)为使冷凝水量不小于 72 $\mathrm{kg\cdot h^{-1}}$时的竖管外径 d

$$m=\frac{Q}{r}=\frac{\alpha A\Delta t}{r}=\frac{4395.7\times\pi\cdot d\times2\times(99.6-60)}{2259.5\times10^3}\geqslant72/3600$$

解得 $d\geqslant0.041$ m

【例 4-17】 两平行的大平板，在空气中相距 5 mm，一平板的黑度为 0.1，温度为 350 K，另一平板的黑度为 0.05，温度为200 K，若将第一板加涂层，使其黑度变为 0.025，试计算由此引起的传热量改变的百分率，假设两板间的对流传热可忽略。

解 两块相距 5 mm 的平行大平板，可以认为是两无限大平行面间的相互辐射

$$c_{1-2}=\frac{c_0}{\dfrac{1}{\varepsilon_1}+\dfrac{1}{\varepsilon_2}-1}=\frac{5.669}{\dfrac{1}{0.1}+\dfrac{1}{0.05}-1}=0.1955$$

$$c_{1-2}{}'=\frac{c_0}{\dfrac{1}{\varepsilon_1'}+\dfrac{1}{\varepsilon_2}-1}=\frac{5.669}{\dfrac{1}{0.025}+\dfrac{1}{0.05}-1}=0.0961$$

$$Q_{1-2}=c_{1-2}A\varphi\cdot\left[\left(\frac{T_1}{100}\right)^4-\left(\frac{T_2}{100}\right)^4\right]$$

$$Q_{1-2}' = c_{1-2}'A\varphi \cdot \left[\left(\frac{T_1}{100}\right)^4 - \left(\frac{T_2}{100}\right)^4\right]$$

$$\frac{Q_{1-2} - Q_{1-2}'}{Q_{1-2}} = \frac{(c_{1-2} - c_{1-2}') \cdot A \cdot \varphi \cdot \left[\left(\frac{T_1}{100}\right)^4 - \left(\frac{T_2}{100}\right)^4\right]}{c_{1-2} \cdot A \cdot \varphi \cdot \left[\left(\frac{T_1}{100}\right)^4 - \left(\frac{T_2}{100}\right)^4\right]}$$

$$= \frac{c_{1-2} - c_{1-2}'}{c_{1-2}} = \frac{0.1955 - 0.0961}{0.1955} = 50.84\%$$

因此，可使辐射传热量减少50.84%。

【例 4-18】 在一钢管中心装有热电偶测量管内空气的温度，设热电偶的温度读数为300℃，热电偶的黑度0.8，空气与热电偶之间的对流传热系数为25 $W \cdot m^{-2} \cdot K^{-1}$，钢管内壁温度为250℃，试求由于热电偶与管壁之间的辐射传热而引起的测量误差，并讨论减小误差的途径。

解 热电偶因辐射传热而损失的热量等于由空气对流传热而获得的热量

$$\varepsilon_1 c_0 A_1 \cdot \left[\left(\frac{T_1}{100}\right)^4 - \left(\frac{T_w}{100}\right)^4\right] = \alpha A_1 \cdot (T - T_1) \tag{a}$$

$$0.8 \times 5.669 \times \left[\left(\frac{300}{100}\right)^4 - \left(\frac{250}{100}\right)^4\right] = 25\Delta t$$

解得 $\Delta t = 7.61$ ℃

由(a)式得：$T - T_1 = \varepsilon_1 c_0 \cdot \left[\left(\frac{T_1}{100}\right)^4 - \left(\frac{T_w}{100}\right)^4\right] \Big/ \alpha$

为使$(T - T_1)$减少，可有以下措施：

①降低热电偶的厚度，其外套可用光滑白瓷(高温场合)或抛光铝(低温场合)；

②提高管壁温度，即对管壁进行良好保温或加热，使其 $T_w \approx T_1$；

③提高对流传热系数，在管道截面中，因中心处流速最大，可有最好的对流传热效果，所以热电偶触头应置于管中心处。

【例 4-19】 两极大平行平面进行辐射传热，已知 $\varepsilon_1 = 0.3$，$\varepsilon_2 = 0.8$，若在两平面间放置一根大的抛光铝遮热板($\varepsilon = 0.04$)，试计算传热量减少的百分数。

解 两板间及遮热板与两板之间均可视作两无限大平行面之间的相互辐射，若不计板间对流热损

$$c_{1-2} = \frac{c_0}{\frac{1}{\varepsilon_1} + \frac{1}{\varepsilon_2} - 1} = \frac{5.669}{\frac{1}{0.3} + \frac{1}{0.8} - 1} = 1.5820$$

$$c_{1-3} = \frac{c_0}{\frac{1}{\varepsilon_1} + \frac{1}{\varepsilon_3} - 1} = \frac{5.669}{\frac{1}{0.3} + \frac{1}{0.04} - 1} = 0.2074$$

$$c_{3-2} = \frac{5.669}{\frac{1}{0.04} + \frac{1}{0.8} - 1} = 0.2245$$

在稳定状态下，第一板到遮热板和遮热板到第二板的辐射传热量相等：

即 $c_{1-3}A\varphi\cdot\left[\left(\frac{T_1}{100}\right)^4-\left(\frac{T_3}{100}\right)^4\right]=c_{3-2}A\varphi\cdot\left[\left(\frac{T_3}{100}\right)^4-\left(\frac{T_2}{100}\right)^4\right]$

解得 $\left(\frac{T_3}{100}\right)^4=\left[c_{1-3}\cdot\left(\frac{T_1}{100}\right)^4+c_{3-2}\cdot\left(\frac{T_2}{100}\right)^4\right]/(c_{1-3}+c_{3-2})$ (a)

而传热量减少百分率

$$\frac{Q_{1-2}-Q_{1-3}}{Q_{1-2}}=\frac{[c_{1-2}\cdot(T_1^4-T_2^4)-c_{1-3}\cdot(T_1^4-T_3^4)]}{c_{1-2}\cdot(T_1^4-T_2^4)}\times100\% \qquad \text{(b)}$$

把(a)式代入(b)式并化简得：

$$\frac{Q_1-Q_2}{Q_1}=1-\frac{1}{c_{1-2}\cdot(1/c_{3-2}+1/c_{1-3})}$$

$$=1-\frac{1}{1.582\times(1/0.2245+1/0.2074)}=93.2\%$$

【例 4-20】 在间壁式换热器中，要求用初温为30 ℃的原油来冷却重油，使重油从180 ℃冷却到120 ℃重油与原油的流量各为 1×10^4 kg·h^{-1}，1.4×10^4 kg·h^{-1}，重油与原油的比热各为2.52 kJ·kg^{-1}·K^{-1}，2 kJ·kg^{-1}·K^{-1}试求原油的最终温度，以及并流和逆流时换热器的传热面积，已知两种情况下的传热系数均为 $K=120$ W·m^{-2}·K^{-1}。

解 使原油温度升高的热量来自于重油温度的降低

在单位时间内 $m_1c_1\Delta t_1=m_2c_2\Delta t_2$

$$2\times1.4\times10^4\times(t-30)=1\times10^4\times2.52\times(180-120)$$

解得 $t=84$ ℃

$$Q=2\times1.4\times10^4\times(84-30)\times\frac{10^3}{3600}=4.2\times10^5\ \text{W}$$

$$\Delta t_{m并}=\frac{(180-30)-(120-84)}{\ln\frac{180-30}{120-84}}=79.88\ ℃$$

$$\Delta t_{m逆}=\frac{(180-84)-(120-30)}{\ln\frac{180-84}{120-30}}=92.97\ ℃$$

$$A_{并}=\frac{Q}{K\Delta t_{m并}}=\frac{4.2\times10^5}{120\times79.88}=43.82\ \text{m}^2$$

$$A_{逆}=\frac{Q}{K\Delta t_{m逆}}=\frac{4.2\times10^5}{120\times92.97}=37.65\ \text{m}^2$$

【例 4-21】 在列管换热器中用冷水冷却油，水在直径为∅19 mm×2 mm 的列管内流动，已知管内侧对流传热系数 α_i 为3400 W·m^{-2}·K^{-1}，管外侧对流传热系数 α_0 为300 W·m^{-2}·K^{-1}，换热器在使用1年后，管壁两侧均有污垢形成，水侧污垢热阻 R_{si} 为0.00026 m^2·K·W^{-1}，油侧污垢热阻 R_{s0} 为0.00018 m^2·K·W^{-1}，试求：

(1)基于管外表面积的总传热系数 k_0；

(2)产生污垢后热阻增加的百分数。

解　由题知 $d_0=19\ \text{mm}$，$d_i=19-2\times2=15\ \text{mm}$，$\dfrac{d_0}{d_i}<2$，$d_m=(19+15)/2=17\ \text{mm}$

取 $\lambda=45\text{W}\cdot\text{m}^{-2}\cdot\text{K}^{-1}$

$$\frac{1}{K_0}=\frac{1}{\alpha_0}+\frac{b}{\lambda}\cdot\frac{d_0}{d_m}+\frac{1}{\alpha_i}\cdot\frac{d_0}{d_i}=\frac{1}{300}+\frac{0.002}{45}\times\frac{19}{17}+\frac{1}{3400}\times\frac{19}{15}$$

$$=0.0038\ \text{m}^2\cdot\text{K}\cdot\text{W}^{-1}$$

$$K_0=263.2\ \text{W}\cdot\text{m}^{-2}\cdot\text{K}^{-1}$$

$$\frac{1}{K_0'}=\frac{1}{K_0'}+R_{s0}+R_{si}\cdot\frac{d_0}{d_i}=0.0038+0.00018+0.00026\times\frac{19}{15}$$

$$=0.0043\ \text{m}^2\cdot\text{K}\cdot\text{W}^{-1}$$

热阻增加的百分数 $\dfrac{\dfrac{1}{K_0'}-\dfrac{1}{K_0}}{\dfrac{1}{K_0}}\times100\%=\dfrac{0.0043-0.0038}{0.0038}\times100\%=13.2\%$

【例 4-22】　在并流的换热器中，用水冷却油，水的进出口温度分别为15 ℃和40 ℃，油的进出口温度分别为150 ℃和100 ℃。现因生产任务要求油的出口温度降至80 ℃，设油和水的流量、进口温度及物性均不变，若原换热器的管长为1 m，试求将此换热器的管长增至多少米后才能满足要求，设换热器的热损失可忽略。

解　由水及油的进出口温度可以计算改管前传热平均温差

$$\Delta t_m=\frac{\Delta t_1-\Delta t_2}{\ln\dfrac{\Delta t_1}{\Delta t_2}}=\frac{(150-15)-(100-40)}{\ln\dfrac{150-15}{100-40}}=92.5\ ℃$$

由热量衡算方程

$$Q=m_{s1}c_{p1}\cdot(T_1-T_2)=m_{s2}c_{p2}\cdot(t_2-t_1)$$

$$\frac{m_{s1}c_{p1}}{m_{s2}c_{p2}}=\frac{t_2-t_1}{T_1-T_2}=\frac{40-15}{150-100}=0.5$$

由题可知，改管后冷热管出口温度均发生变化，但

$$\frac{t_2'-t_1}{T_1-T_2'}=0.5$$

$$t_2'=t_1+(T_1-T_2')\times0.5=15+(150-80)\times0.5=50℃$$

$$\Delta t_m'=\frac{\Delta t_1-\Delta t_2'}{\ln\dfrac{\Delta t_1}{\Delta t_2'}}=\frac{(150-15)-(80-50)}{\ln\dfrac{150-15}{80-50}}=69.8\ ℃$$

$$\frac{Q}{Q'}=\frac{T_1-T_2}{T_1-T_2'}=\frac{A\Delta t_m}{A'\Delta t_m'}$$

$$\frac{150-100}{150-80}=\frac{92.5}{l\cdot 69.8}$$

解得　$l=1.86$ m

【例 4-23】　$\varnothing$68 mm × 4 mm 的无缝钢管，内通200 kPa(表压)的饱和蒸汽，管外包30 mm 厚的保温层，保温层的 $\lambda=0.08\ \mathrm{W\cdot m^{-1}\cdot K^{-1}}$，该管设置于温度为20 ℃的大气中，已知管内壁与蒸汽的对流传热系数 $\alpha_1=6000\ \mathrm{W\cdot m^{-2}\cdot K^{-1}}$，保温层外表面与大气的对流传热系数 $\alpha_2=10\ \mathrm{W\cdot m^{-2}\cdot K^{-1}}$，求蒸汽流经每米管长的冷凝量及保温层外表面的温度。

解　题知　$P_{绝压}=200+101.3=301.3$ kPa

查饱和水蒸气表得　$T_s=133.4$ ℃，$r=2168\ \mathrm{kJ\cdot kg^{-1}}$

$$r_1=(68-2\times 4)/2=30\ \mathrm{mm},r_2=68/2=34\ \mathrm{mm}$$

$$r_{m1}=(34+30)/2=32\ \mathrm{mm},r_3=34+30=64\ \mathrm{mm}$$

$$r_{m2}=\frac{r_3-r_2}{\ln\dfrac{r_3}{r_2}}=\frac{64-34}{\ln\dfrac{64}{34}}=47\ \mathrm{mm}$$

$$A_1=2\pi r_1\times 1=2\pi\times 0.03=0.188\ \mathrm{m^2}$$

$$A_{m1}=2\pi r_{m1}\times 1=2\pi\times 0.032\times 1=0.201\ \mathrm{m^2}$$

$$A_{m2}=2\pi r_{m2}\times 1=2\pi\times 0.047\times 1=0.295\ \mathrm{m^2}$$

$$A_3=2\pi r_3\times 1=2\pi\times 0.064\times 1=0.402\ \mathrm{m^2}$$

取管壁热导率　$\lambda_1=45\ \mathrm{W\cdot m^{-2}\cdot K^{-1}}$

每米管长的热损失为

$$\frac{Q}{L}=\frac{T-t_0}{\dfrac{1}{\alpha_1A_1}+\dfrac{b_1}{\lambda_1A_{m1}}+\dfrac{b_2}{\lambda_2A_{m2}}+\dfrac{1}{\alpha_2A_3}}$$

$$=\frac{133.4-20}{\dfrac{1}{6000\times 0.188}+\dfrac{0.004}{45\times 0.201}+\dfrac{0.03}{0.08\times 0.295}+\dfrac{1}{10\times 0.402}}$$

$$=74.54\ \mathrm{W\cdot m^{-1}}$$

$$Q=mr,m=\frac{Q}{r}=\frac{74.61}{2168\times 10^3}=3.44\times 10^{-5}\ \mathrm{kg\cdot s^{-1}}=0.124\ \mathrm{kg\cdot h^{-1}}$$

由于损失热量由外表对流传热产生，故保温层外表温度 t 为

$$t=t_b+\frac{Q}{\alpha_2A_3}=20+\frac{74.54}{10\times 0.402}=38.56\ ℃$$

【例 4-24】　在一套管换热器中，用冷却水将0.15 $\mathrm{kg\cdot s^{-1}}$的苯由77 ℃冷却至27 ℃，冷却水在$\varnothing$25 mm × 2.5 mm 的内管中流动，其进出口温度分别为17℃和47℃，逆流操作，已知水和苯的对流传热系数分别为850 $\mathrm{W\cdot m^{-2}\cdot K^{-1}}$和1700 $\mathrm{W\cdot m^{-2}\cdot K^{-1}}$，又两侧的污垢热阻可忽略不计，试求所需的管长和冷却水消耗量。

解　取管壁热导率　$\lambda=45\ \mathrm{W\cdot m^{-1}\cdot K^{-1}}$

$$\begin{aligned}\frac{1}{K}&=\frac{1}{\alpha_1}+\frac{b}{\lambda}\cdot\frac{d_1}{d_m}+\frac{1}{\alpha_2}\cdot\frac{d_1}{d_2}\\&=\frac{1}{1700}+\frac{0.0025}{45}\times\frac{25}{22.5}+\frac{1}{850}\times\frac{25}{20}\\&=0.0021\ \mathrm{m^2\cdot K\cdot W^{-1}}\end{aligned}$$

$$K=476\ \mathrm{W\cdot m^{-2}\cdot K^{-1}}$$

$$\Delta t_m=\frac{\Delta t_1-\Delta t_2}{\ln\dfrac{\Delta t_1}{\Delta t_2}}=\frac{(77-47)-(27-17)}{\ln\dfrac{77-47}{27-17}}=18.2℃$$

苯的定性温度　$T_m=(77+27)/2=52℃$

查液体比热共线图得　$c_{p1}=1.834\ \mathrm{kJ\cdot kg^{-1}\cdot K^{-1}}$

冷却水的定性温度　$t_m=(17+47)/2=32℃$

查水的物性得　$c_{p2}=4.174\ \mathrm{kJ\cdot kg^{-1}\cdot K^{-1}}$

由　$Q=m_{s1}c_{p1}\cdot(T_1-T_2)=KA\Delta t_m$

$$A=\frac{m_{s1}c_{p1}\cdot(T_1-T_2)}{K\Delta t_m}$$

管长　$L=\dfrac{0.15\times1.834\times10^3\times(77-27)}{476\times18.2\times3.14\times0.025}=20.23\ \mathrm{m}$

$$m_{s1}c_{p1}\cdot(T_1-T_2)=m_{s2}c_{p2}\cdot(t_2-t_1)$$

$$m_{s2}=\frac{m_{s1}c_{p1}\cdot(T_1-T_2)}{c_{p2}\cdot(t_2-t_1)}=\frac{0.15\times1.834\times(77-27)}{4.174\times(47-17)}$$

$$=0.11\ \mathrm{kg\cdot s^{-1}}=395\ \mathrm{kg\cdot h^{-1}}$$

【例4-25】 一定流量的空气在蒸汽加热器中从20℃加热到80℃，空气在换热器的管内湍流流动，压强为1.8×10^5 Pa(绝压)的饱和蒸汽在管外冷凝，现生产要求空气流量增加20%，而空气的进出口温度不变，试问应将饱和蒸汽的压强提高为多少才能完成生产任务。(假设管壁和污垢热阻均可忽略)

解 题知　$P_{绝}=180$ kPa，查饱和水蒸气表得 $T=116.6℃$

当壁阻污垢阻不计时　$K=\dfrac{\alpha_1\alpha_2}{\alpha_1+\alpha_2}$，已知 $\alpha_1\gg\alpha_2$，$K\approx\alpha_{空气}$

空气管内湍流对物性不变情况下：

$$\alpha=A\cdot\frac{u^{0.8}}{d^{0.2}}$$

$$\frac{Q'}{Q}=1.2=\frac{\alpha'\cdot A\cdot\Delta t'_m}{\alpha\cdot A\cdot\Delta t_m}=\left(\frac{u'}{u}\right)^{0.8}\cdot\frac{\Delta t'_m}{\Delta t_m}=\left(\frac{1.2m_{s2}}{m_{s2}}\right)^{0.8}\cdot\frac{\Delta t'_m}{\Delta t_m}$$

$$\frac{\Delta t'_m}{\Delta t_m}=1.2^{0.2}$$

$$\Delta t'_m=1.2^{0.2}\Delta t_m$$

即　$\dfrac{(T-20)-(T-80)}{\ln\dfrac{T-20}{T-80}}=1.2^{0.2}\times\dfrac{(116.6-20)-(116.6-80)}{\ln\dfrac{116.6-20}{116.6-80}}$

解得　$T=119.2℃$

查饱和水蒸气表得　$P_{绝}=195\ \text{kPa}$

【例 4-26】　在列管换热器中，将2400 kg · h^{-1}的空气从20℃加热到80 ℃，空气在铜质列管内作湍流流动，管外为饱和蒸汽冷凝，列管总数为 80 根，尺寸为∅50 mm×2 mm，长度为3.5 m。今因生产量加大50%，需要添置热交换器，而将新设计的热交换器的管数加大 1 倍，管径减少 1/2，如其他操作条件不变，求新设计的热交换器每根管子的长度。（管壁、垢层热阻不计）

解　列管换热器中当管壁、垢层热阻不计时，$K=\dfrac{\alpha_1\alpha_2}{\alpha_1+\alpha_2}$，现又用蒸汽加热管内做湍流的空气，即 $\alpha_1 \gg \alpha_2$，此时 $K\approx\alpha_2$，而 $\alpha_2=A\cdot\dfrac{u^{0.8}}{d^{0.2}}$

令　$$\frac{u'}{u}=\frac{m_s'/A'}{m_s/A}=1.5\frac{A}{A'}=1.5\times\frac{\frac{\pi}{4}\alpha^2 n}{\frac{\pi}{4}\alpha^2 n'}=1.5\times\frac{d^2 n}{\left(\frac{d}{2}\right)^2\cdot 2n}=3$$

$$\frac{\alpha'}{\alpha}=\frac{(u'/u)^{0.8}}{(d'/d)^{0.2}}=\frac{3^{0.8}}{0.5^{0.2}}=2.77$$

$$\frac{Q'}{Q}=\frac{\alpha'}{\alpha}\cdot\frac{A'}{A}\cdot\frac{\Delta t_m'}{\Delta t_m}=1.5$$

于是　$2.77\times\dfrac{\pi d'l'n'}{\pi dln}=1.5$

代入已知条件得　$2.77\times\dfrac{\frac{1}{2}dl'2n}{dln}=1.5$

解得新设计的换热器每根管子的长度 $l'=1.90\ \text{m}$

【例 4-27】　用一单程立式列管换热器将46℃的 CS_2 饱和蒸汽冷凝后再冷却至10℃，CS_2 走壳程，流量为250 kg · h^{-1}，其冷凝潜热为356 kJ · kg^{-1}，液相 CS_2 的比热为1.05 kJ · kg^{-1} · K^{-1}，冷却水走管程，由下而上和 CS_2 是逆流流动，其进出口温度分别为 5℃和30℃，设此换热器中，CS_2 蒸汽冷凝和液体冷却时的传热系数分别为232 W · m^{-2} · K^{-1}和116 W · m^{-2} · K^{-1}（均以管子外表面为基础）。求此换热器的传热面积为多大。

解　把46℃ CS_2 饱和蒸汽冷凝为饱和液体时传热量 Q_1：

$$Q_1=m_{s1}r=K_1A_1\Delta t_{m1}$$

设 CS_2 完全冷凝时，水的中间温度为 t

由题知　$Q_1=m_{s1}r=m_{s2}c_{p2}\cdot(t_2-t)$

$$t=t_2-\frac{m_{s1}r}{m_{s2}c_{p2}}=30-\frac{250\times356}{m_{s2}c_{p2}}$$

冷却水用量 m_{s2}

$$Q_{总}=m_{s1}r+m_{s1}c_{p1}\cdot(T_1-T_2)=m_{s2}c_{p2}\cdot(t_2-t_1)$$

取水的比热 $c_{p2}=4.187\ kJ \cdot kg^{-1} \cdot K^{-1}$

$$m_{s2}=\frac{m_{s1}r+m_{s1}c_{p1}\cdot(T_1-T_2)}{c_{p2}\cdot(t_2-t_1)}=\frac{250\times[356+1.05\times(46-10)]}{4.187\times(30-5)}=940\ kg\cdot h^{-1}$$

水的中间温度 $t=30-\frac{250\times356}{940\times4.187}=7.4℃$

则 $\Delta t_{m1}=\frac{\Delta t_1-\Delta t_2}{\ln\frac{\Delta t_1}{\Delta t_2}}=\frac{(46-7.4)-(46-30)}{\ln\frac{38.6}{16}}=25.66℃$

故冷凝传热面积 $A_1=\frac{Q}{K_1\Delta t_{m1}}=\frac{250\times356\times10^3/3600}{232\times25.66}=4.15\ m^2$

46℃饱和 CS_2 液体冷却至10℃时：

$$\Delta t_{m2}=\frac{\Delta t'_1-\Delta t'_2}{\ln\frac{\Delta t'_1}{\Delta t'_2}}=\frac{(46-7.4)-(10-5)}{\ln\frac{38.6}{5}}=16.44℃$$

故冷却传热面积 $A_2=\frac{Q}{K_2\Delta t_{m2}}=\frac{250\times1.05\times(46-10)\times10^3/3600}{116\times16.44}=1.38\ m^2$

故完成换热任务所需传热面积 $A=A_1+A_2=4.15+1.38=5.53\ m^2$

【例4-28】 用一单程列管换热器以冷凝 $1.5\ kg\cdot s^{-1}$ 的有机蒸汽，蒸汽在管外冷凝的热阻可以忽略，冷凝温度60 ℃。汽化热为 395 $kJ\cdot kg^{-1}$。管束由 n 根 ∅25 mm×2.5 mm 钢管组成，管内通入 $t_1=25$ ℃的河水做冷却剂，河水出口温度38 ℃。不计垢层及管壁热阻，试计算：

(1)冷却水用量；

(2)管数 n 与管长 L(水在管内的流速可取 $1\ m\cdot s^{-1}$左右)；

(3)若保持上述计算所得的总管数不变，将上述换热器制成双管程投入使用，冷却水流量及进出口温度不变，求操作时有机蒸汽的冷凝量。

解 (1)水的定性温度 $t_m=(t_1+t_2)/2=(25+38)/2=31.5℃$

查水的物性 $\rho=995.2\ kg\cdot m^{-3}$，$\mu=0.7788\times10^{-3}\ Pa\cdot s$，$\lambda=0.6204\ W\cdot m^{-1}\cdot K^{-1}$，$c_p=4.174\ kJ\cdot kg^{-1}\cdot K^{-1}$

设用水量为 m_s

由 $DR=m_sc_p\cdot(t_2-t_1)$

$$m_s=\frac{DR}{c_p\cdot(t_2-t_1)}=\frac{1.5\times395}{4.174\times(38-25)}=10.92\ kg\cdot s^{-1}$$

(2)管数 n 与管长 L

$$V_s=\frac{m_s}{\rho}=\frac{10.92}{995.2}=0.011\ m^3\cdot s^{-1}$$

$$d_i=25-2.5\times2=20\ mm$$

$$n=\frac{V_s}{u\cdot\frac{\pi}{4}\cdot d_i^2}=\frac{0.011}{1\times0.785\times0.02^2}=35\ 根$$

$$Re=\frac{du\rho}{\mu}=\frac{20\times 1\times 995.2}{0.7788}=25557.3 \quad \text{流动为湍流}$$

$$Pr=\frac{c_p\mu}{\lambda}=\frac{4.174\times 10^3\times 0.7788\times 10^{-3}}{0.6204}=5.24$$

流体被加热 $n=0.4$

$$\alpha=0.023\cdot\frac{\lambda}{d}\cdot Re^{0.8}\cdot Pr^{0.4}$$

$$=0.023\times\frac{0.6204}{0.02}\times 25557.3^{0.8}\times 5.24^{0.4}=4646\ \mathrm{W\cdot m^{-2}\cdot K^{-1}}$$

$$\Delta t_m=\frac{(60-25)-(60-38)}{\ln\dfrac{60-25}{60-38}}=28\ ℃$$

当有蒸汽在管外冷凝的热阻可以忽略，且不计垢层及管壁热阻时

$$\frac{1}{K}=\frac{1}{\alpha}\cdot\frac{d_1}{d_2}=\frac{1}{4646}\times\frac{25}{20}=0.00027\ \mathrm{m^2\cdot K\cdot W^{-1}}$$

解得 $K=3717\ \mathrm{W\cdot m^{-2}\cdot K^{-1}}$

$$A=\frac{DR}{K\Delta t_m}=n\pi dl$$

即 $l=\dfrac{DR}{n\pi dK\Delta t_m}=\dfrac{1.5\times 395\times 10^3}{35\times 3.14\times 0.025\times 3717\times 28}=2.1\ \mathrm{m}$

(3)其他情况不变，仅让单管程改为双管程，显然管内水流速提高1倍。

令 $\alpha'=A\cdot\dfrac{u^{0.8}}{d^{0.2}}$

则 $\dfrac{\alpha'}{\alpha}=\left(\dfrac{u'}{u}\right)^{0.8}=2^{0.8}\ \mathrm{W\cdot m^{-2}\cdot K^{-1}}$

又 $\dfrac{K'}{K}=\dfrac{\alpha'}{\alpha}=2^{0.8}$

取折流时的 $\Delta t'_m=\Delta t_m(R=0,\ P=0.37,\ \varphi=1)$，$A$ 不变

$$\frac{Q'}{Q}=\frac{D'R}{DR}=\frac{K'}{K}=2^{0.8}$$

故可冷凝的有机蒸汽量 $D'=2^{0.8}D=2^{0.8}\times 1.5=2.6\ \mathrm{kg\cdot s^{-1}}$

【例 4-29】 传热面积为15 $\mathrm{m^2}$ 的列管式换热器，壳程用110 ℃的饱和蒸汽将管程某溶液由20 ℃加热至80 ℃，溶液的处理量为 $2.5\times 10^4\ \mathrm{kg\cdot h^{-1}}$，比热为 $4\ \mathrm{kJ\cdot kg^{-1}\cdot K^{-1}}$，试求此操作条件下的传热系数，又该换热器使用一年后，由于污垢热阻增加，溶液出口温度降至70 ℃，若要使出口温度仍为80 ℃，加热蒸汽温度至少要多高？

解 污垢热阻未增加前

$$\Delta t_m=\frac{(T_s-t_1)-(T_s-t_2)}{\ln\dfrac{(T_s-t_1)}{(T_s-t_2)}}=\frac{(110-20)-(110-80)}{\ln\dfrac{(110-20)}{(110-80)}}=54.6\ ℃$$

$$Q = m_{s2}c_{p2} \cdot (t_2 - t_1) = \frac{2.5 \times 10^4}{3600} \times 4 \times (80 - 20) = 1666.7\ \text{kW}$$

$$K = \frac{Q}{A\Delta t_m} = \frac{1666.7 \times 10^3}{15 \times 54.6} = 2035\ \text{W} \cdot \text{m}^{-2} \cdot \text{K}^{-1}$$

污垢热阻增加后

$$\Delta t'_m = \frac{(110 - 20) - (110 - 70)}{\ln \dfrac{(110 - 20)}{(110 - 70)}} = 61.7℃$$

$$Q = m_{s2}c_{p2} \cdot (t'_2 - t_1) = \frac{2.5 \times 10^4}{3600} \times 4 \times (70 - 20) = 1388.9\ \text{kW}$$

$$K' = \frac{Q}{A\Delta t'_m} = \frac{1388.9 \times 10^3}{15 \times 61.7} = 1501\ \text{W} \cdot \text{m}^{-2} \cdot \text{K}^{-1}$$

污垢热阻增加后，仍要使溶液进出口温度不变

$$\Delta t''_m = \frac{Q}{AK'} = \frac{1666.7 \times 10^3}{15 \times 1501} = 74\ ℃$$

$$\frac{(T' - 20) - (T' - 80)}{\ln \dfrac{(T' - 20)}{(T' - 80)}} = 74$$

解得加热蒸汽的温度为　$T' = 128\ ℃$

【例 4-30】　有一套管换热器，内管为∅19 mm×3 mm，长 2 m 的管子，油在环原流动，流量为270kg · h^{-1}，进口温度为100℃。水在管内做逆流流动，流量为360 kg · h^{-1}。进口温度为10 ℃，已知以管外表面为基准的传热系数 K = 374 W · m^{-2} · K^{-1}，油的比热为1.88 kJ · kg^{-1} · K^{-1}，试求油和水的出口温度分别为多少。

解　设水的比热为4.187 kJ · kg^{-1} · K^{-1}

$$m_{s1}c_{p1} = \frac{270}{3600} \times 1.88 \times 10^3 = 141\ \text{W} \cdot \text{K}^{-1}$$

$$m_{s2}c_{p2} = \frac{360}{3600} \times 4.187 \times 10^3 = 418.7\ \text{W} \cdot \text{K}^{-1}$$

$$(m_s \cdot c_p)_{\min} = m_{s1} \cdot c_{p1}$$

由此计算的传热单元数为

$$NTU_1 = \frac{KA}{m_{s1}c_{p1}} = \frac{374 \times 3.14 \times 0.019 \times 2}{141} = 0.316$$

热容流量比为

$$c_{R1} = \frac{m_{s1}c_{p1}}{m_{s2}c_{p2}} = \frac{141}{418.7} = 0.337$$

传热效率

$$\varepsilon_1 = \frac{1 - \exp[NTU_1(1 - c_{R1})]}{c_{R1} - \exp[NTU_1(1 - c_{R1})]}$$

$$= \frac{1 - \exp[0.316 \times (1 - 0.337)]}{0.337 - \exp[0.316 \times (1 - 0.337)]} = 0.26$$

根据传热效率的定义求得

$$\varepsilon_1 = \frac{T_1 - T_2}{T_1 - t_1}$$

$$T_2 = T_1 - (T_1 - t_1)\varepsilon_1 = 100 - (100 - 10) \times 0.26 = 76.6\ ℃$$

由热量衡算式

$$m_{s1}c_{p1} \cdot (T_1 - T_2) = m_{s2}c_{p2} \cdot (t_2 - t_1)$$

解得

$$t_2 = t_1 + \frac{m_{s1}c_{p1} \cdot (T_1 - T_2)}{m_{s2}c_{p2}} = 10 + 0.337 \times (100 - 76.6) = 17.9\ ℃$$

【例 4-31】 由 A、B 两台换热器组成的换热系统中，冷、热流体在流向及流量等均如附图所示。已知：A、B 两台换热器的传热面积、传热系数均相等，冷流体流量等量分配，且 $T_1 = 150$ ℃，$T_2 = 40$ ℃，$t_1 = 30$ ℃，$t_2 = 90$ ℃。试求：温度 T，t_a，t_b 的值分别为多少？

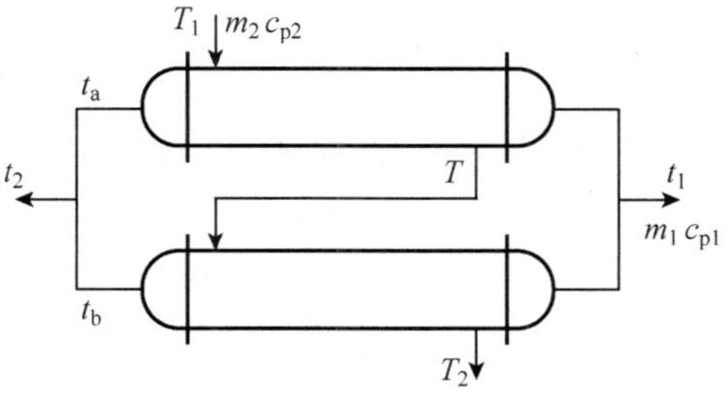

例 4-31　附图

解　两流体总热量衡算得

$$m_2c_{p2} \cdot (T_1 - T_2) = m_1c_{p1} \cdot (t_2 - t_1)$$

解得　$\dfrac{m_2c_{p2}}{m_1c_{p1}} = \dfrac{90-30}{150-40} = \dfrac{60}{110} < 1$

所以　$(mc_p)_{\min} = m_2c_{p2}$

又因为　$K_1 = K_2$，$A_1 = A_2$，$(m_1c_{p1})_A = (m_1c_{p1})_B = \dfrac{m_1c_{p1}}{2}$

$$(m_2c_{p2})_A = (m_2c_{p2})_B = m_2c_{p2}$$

所以　$NTU_A = NTU_B$，$c_{RA} = c_{RB}$

则　$\varepsilon_A = \varepsilon_B$

$$\frac{T_1 - T}{T_1 - t_1} = \frac{T - T_2}{T - t_1}$$

$$\frac{150 - T}{150 - 30} = \frac{T - 40}{T - 30}$$

解得　$T = 64.6$ ℃

对换热器 A 热量衡算得

$$m_2c_{p2} \cdot (T_1 - T) = \frac{m_1c_{p1}}{2} \cdot (t_a - t_1)$$

$$t_a = t_1 + \frac{2m_2c_{p2}}{m_1c_{p1}} \cdot (T_1 - T) = 30 + \frac{2 \times 60}{110} \times (150 - 64.6) = 123.2℃$$

冷流体流量在分管等量分配，有

$$\frac{t_a + t_b}{2} = t_2$$

故　$t_b = 2t_2 - t_a = 2\times 90 - 123.2 = 56.8℃$

或

$$m_2c_{p2}\cdot(150-T)=\frac{m_1c_{p1}}{2}\cdot(t_a-30) \quad (a)$$

$$m_2c_{p2}\cdot(T-40)=\frac{m_1c_{p1}}{2}\cdot(t_b-30) \quad (b)$$

对1流体出口支管与结合管热衡算(以0℃为基准)得:

$$\frac{m_1c_{p1}}{2}\cdot(t_a+t_b)=m_1c_{p1}\times 90$$

即

$$t_a = 180 - t_b \quad (c)$$

对2流体的总热量衡算得:

$$m_1c_{p1}\cdot(90-30)=m_2c_{p2}\cdot(150-40)$$

即

$$\frac{m_1c_{p1}}{m_2c_{p2}}=\frac{11}{6} \quad (d)$$

联立(a)(b)(c)(d)式，解得　$T=64.6$ ℃，$t_a=123.2$ ℃，$t_b=56.8$ ℃

【例4-32】 某套管换热器，管内用饱和水蒸气将套管内湍流流动的空气加热至指定温度，若需进一步提高空气出口温度，拟将套管管径增加1倍(管长、流动状态及其他条件均不变)，你认为此措施可行吗?

解　不可行。根据连续性方程，流量不变时，$V=\frac{\pi}{4}d^2u=$常数，所以套管径的变化，套管内流速也发生变化。直套管也可看为管内强制湍流，其传热系数经验关联式：$Nu=0.023\,Re^{0.8}Pr^n$，即物性一定时，$\alpha\propto\frac{u^{0.8}}{d^{0.2}}$。当套管径增大时，$u\propto l/d^2$，$\alpha\propto u^{0.8}/d^{0.2}=1/d^{1.8}$，而传热面积未变。综合以上结果，$\alpha A\propto 1/d^{1.8}$，套管管径增加，$\alpha A$下降。

根据　$mc_p\cdot(t_2-t_1)=KA\Delta t_m$

管间用饱和水蒸气加热，热阻小，可以忽略不计，总热阻近似等于套管内传热热阻，即$K\approx\alpha$

$$KA\Delta t_m\approx\alpha A\frac{t_2-t_1}{\ln\dfrac{T-t_1}{T-t_2}}$$

即

$$mc_p=\alpha A\frac{1}{\ln\dfrac{T-t_1}{T-t_2}}$$

因为αA减小　则$\ln\dfrac{T-t_1}{T-t_2}$也减小，所以t_2减小。

【例 4-33】 质量为2000 kg，比热为3.8 kJ·kg^{-1}·K^{-1}的反应物，用浸入面积为2 m^2 的蛇管加热，输入蒸汽为117℃，若传热系数为800 W·m^{-2}·K^{-1}。忽略向周围的热损失，试计算将物料从17℃加热到87℃所需要的时间。若容器外表面积为10 m^2，在外界温度为17℃时，至外界的对流传热系数为8.5 W·m^{-2}·K^{-1}，在同样温度范围内，加热反应物需要多少时间？反应物上升的最高温度为多大？（壁温和器内流体温度可视为相同）

解 传热对数平均温差为

$$\Delta t_m = \frac{(117-17)-(117-87)}{\ln\frac{117-17}{117-87}} = 58.1℃$$

$$Q = KA\Delta t_m = 800 \times 2 \times 58.1 = 92960 \text{ W}$$

$$m_{s2} = \frac{Q}{c_{p2}\cdot(t_2-t_1)} = \frac{92960}{3.8\times10^3\times(87-17)} = 0.35 \text{ kg}\cdot\text{s}^{-1}$$

则需加热时间 $\theta = \frac{m}{m_{s2}} = \frac{2000}{0.35\times3600} = 1.59 \text{ h}$

在反应物同样温度范围内，由于壁面外界对流热损 Q_l

$$Q_l = \alpha A\Delta t = 8.5\times10\times\left(\frac{87+17}{2}-17\right) = 2975 \text{ W}$$

此时 $m'_{s2}c_{p2}\cdot(t_2-t_1) = Q - Q_l$

即 $m'_{s2} = \frac{92960-2975}{3.8\times10^3\times(87-17)} = 0.3383 \text{ kg}\cdot\text{s}^{-1}$

$$\theta' = \frac{m}{m'_{s2}} = \frac{2000}{0.3383} = 5912 \text{ s} = 1.64 \text{ h}$$

当蒸汽传给反应物的热量等于壁面向外界对流的热损时，反应物即达最高温，设为 t

此时 $KA\cdot\frac{(117-17)-(117-t)}{\ln\frac{117-17}{117-t}} = \alpha A\cdot\left(\frac{t+17}{2}-17\right)$

代入已知值，解得 $t = 117$ ℃

【例 4-34】 设计一列管换热器，将50000 kg·h^{-1}的水由20 ℃加热到50 ℃，蒸汽在管外冷凝，冷凝温度为120 ℃。库存有∅20 mm×2 mm 的钢管，设蒸汽的冷凝对流传热系数为5000 W·m^{-2}·K^{-1}。设计内容：(1)程数、管数、管长；(2)管子在花板上的排列；(3)壳体内径。

解 水的定性温度 $t_w = (20+50)/2 = 35$ ℃，查其物性 $c_p = 4.174$ kJ·kg^{-1}·K^{-1}，$\rho = 994$ kg·m^{-3}，$\lambda = 0.626$ W·m^{-1}·K^{-1}，$\mu = 0.727\times10^{-3}$ Pa·s

(1)计算传热量 Q 及对数平均温差 Δt_m

$$Q = m_s c_p \Delta t = \frac{50000}{3600}\times4.174\times10^3\times(50-20) = 1.74\times10^6 \text{ W}$$

$$\Delta t_m = \frac{(120-20)-(120-50)}{\ln\frac{100}{70}} = 84.11℃$$

(2)计算传热系数 K

取水的流速 $u=0.6\ \mathrm{m\cdot s^{-1}}$

$$Re=\frac{du\rho}{\mu}=\frac{(20-2\times2)\times10^{-3}\times0.6\times994}{0.727\times10^{-3}}=1.31\times10^{4}$$

$$Pr=\frac{c_p\mu}{\lambda}=\frac{4.174\times10^{3}\times0.727\times10^{-3}}{0.626}=4.85$$

则 $\alpha_i=0.023\cdot\frac{\lambda}{d}\cdot Re^{0.8}Pr^{0.4}$

$$=0.023\times\frac{0.626}{0.016}\times(1.31\times10^{4})^{0.8}\times4.85^{0.4}=3329\ \mathrm{W\cdot m^{-2}\cdot K^{-1}}$$

取水侧水垢阻为 $6\times10^{-4}\ \mathrm{m^2\cdot K\cdot W^{-1}}$，钢 $\lambda=45\ \mathrm{W\cdot m^{-1}\cdot K^{-1}}$

$$K=\frac{1}{\frac{1}{3329}\times\frac{20}{16}+6\times10^{-4}\times\frac{20}{16}+\frac{0.002}{45}\times\frac{20}{18}+\frac{1}{5000}}=727\ \mathrm{W\cdot m^{-2}\cdot K^{-1}}$$

(3)计算传热面积 A

$$A=\frac{Q}{K\Delta t_m}=\frac{1.74\times10^{6}}{727\times84.11}=28.5\ \mathrm{m^2}$$

(4)计算管程数 m 管子数 n

取管长 $l=2\ \mathrm{m}, A=n\pi d_0 l$

所以 $n=\frac{28.5}{3.14\times0.02\times2}=227$，取 $n=228$

依单程计，水流速

$$u'=\frac{m/\rho}{0.785nd_1^2}=\frac{50000/(3600\times994)}{0.785\times228\times0.016^2}=0.305\ \mathrm{m\cdot s^{-1}}$$

$$m=\frac{u}{u'}=\frac{0.6}{0.305}=2$$

(5)决定壳体内径 D_B

管子按正三角形排列，以焊接法固定在花板上。

查表 $b=8\times2+1=17$，$t=1.25d_0=1.25\times0.02=0.025\ \mathrm{m}$

则 $D_B=t\cdot(b-1)+d_0+2(t-d_0)$

$$=0.025\times(17-1)+0.02+2\times(0.025-0.02)=0.43\ \mathrm{m}$$

【例 4-35】 设有 A、B 两平行固体平面，温度分别为 T_A 和 T_B（$T_A>T_B$）。为减少辐射散热，在这两平面间设置 n 片很薄的平行遮热板，设所有平面的表面积相同，黑度相等，平板间距很小，试证明设置遮热板后平面的散热速率为不装遮热板时的 $1/(1+n)$ 倍。

解 放置遮热板前的热损失

$$Q=\frac{C_0A}{\frac{1}{\varepsilon_1}+\frac{1}{\varepsilon_2}-1}\left[\left(\frac{T_A}{100}\right)^4-\left(\frac{T_B}{100}\right)^4\right]$$

式中：ε_1，ε_2——水平面 A，B 的黑度。

放置几片遮热板后的热损失：

$$Q_1 = \frac{C_0A}{\frac{1}{\varepsilon_1}+\frac{1}{\varepsilon}-1}\left[\left(\frac{T_A}{100}\right)^4-\left(\frac{T_1}{100}\right)^4\right]$$

式中：ε——遮热板黑度；

T_1——第一块遮热板温度。

同理，对第一和第二块遮热板的传热

$$Q_2 = \frac{C_0A}{\frac{1}{\varepsilon_2}+\frac{1}{\varepsilon_1}-1}\left[\left(\frac{T_1}{100}\right)^4-\left(\frac{T_2}{100}\right)^4\right]$$

类似的

$$Q_n = \frac{C_0A}{\frac{1}{\varepsilon_n}+\frac{1}{\varepsilon_{n-1}}-1}\left[\left(\frac{T_{n-1}}{100}\right)^4-\left(\frac{T_n}{100}\right)^4\right]$$

$$Q_{n+1} = \frac{C_0A}{\frac{1}{\varepsilon_1}+\frac{1}{\varepsilon_2}-1}\left[\left(\frac{T_n}{100}\right)^4-\left(\frac{T_B}{100}\right)^4\right]$$

所以　$Q_1 = Q_2 = \cdots = Q_n = Q_{n+1}$

联立方程解得

T_1，T_2，…，T_{n-1}，T_n

由$\frac{Q-Q_1}{Q}\times 100\ \%$可以证明得。

【例 4-36】　用热电偶测量管内空气温度，测得热电偶温度为 420 ℃，热电偶黑度为 0.6，空气对热电偶的传热系数为 $\alpha = 35\ \mathrm{W \cdot m^{-2} \cdot K^{-1}}$，管内壁温度为 300 ℃，试求空气温度。

解　空气与热电偶的对流传热 = 热电偶与管壁辐射传热

令空气温度为 T

$$Q = \alpha A(T-420) = C_0A\varepsilon\left[\left(\frac{420+273}{100}\right)^4-\left(\frac{300+273}{100}\right)^4\right]$$

$$\alpha = 35\ \mathrm{W \cdot m^{-2} \cdot K^{-1}}, C_0 = 5.67\ \mathrm{W \cdot m^{-2} \cdot K^{-1}}, \varepsilon = 0.6$$

代入得　$T = 539$ ℃

五、思考题

【例 4-37】　在蒸汽管外包一绝热层，是否越厚越好？

答　蒸汽管外包绝热层虽然越厚，热阻越大，可使外表面温度降低，从而减少热损，但外表面积也在扩大，当温度降低的程度不如表面积扩大的幅度时，反而增大热损，同时也增加材料费用，因此，绝热保温层由于临界厚度问题，不是越厚越好。

【例 4-38】　试说明热导率、对流传热系数和总传热系数的物理意义、单位和彼此间的区别。

答 热导率的数值等于单位温度梯度下的热通量，它表征物质导热能力的强弱，是物质的物理性质之一，与物质的组成、结构、密度、温度及压强有关，单位为 $W \cdot m^{-1} \cdot K^{-1}$。

对流传热系数是单位温差下对流传热产生的热通量，它表征传热壁面与流体间的对流传热关系，是具有局部性质的系数，单位为 $W \cdot m^{-2} \cdot K^{-1}$。

总传热系数在数值上也等于单位温差的热通量，都表征两流体之间通过间壁传热的难易程度，它在传热面上亦具有局部性质，其单位和对流传热系数相同，但其中温度差所代表的范围并不相同。

【例 4-39】 有人说：根据热量衡算式 $Q = Dr$，可知如果增加蒸汽通入量 D，则蒸汽加热器的传热速率将大为增加，是否正确？为什么？（r 为蒸汽的汽化潜热）

答 传热速率决定于传热速率方程 $Q = KA\Delta t_m$。增加蒸汽通入量，既不能增大传热面积 A，传热有效温差 Δt_m，也不能提高 K 值，自然地无法提高传热速率。

【例 4-40】 今有一冷凝器，内通冷水以冷凝酒精蒸气，原设计每小时可冷凝 500 kg，但经过试验证明，每小时只能冷凝400 kg，你认为原因何在？要达到原设计要求，应采取怎样措施？

答 之所以导致冷凝量减少，对新试验来说，主要是冷却水用量不足或适当的冷水量由于分程不足，流速降低，从而使 K 值下降，降低传热量，也可能是设计时，水温偏低，现水温过高使 Δt_m 下降，亦降低了传热量，使酒精的冷却量减少，至于找出原因，读者可自行定量计算（本题的主因是 K 降低了20%，K 又主要决定于冷水的给热系数 α）。

【例 4-41】 某厂按冬季条件设计为的 2 只换热器，发现在夏天使用时传热面积不够，你觉得应采用哪些办法补救？

答 从 $Q = KA\Delta t_m$，由于夏天液温偏高，Δt_m 下降，为保持原来的传热量 Q，即设法提高总传热系数 K 和换热面积 A。对于前者，主要是提高冷却剂用量；或光滑管内变螺纹管等，外加翅片或挡板，或增加分程等。增大传热面积是变更了原换热器，非不得已情况，不轻易变动。此外，若热流体在管壳式换热器壳程流动时，可加强外界的对流以散热，也可以喷洒冷却水。

【例 4-42】 在列管换热器中，拟用饱和蒸汽加热空气，试问：

（1）传热管的壁温接近哪种流体的温度？

（2）传热系数 K 接近哪种流体的对流传热系数？

答 由于蒸汽的冷凝传热系数大大地大于空气的对流传热系数，所以：

（1）壁温接近于蒸汽的饱和温度（传热管的壁温总是接近给热系数大的一侧的流体温度）；

（2）传热系数 K 接近于空气的对流传流系数（K 总是由热阻大的一侧的流体给热系数控制的）。

【例 4-43】 在列管换热器内用饱和蒸汽加热冷空气，当冷空气的流量增大而其他操作条件不变时，该换热器内的平均传热推动力和总传热系数 K 如何变化？

答　由 $Q=Dr=mc_p\cdot(t_2-t_1)$ 可知：D 不变，蒸汽压强不变，m 增大时，c_p 基本保持常数，则 t_2 下降，换热器换热过程中的平均换热推动力 Δt_m 有所提高。

当蒸汽加热冷空气，其 $K=\alpha_1\alpha_2/(\alpha_1+\alpha_2)$，令 $\alpha_1\gg\alpha_2$，则 $K=\alpha_2$ 现空气流量 m 增大，其他条件不变，其流速必增大，于是对流传热系数 α_2，亦增大，故 K 可有效地被提高。

六、符号表

符号	符号说明	单位
A	传热面积	m^2
A	辐射吸收率	—
a	流体的导温系数	$m^2\cdot s^{-1}$
b	厚度	m
b	润湿周边	m
C	发射系数	$W\cdot m^{-2}\cdot K^{-4}$
C_0	黑体的发射系数	$W\cdot m^{-2}\cdot K^{-4}$
C_{1-2}	总发射系数	$W\cdot m^{-2}\cdot K^{-4}$
c_p	流体的定压比热容	$kJ\cdot kg^{-1}\cdot K^{-1}$
C_R	热容流量比	—
D	换热器壳径	m
D	透过率	—
d	管径	m
d_b	气泡脱离直径	m
E	发射能力	$W\cdot m^{-2}$
E_0	黑体的发射能力	$W\cdot m^{-2}$
$E_{\lambda 0}$	黑体的单色发射能力	$W\cdot m^{-2}\cdot m^{-1}$
f	校正系数	—
G	质量流速	$kg\cdot m^{-2}\cdot s^{-1}$
h	挡板间距	m
H	高度	m
K	传热系数	$W\cdot m^{-2}\cdot K^{-1}$
l	长度（球半径）	m
M，M'	冷凝负荷	$kg\cdot m^{-2}\cdot s^{-1}$
m_s	质量流量	$kg\cdot s^{-1}$
P	压力	$N\cdot m^{-2}$
Q	热流量（传热速率）	W
q	热通量	$W\cdot m^{-2}$
R	热阻	$m^2\cdot K\cdot W^{-1}$
R	半径	m
r	半径（变量）	m
r	潜热	$kJ\cdot kg^{-1}$
K	截面积	m^2

（续）

符号	符号说明	单位
T	热流体温度	K
T	热力学温度	K
t	冷流体温度，温度	K
u	流速	$m \cdot s^{-1}$
a	给热系数	$W \cdot m^{-2} \cdot K^{-1}$
β	体积膨胀系数	K^{-1}
δ	层流底层厚度	m
δ'	当量膜厚	m
ε	发射率，黑度	—
ε	传热效率	—
θ	时间	s
λ	热导率	$W \cdot m^{-2} \cdot K^{-1}$
λ	波长	μm
μ	黏度	$Pa \cdot s$
ρ	密度	$kg \cdot m^{-3}$
σ	表面张力	$N \cdot m^{-1}$
σ_0	斯蒂芬－波尔兹曼常数或黑体的发射常数	$W \cdot m^{-2} \cdot K^{-4}$
Φ	角度	rad
φ	角系数	—

第五章 蒸 发

一、教学基本要求

本章主要涉及单效蒸发的基本原理及过程，多效蒸发的流程及特点。通过学习，能够熟练地理解蒸发的基本过程、蒸发流程的基本组成及作用。

本章应掌握单效蒸发的操作原理、基本流程、单效蒸发的计算，掌握溶液沸点升高的影响因素，应用杜林规则计算溶液的沸点；熟悉加热蒸汽、二次蒸汽、水分蒸发量、蒸发器的生产能力和生产强度、蒸发器的加热室、蒸发室等概念；了解多效蒸发的流程、特点及适用条件。重点是单效蒸发的计算，包括加热蒸汽消耗量、水分蒸发量、蒸发器的传热面积。难点是溶液沸点升高的计算、蒸发器的选型。主要内容包括以下几个方面：

- 蒸发的基本原理、流程类型及其特点，蒸发器的结构特点，蒸发器的辅助装置；
- 单效蒸发和溶液沸点的计算，蒸发器的生产能力和生产强度；
- 多效蒸发的流程及其应用；
- 提高蒸发经济性的措施。

二、重点内容

(一)单效蒸发

1. 物料衡算

$$W = F\left(1 - \frac{x_0}{x}\right) \tag{5-1}$$

式中：W——蒸发量，$kg \cdot h^{-1}$；

F——进料量，$kg \cdot h^{-1}$；

x_0、x——分别为原料液和完成液中溶质的质量分率。

2. 热量衡算

溶液稀释热效应可以忽略时，若冷凝水在加热蒸汽饱和温度下排除，则：

$$D = \frac{F(ct - c_0 t_0) + Wr + Q_l}{H_s - h_s} \tag{5-2}$$

式中：r——二次蒸汽的气化热，$kJ \cdot kg^{-1}$；

c_0、c——分别为原料液及完成液的比热容，$kJ \cdot kg^{-1} \cdot K^{-1}$；

t_0——原料液的温度,℃；

t——溶液在蒸发器内的沸点,℃。

若原料液预热至沸点后再送入蒸发器，且忽略热损失、忽略比热容 c 和 c_0 的差别，式(5-2)可简化为：

$$D = \frac{Wr}{R} \tag{5-3}$$

式中：R——加热蒸汽的气化热，$kJ \cdot kg^{-1}$。

3. 传热速率

$$Q = KA\Delta t_m \tag{5-4}$$

式中：A——加热器的传热外面积，m^2；

K——基于传热外表面积的总传热系数，$W \cdot m^{-2} \cdot K^{-1}$；

Δt_m——平均温度差，K；

Q——蒸发器的热负荷，即蒸发器的传热速率，W。

以上各项的求算分别为：

(1)热负荷 Q

若加热蒸汽的冷凝水在饱和温度下排除，且忽略热损失，则蒸发器的热负荷为：

$$Q = DR \tag{5-5}$$

(2)总传热系数 K

$$\frac{1}{K} = \frac{1}{\alpha_1}\frac{d_1}{d_2} + R_{S1}\frac{d_1}{d_2} + \frac{b}{\lambda}\frac{d_1}{d_m} + R_{S2} + \frac{1}{\alpha_2} \tag{5-6}$$

式中各物理量符号物理意义同第四章。

(3)有效温度差 Δt_m

$$\Delta t_m = T_s - t \tag{5-7}$$

式中：T_s——加热蒸汽的饱和温度,℃。

(4)溶液的沸点

溶液在常压下的沸点可从有关手册中查取，非常压下溶液沸点可通过杜林规则(Du hring's rule)求得：

$$\frac{t_A - t'_A}{t_w - t'_w} = K \tag{5-8}$$

式中：t_A、t_w——分别为在压强 p_1 下溶液的沸点和纯水的沸点,℃；

t'_A、t'_w——分别为在压强 p_2 下溶液的沸点和纯水的沸点,℃；

K——杜林直线的斜率，无因次。

(5)总温度差损失 $\sum\Delta$

$$\sum\Delta = \Delta' + \Delta' + \Delta''' \tag{5-9}$$

式中：Δ'——因溶液蒸汽压下降而引起的温度差损失,℃；

Δ''——因液柱静压强而引起的温度差损失,℃；

Δ'''——因流动阻力而引起的温度差损失,℃。

(二)多效蒸发

1. 物料衡算

(1)总蒸发量 W

$$W = W_1 + W_2 + \cdots + W_n \tag{5-10}$$

(2)估算各效蒸发量 W_i

各效蒸发量按经验估算

$$W_i \approx \frac{W}{n} \tag{5-11}$$

并流加料时也可用下面经验方法估算:

$$双效 \quad W_1 : W_2 = 1 : 1.1 \tag{5-12}$$

$$三效 \quad W_1 : W_2 : W_3 = 1 : 1.1 : 1.2 \tag{5-13}$$

实际上是利用上面经验式,初步确定 W_i 的初设值。

(3)估算各效浓度 x_i

$$x_i = \frac{Fx_0}{F - W_1 - W_2 - \cdots - W_i} \tag{5-14}$$

2. 焓衡算

(1)估算各效二次蒸汽压强 p'

根据经验估算蒸汽通过各效的压强降为:

$$\Delta p_i = \frac{p_1 - p_{\mathrm{K}}}{n} \tag{5-15}$$

(2)估算各效的温度差损失

各效中因溶液蒸汽压下降、静压强效应及流动阻力而引起的温度差损失均按单效中介绍的方法进行计算。

(3)各效中溶液沸点及总有效温度差

$$沸点 \quad t_i = T_{(i+1)\mathrm{s}} + \Delta' + \Delta'' \tag{5-16}$$

$$温度差 \quad \Delta t_i = T_{i\mathrm{s}} - t_i \tag{5-17}$$

$$总有效温度差 \quad \sum \Delta t = T_{i\mathrm{s}} - T_{(n+1)\mathrm{s}} - \sum \Delta \tag{5-18}$$

(4)由焓衡算计算各效蒸发量 W_i

$$W_i = \eta_i \left[\frac{D_i R_i}{r_i} + (Fc_0 - W_1 c_{\mathrm{w}} - \cdots - W_{i-1} c_{\mathrm{w}}) \frac{t_{i-1} - t_i}{r_i} \right] \tag{5-19}$$

式中:η_i——热损失系数,一般为 0.96~0.98,对 NaOH 水溶液 η_i 的计算式为:

$$\eta_i = 0.98 - 0.7\Delta x,\ \Delta x \text{ 为溶液质量浓度的变化。} \tag{5-20}$$

(5)加热蒸汽消耗量

算出 W_i 后,再用式(5-19)即可算出加热蒸汽消耗量 D。

3. 传热面积

$$A_i = \frac{Q_i}{K_i (T_{i\mathrm{s}} - t_i)} \tag{5-21}$$

三、知识点关联图

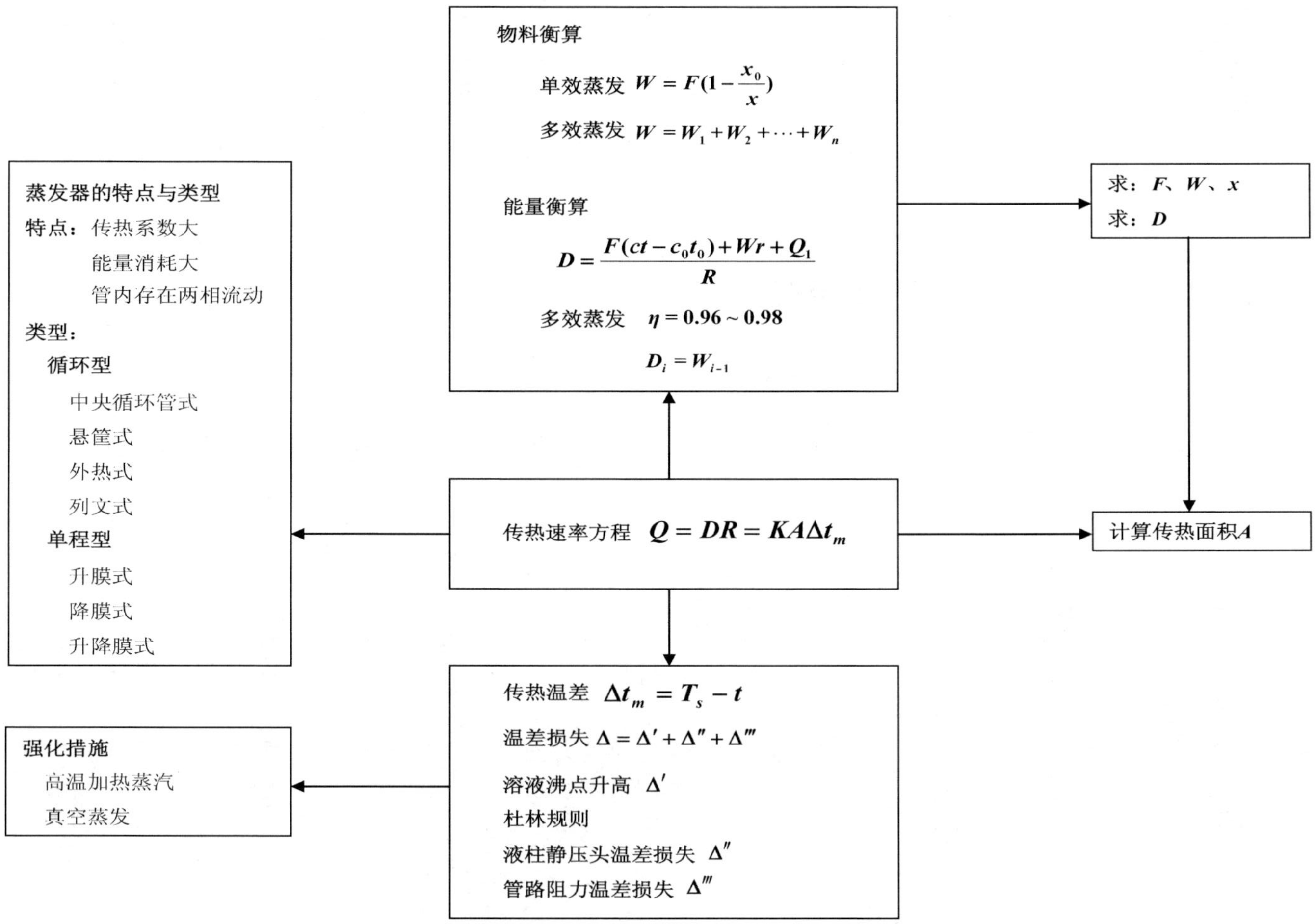
物料衡算
单效蒸发 $W = F(1-\frac{x_0}{x})$
多效蒸发 $W = W_1 + W_2 + \cdots + W_n$
能量衡算
$D = \frac{F(ct - c_0t_0) + Wr + Q_1}{R}$
多效蒸发 $\eta = 0.96 \sim 0.98$
$D_i = W_{i-1}$
求：F、W、x
求：D
计算传热面积A
传热速率方程 $Q = DR = KA\Delta t_m$
蒸发器的特点与类型
特点：传热系数大
能量消耗大
管内存在两相流动
类型：
循环型
中央循环管式
悬筐式
外热式
列文式
单程型
升膜式
降膜式
升降膜式
传热温差 $\Delta t_m = T_s - t$
温差损失 $\Delta = \Delta' + \Delta'' + \Delta'''$
溶液沸点升高 Δ'
杜林规则
液柱静压头温差损失 Δ''
管路阻力温差损失 Δ'''
强化措施
高温加热蒸汽
真空蒸发

四、习题解答

【例5-1】　某常压蒸发器，每小时处理1.4 t浓度为9 %的水溶液，使之浓缩至32 %(质量)，料液温度为18 ℃，蒸发器内溶液的沸点为105 ℃，稀溶液的比热为0.91 kJ·kg^{-1}·K^{-1}，现消耗2标准大气压绝对压强的加热蒸汽1300 kg·h^{-1}，求：(1)蒸发量；(2)热损失。

解　(1)蒸发量 W

$$W = F\left(1 - \frac{x_0}{x}\right) = 1.4 \times 10^3 \times \left(1 - \frac{9}{32}\right) = 1.01 \times 10^3 \text{ kg} \cdot \text{h}^{-1}$$

(2)热损失 Q_1

由热量衡算式可得：

$$Q_1 = DR - Wr - Fc_0(t - t_0)$$

查《化工原理》第四版上册附录八：常压下水的汽化潜热　$r = 2260.6$ kJ·kg^{-1}

2标准大气压下水的汽化潜热　$R = 2206.5$ kJ·kg^{-1}

$$Q_1 = 1300 \times 2206.5 - 1.01 \times 10^3 \times 2260.6 - 1.4 \times 10^3 \times 0.91 \times (105 - 18)$$
$$= 4.74 \times 10^5 \text{ kJ} \cdot \text{kg}^{-1}$$

【例5-2】　一蒸发器每小时需将2 t NaOH水溶液由15 %浓缩至25 %。已知加热蒸汽压力为392 kPa(绝)，蒸发压力为101.3 kPa(绝)，溶液沸点为113 ℃。试利用焓浓图计算以下3种进料情况下所需的加热蒸汽消耗量和单位蒸汽消耗量 D/W，忽略热损失：(1)料液于20 ℃加入；(2)沸点进料；(3)料液于130 ℃下进料。

解　水分蒸发量　$W = F\left(1 - \frac{x_0}{x}\right) = 2 \times 10^3 \times \left(1 - \frac{15}{25}\right) = 800$ kg·h^{-1}

392 kPa(绝)加热蒸汽的潜热 $R = 2140$ kJ·kg^{-1}；常压下二次蒸汽的汽化潜热 $r = 2258.4$ kJ·kg^{-1}；由《化工原理》第四版上册p222图7-3查得25 %及113 ℃完成液的热焓 $h = 410$ kJ·kg^{-1}。

(1)由《化工原理》第四版上册p222图7-3查得15 %及20 ℃下料液的热焓 $h_0 = 65$ kJ·kg^{-1}

$$D = \frac{2 \times 10^3 \times (410 - 65) + 800 \times 2258.4}{2140} = 1167 \text{ kg} \cdot \text{h}^{-1}$$

$$\frac{D}{W} = \frac{1167}{800} = 1.46$$

(2)15 %及沸点113 ℃下料液热焓425 kJ·kg^{-1}

$$D = \frac{2 \times 10^3 \times (410 - 425) + 800 \times 2258.4}{2140} = 830 \text{ kg} \cdot \text{h}^{-1}$$

$$\frac{D}{W} = \frac{830}{800} = 1.04$$

(3)15 %及沸点 130 ℃下料液热焓 485 kJ · kg⁻¹

$$D = \frac{2 \times 10^3 \times (410 - 485) + 800 \times 2258.4}{2140} = 774 \text{ kg} \cdot \text{h}^{-1}$$

$$\frac{D}{W} = \frac{774}{800} = 0.968$$

【例 5-3】 用一单效蒸发器将 2000 kg · h^{-1}的 NaOH 水溶液由 15% 浓缩到 30%(均为质量分数)。已知加热蒸汽压力为 362 kPa(绝压),蒸发室内压力为常压(101.3 kPa),溶液沸点为 118 ℃,比热容为 3.6 kJ · kg^{-1} · K^{-1},热损失计为 15 kW,试计算下列情况下所需加热蒸汽消耗量和单位蒸汽消耗量:(1)进料温度为 20 ℃;(2)沸点进料。

解 (1)进料温度为 20 ℃,水分蒸发量

$$W = F\left(1 - \frac{x_0}{x}\right) = 2000 \times \left(1 - \frac{0.15}{0.30}\right) = 1000 \text{ kg} \cdot \text{h}^{-1}$$

加热蒸汽消耗量 D_1

查饱和水蒸气表,得压力为 362 kPa 和常压下水的汽化潜热分别为:

$$R = 2149 \text{ kJ} \cdot \text{kg}^{-1} \qquad r = 2258 \text{ kJ} \cdot \text{kg}^{-1}$$

$$D_1 = \frac{Fc_0(t - t_0) + Wr + Q_l}{R}$$

$$= \frac{2000 \times 3.6 \times (118 - 20) + 1000 \times 2258 + 15 \times 3600}{2149}$$

$$= 1404 \text{ kg} \cdot \text{h}^{-1}$$

单位蒸汽消耗量

$$\frac{D_1}{W} = \frac{1404}{1000} = 1.40$$

(2)沸点进料,加热蒸汽消耗量 D_2

$$D_2 = \frac{Wr + Q_1}{r} = \frac{1000 \times 2258 + 15 \times 3600}{2149} = 1076 \text{ kg} \cdot \text{h}^{-1}$$

单位蒸汽消耗量

$$\frac{D_2}{W} = \frac{1076}{1000} = 1.08$$

讨论:由本例计算结果可以看出,原料液的温度越高,加热蒸汽的消耗量越小,单位蒸汽消耗量越少。

【例 5-4】 一常压蒸发器,每小时处理 2.7 t 浓度为 7 %(质量)的水溶液,溶液的沸点为 103 ℃,加料温度为 15 ℃,加热蒸汽的表压为 196.2 kPa,蒸发器的传热面积为 50 m^2,传热系数为 3350 kJ · m^{-2} · K^{-1} · h^{-1}。求:(1)溶液的最终浓度;(2)加热蒸汽消耗量。

解 (1)溶液的最终浓度 x

$$x = \frac{Fx_0}{F - W}$$

水分蒸发量可通过热量衡算式求取。略去热损失：

$$Q = DR = Wr + Fc_0(t_1 - t_0) = K\Delta At_m$$

$$c_0 = (1 - x)c_{H_2O} = (1 - 0.07) \times 4.187 = 3.89\ kJ \cdot kg^{-1} \cdot K^{-1}$$

查附录：常压下水的汽化潜热 $r = 2260.6\ kJ \cdot kg^{-1}$

2 标准大气压下水蒸气饱和温度：132.9 ℃，水的汽化潜热：$R = 2206.5\ kJ \cdot kg^{-1}$

$$W = \frac{K\Delta At_m - F c_0(t_1 - t_0)}{r}$$

$$= \frac{3350 \times 50 \times (132.9 - 103) - 2.7 \times 10^3 \times 3.89 \times (103 - 15)}{2260.6}$$

$$= 1810\ kg \cdot h^{-1}$$

$$x_n = \frac{2.7 \times 10^3 \times 0.07 \times 100\%}{2.7 \times 10^3 - 1810} = 21.2\%$$

（2）加热蒸汽消耗量 D

$$D = \frac{K\Delta At_m}{R} = \frac{3350 \times 50 \times (132.9 - 103)}{2206.5} = 2270\ kg \cdot h^{-1}$$

【例 5-5】 在单效蒸发器内，将每小时 2500 kg 的水溶液从 10 % 浓缩至 50 %（均为质量分率）。加热蒸汽的绝压为 196.2 kPa，冷凝器的真空度为 625 mmHg（1 mmHg = 0.133 kPa）。已知料液温度为 31 ℃，比热为 3.77 $kJ \cdot kg^{-1} \cdot K^{-1}$，沸点升高 7 ℃，冷凝液排出温度为加热蒸汽的饱和温度，传热系数为 2908 $W \cdot m^{-2} \cdot K^{-1}$，忽略热损失。试求：（1）加热蒸汽消耗量；（2）蒸发器的加热面积。（设外界大气压强为 760 mmHg；查得 760 − 625 = 135 mmHg 下，水蒸气的汽化潜热 $r = 2361\ kJ \cdot kg^{-1}$，饱和温度 $T = 57.6$ ℃；196.2 kPa 下，水蒸气的汽化潜热 $R = 2206\ kJ \cdot kg^{-1}$，饱和温度 $T_s = 119.6$ ℃）。

解 （1）加热蒸汽消耗量 D

当忽略热损失时，$D = \dfrac{Fc(t - t_0) + Wr}{R}$

由蒸发过程物料衡算，得

水分蒸发量 $W = F\left(1 - \dfrac{x_0}{x}\right) = 2500 \times \left(1 - \dfrac{10}{50}\right) = 2000\ kg \cdot h^{-1}$

溶液的沸点温度 $t = T + 7 = 57.6 + 7 = 64.6$ ℃

$$D = \frac{Fc(t - t_0) + Wr}{R}$$

$$= \frac{2500 \times 3.77 \times (64.6 - 31) + 2000 \times 2361}{2206}$$

$$= 2284\ kg \cdot h^{-1}$$

（2）蒸发器的加热面积 A

由传热速率方程 $Q = DR = KA\Delta t_m$，得

$$A = \frac{DR}{K\Delta t_m} = \frac{2284 \times 2206 \times 1000}{2908 \times (119.6 - 64.6) \times 3600} = 31.5\text{m}^2$$

【例 5-6】 用一传热面积为 10 m^3的蒸发器将某溶液由 15 %浓缩至 40 %，沸点进料，要求每小时蒸得 375 kg 浓缩液。已知蒸发器的传热系数为 800 $W \cdot m^{-2} \cdot K^{-1}$，蒸发压力为 19.6 kPa(绝)，此操作条件下的温差损失可取为 8 ℃。若溶液浓度对其比热容的影响及热损失可忽略不计，试问加热蒸汽压力至少应多大才能满足生产要求？

解 根据生产要求，$F - W = 375\ kg \cdot h^{-1}$

水分蒸发量 $W = F\left(1 - \frac{0.15}{0.4}\right) = 0.625\ F$

可解得 $W = 625\ kg \cdot h^{-1}$

传热量(沸点进料) $Q \approx Wr = 625 \times 2356 = 1.473 \times 10^6\ kJ \cdot h^{-1}$

或 $Q = 1.473 \times 10^6 \times \frac{10^3}{3600} = 4.09 \times 10^5\ W$

式中，r 为水在 19.6 kPa (绝)下的汽化潜热，其沸点 $t_0 = 59.7$ ℃。

溶液沸点 $t = t_0 + \Delta = 59.7 + 8 = 67.7℃$

所需传热温差为 $T_s - t = \frac{Q}{KA} = \frac{4.09 \times 10^5}{800 \times 10} = 51.1$ ℃

故 $T_s = 51.1 + 67.7 = 118.8$ ℃

查《化工原理》第四版上册(谭天恩主编)附录八查得 $p_s = 191$ kPa (绝)。

【例 5-7】 用一个单效蒸发器将 1000 $kg \cdot h^{-1}$的 NaCl 水溶液由 5 %(质量浓度，下同)浓缩至 30 %，蒸发压力为 19.6 $kN \cdot m^{-2}$(绝压)，蒸发器内溶液沸点为 75 ℃，加热蒸汽压力为 118 $kN \cdot m^{-2}$(绝压)。已知进料温度为 30 ℃，氯化钠的比热容为 $0.95 \times 10^3\ J \cdot kg^{-1} \cdot K^{-1}$，蒸发器的传热系数为 1500 $W \cdot m^{-2} \cdot K^{-1}$。若不计热损失及浓缩热，试求加热蒸汽消耗量及蒸发器的传热面积。

解 蒸发器内溶液的蒸发量可通过物料衡算得

$$W = F\left(1 - \frac{x_0}{x}\right) = 1000 \times \left(1 - \frac{5}{30}\right) = 833.3\ kg \cdot h^{-1}$$

浓缩液量 $L = F - W = 1000 - 833.3 = 166.7\ kg \cdot h^{-1}$

对于 118 $kN \cdot m^{-2}$(绝压)的加热蒸汽，其饱和温度和汽化潜热分别为

$$T = 104.2\ ℃$$

$$R = 2247\ kJ \cdot kg^{-1}$$

对于 19.6 $kN \cdot m^{-2}$(绝压)的蒸汽，其汽化潜热

$$r = 2356\ kJ \cdot kg^{-1}$$

5% NaCl 水溶液的比热容

$$c_0 = 0.95 \times 10^3 \times 5\% + 4.187 \times 10^3 \times 95\% = 4.03 \times 10^3\ J \cdot kg^{-1} \cdot K^{-1}$$

30%氯化钠水溶液的比热容

$$c_1 = 0.95 \times 10^3 \times 30\% + 4.187 \times 10^3 \times 70\% = 3.22 \times 10^3\ J \cdot kg^{-1} \cdot K^{-1}$$

加热蒸汽消耗量 D 可通过热量衡算得

$$D = \frac{F(c_1t_1 - c_0t_0) + Wr}{R}$$

$$= \frac{1000 \times (3.22 \times 75 - 4.03 \times 30) + 833.3 \times 2356}{2247}$$

$$= 927 \text{ kg} \cdot \text{h}^{-1}$$

从传热面积 $A = \dfrac{Dr}{K(T - t_1)} = \dfrac{2247 \times 1000 \times \frac{927}{3600}}{1500 \times (104.2 - 75)} = 13.2 \text{ m}^2$

【例 5-8】 需要将 350 kg · h^{-1}的某溶液从 15 %浓缩至 35 %(质量%),现有一个传热面积为 10 m^{2}的小型蒸发器可供利用,冷凝器可维持 190 mmHg(1 mmHg =0.133 kPa)的真空度,估计操作条件下的温度差损失为 8 ℃,总传热系数可达 930 W · m^{-2} · K^{-1},若溶液在沸点下进料,试求加热蒸汽压强至少应为多少才能满足需要。

解 (1)水分蒸发量 W

$$W = F\left(1 - \frac{x_0}{x}\right) = 350 \times (1 - \frac{15}{35}) = 200 \text{ kg} \cdot \text{h}^{-1}$$

(2)传热量 Q

略去热损失值,则:$Q = Wr$

在 760 − 590 = 170 mmHg 下蒸发水分,其饱和温度为 62.7 ℃,

汽化热 $r = 2160.5 \text{ kJ} \cdot \text{kg}^{-1}$

$$Q = 200 \times 2160.5 = 4.32 \times 10^5 \text{ kJ} \cdot \text{h}^{-1}$$

(3)加热蒸汽温度 T_S

$$\Delta t = T_S - t = \frac{Q}{KA} = \frac{4.32 \times 10^5}{930 \times 3600} = 13 \text{ ℃}$$

$$T_S = 13 + t = 13 + (62.7 + 8) = 83.7\text{℃}$$

查饱和水蒸气表,与 T_S相对应的压强为 55 kPa,此压强理论上可满足生产要求,但实际生产中操作压强要比该值大。

【例 5-9】 某蒸发器蒸发蔗糖水溶液,测得其试验结果如下:加热面积 A = 97.5 m^2;蒸发器内溶液的平均浓度 x = 50%,密度为 1.22 × 10^3 kg · m^{-3};加热蒸汽压强为 1.5 标准大气压;蒸发室的真空度为 610 mmHg(1 mmHg = 0.133 kPa);液面高度为 2.8 m;实验时间 4.18 h;料液已预热至沸点进入蒸发器。试求传热系数 K(蒸发水分量为 24680 kg)。假定:(1)热损失可忽略;(2)该浓糖浆在常压下的沸点升高值 Δ = 1.52 ℃。

解 根据传热速率方程 $Q = KA\Delta t$

因料液预热至沸点进料,所以 $Q = Wr$

蒸发室在真空度 610 mmHg 下,水的饱和温度及汽化热,查《化工原理》第四版上册(谭天恩主编)附录八为:

$$T_k = 60.1 \text{ ℃}, r = 2355.2 \text{ kJ} \cdot \text{kg}^{-1}$$

加热蒸汽在 1.5 标准大气压下的 T_S = 110.7 ℃

(1)溶液的沸点升高值Δ

$\Delta=\Delta a\cdot f$ 式中 Δa 为常压下的沸点升高值，f 为校正系数，

$$f=0.00387\frac{T^2}{r}$$

式中：T——某压强下水的沸点，K；

r——某压强下水的汽化热。

则 $$\Delta=\frac{1.52\times 0.00387\times(273+60.1)^2}{562.5}=1.16\ ℃$$

(2)附加液柱静压导致的沸点升高值Δ′

液层的平均压强

$$p=\frac{\rho gh}{2}=\frac{1.22\times 10^3\times 9.81\times 2.8}{2}=1.676\times 10^4\ \text{Pa}$$

溶液所受的平均压强

$$p'=(760-610)\times 133.3+1.676\times 10^4=3.676\times 10^4\ \text{Pa}$$

查该压强下饱和水蒸气温度为73.7 ℃

$$\Delta'=73.7-60.1=13.6\ ℃$$

(3)有效温差Δt

$$\Delta t=(110.7-60.1)-1.16-13.6=35.8\ ℃$$

(4)传热系数K

$$K=\frac{\theta}{A\Delta t}=\frac{24680\times 2355.2}{4.18\times 97.5\times 35.8}$$
$$=3984\ \text{kJ}\cdot\text{m}^{-2}\cdot\text{h}^{-1}\cdot\text{K}^{-1}$$
$$=1106\ \text{W}\cdot\text{m}^{-2}\cdot\text{K}^{-1}$$

五、思考题

【例5-10】 并流加料的多效蒸发装置中，一般多效的总传热系数逐渐减小，而蒸发量却逐效略有增加，试分析原因。

答 并流加料的多效蒸发装置中，随着效数的递增，压强下降，导致溶液沸点降低，其黏度则上升，使循环困难，传热系数减小，但溶液从前一效进入次效则呈过热状态，其温度下降提供的显热可多效蒸发一些水分，所以蒸发量略有增加，另一方面，浓度的上升，黏度的增大，易导致结垢速度加快，使垢阻增大，传热系数减少。

【例5-11】 试简略分析溶液的哪些性质对确定多效蒸发的效数有影响。

答 多效蒸发的效数是有限度的，其中一个主要原因是每效的有效温度不小于5～7 ℃，而总温度差一般是比较固定的，因而有效温差决定了每效的温差损失，效数越多，温差损失越大，每效的温差损失由溶液的沸点升高值及其附加液柱静压强决定。那么溶质本身是否是电解质，水分子呈物质抑或外电解质，大分子物质是有区别的，前者沸点升高值大，蒸发效数更受限制，后者效数相对地讲

可以多一些，由于流体柱造成的静压强也会引起溶液沸点的升高，溶液的密度也会有影响；此外，溶液的黏度在温度低时，对液体循环造成障碍，会使传热系数下降。溶液的这些性质(比热的影响可以予以忽略)，对确定多效蒸发效数有影响。

【例 5-12】 多效蒸发中，多效的有效温度差或压强的分配为什么可以自动调整而不使用阀门控制?

答 自动调整主要原因如下:

(1)当冷凝器真空度突然下降，即末效压强升高，引起有效温差下降，使传热系数降低，迫使前一效送末效加热的二次蒸汽冷凝量减少，其积累的结果导致前一效压强升高，依此类推，便自动调整。

(2)K值的影响，单根水平管上的冷凝，$\alpha_1 = 0.725\left(\frac{g\rho^2\lambda^3 r}{d_0\mu\Delta t}\right)^{\frac{1}{4}}$；垂直管上冷凝，$\alpha_1 = 1.13\left(\frac{g\rho^2\lambda^3 r}{H\mu\Delta t}\right)^{\frac{3}{4}}$。当壁温升高时，$\Delta t$下降，$\mu$下降，可使$\alpha_1$升高。而液体沸腾属于自然循环使，$\alpha_2 = A^3\Delta t^{\frac{1}{2}}$或$\alpha_2 = \beta^3\left(\frac{\Delta t}{\lambda}\right)^{\frac{1}{2}}$，$\Delta t = t_{壁} - t$，$t$增大$> t_{壁}$增加，$\Delta t$下降，$\alpha_2$下降，蒸发时，$K$的主导作用是$\alpha_2$，结果$K$变小，使传热量下降，同(1)类，亦主动调整。

【例 5-13】 试分析正常操作下的多效蒸发，蒸发量突然下降的原因。

答 本来正常操作的蒸发量突然下降，其主要原因是末效相连的冷凝器冷凝能力不足，真空度下降及供汽不足。多数问题出在前者，它可能是:(1)真空汞的真空度不够；(2)不凝性气体漏入系统；(3)冷却水量下降或冷却水温度升高；(4)冷凝水未及时排除。针对上述问题予以解救，即可恢复正常操作。

【例 5-14】 生产上有一双效蒸发器，若要使其生产能力提高 1 倍，如何实现?

答 多效蒸发器的特点是只节约加热蒸汽量而不增加水分增加量，所以可简单地把双效分成 2 个单效，这样使蒸发量提高 1 倍，随之蒸汽量也增加 1 倍，若采用强化的办法也可以增加生产能力，但不大可能使生产的能力提高 1 倍，且温差的加大，到一定值后，反而使泡鼓沸腾转化为膜状沸腾，从而使总传热系数降低。

【例 5-15】 多效蒸发中，“最后一效的操作压强是由后面的冷凝器的冷凝能力确定的”这种说法是否正确? 冷凝器后使用真空泵的目的是什么?

答 多效蒸发末效的压强是由真空泵性能、水的温度及冷凝器的冷凝能力三者共同确定的，单由冷凝器的冷凝能力确定的说法是不全面的，使用真空泵的目的是排除不凝性气体，产生真空度，有些真空汞不但能排除不凝性气体，也能抽吸水蒸气加以冷凝，如喷射汞等。

六、符号表

符号	符号说明	单位
A	传热面积	m^2
c	比热容	$kJ \cdot kg^{-1} \cdot K^{-1}$
D	加热蒸汽消耗量	$kg \cdot h^{-1}$
d	管径	m
E	额外蒸汽量	$kg \cdot h^{-1}$
F	进料量	$kg \cdot h^{-1}$
H_S	蒸汽的焓	$kJ \cdot kg^{-1}$
h	完成液的焓	$kJ \cdot kg^{-1}$
K	总传热系数	$W \cdot m^{-2} \cdot K^{-1}$
l	液面高度	m
L	溶液排出量	$kg \cdot h^{-1}$
p	压力	$Pa = N \cdot m^{-2}$
Q	热流量	W，kW
q	热通量	$W \cdot m^{-2}$
r	二次蒸汽潜热	$kJ \cdot kg^{-1}$
T_S	加热蒸汽温度，	℃
	饱和温度	℃
t	溶液沸点	℃
U	蒸发强度	$kg \cdot m^{-2} \cdot h^{-1}$
u	流速	$m \cdot s^{-1}$
W	蒸发量	$kg \cdot h^{-1}$
x	溶液的浓度	质量分数
a	给热系数	$W \cdot m^{-2} \cdot K^{-1}$
Δ	温差损失	℃
λ	热导率	$W \cdot m^{-1} \cdot K^{-1}$
μ	黏度	$Pa \cdot s$
ν	运动黏度	$m^2 \cdot s^{-1}$
ρ	密度	$kg \cdot m^{-3}$
σ	表面张力	$N \cdot m^{-1}$

第六章 吸 收

一、教学基本要求

本章主要涉及化工生产中的传质过程。通过学习，能够根据生产实际，合理地调节吸收塔的操作参数，并使之正常运行。

本章应掌握质量扩散原理、相组成表示方法，掌握吸收的基本理论、吸收塔的物料衡算、吸收塔计算；熟悉吸收发展的方向及如何强化吸收操作；了解质量、热量、动量传递间的联系以及传质的基本理论。主要内容包括以下几个方面：

- 单向扩散和等摩尔相互扩散速率方程及其应用；
- 气体吸收速率方程的表达形式、含义及其应用；
- 吸收塔的操作过程及物料衡算，吸收塔的填料层高度计算；
- 填料吸收塔操作参数的确定。

二、重点内容

(一)气相组成(即浓度)的表示方法及其换算

气相组成(或浓度)的表示方法见表6-1。表中下标“A”表示吸收质。顺便指出，在下面的讨论中以下标“B”表示惰性组分，下标“S”表示吸收剂。

表6-1 气相组成的表示方法(以吸收质的组成为例)

组 成	符 号	单 位
分压	p_A	Pa 或 kPa
摩尔分率	y_A	kmol 吸收质/kmol 混合气体
摩尔比	Y_A	kmol 吸收质/kmol 惰性组分

y_A、Y_A及p_A间的相互关系为：

$$Y_A = \frac{y_A}{1 - y_A} \tag{6-1}$$

$$y_A = \frac{Y_A}{1 + Y_A} \tag{6-1a}$$

当系统总压不超过500 kPa时，可按理想气体考虑，气体服从道尔顿分压定律，即：

$$p_A = P y_A \tag{6-2}$$

式中：P——系统总压，Pa 或 kPa。

将式(6-2)代入式(6-1)得：

$$Y_A = \frac{p_A}{P - p_A} \tag{6-3}$$

(二)液相组成的表示方法及其换算

液相组成表示方法见表 6-2。

表 6-2 液相组成的表示方法(以吸收质的组成为例)

组 成	符 号	单 位
摩尔分率	x_A	kmol 吸收质/kmol 溶液
摩尔比	X_A	kmol 吸收质/kmol 吸收剂
摩尔浓度	c_A	kmol 吸收质/m^3 惰性组分

x_A、X_A 及 c_A 间的相互关系为：

$$x_A = \frac{X_A}{1 + X_A} \tag{6-4}$$

$$X_A = \frac{x_A}{1 - x_A} \tag{6-4a}$$

$$c_A = \frac{\rho x_A}{M_A x_A + (1 - x_A) M_S} \tag{6-5}$$

$$x_A = \frac{c_A M_S}{\rho + c_A (M_S - M_A)} \tag{6-6}$$

式中：M_A、M_S——分别为吸收质 A 与吸收剂 S 的摩尔质量，$kg \cdot kmol^{-1}$；

ρ——溶液的密度，$kg \cdot m^{-3}$。

(三)吸收操作中的相平衡关系

1. 亨利定律

在总压不高(不超过 5×10^2 kPa)时，在恒定温度下稀溶液上方的气体溶质平衡分压与该溶质在液相中的浓度之间的关系为：

$$p^* = Ex \tag{6-7}$$

式中：p^*——溶质在气相中的平衡分压，Pa 或 kPa；

x——溶质在液相中的摩尔分率；

E——亨利系数，单位与压强单位一致。常见物系的亨利系数可从有关手册中查得。对于理想溶液，其平衡关系服从拉乌尔定律，即：

$$p_A = p^* x_A \tag{6-8}$$

式中：p^*——某温度下吸收质的饱和蒸气压，其值为亨利系数 E。

2. 亨利定律的其他表达方式

$$p_A = \frac{c_A}{H} \tag{6-9}$$

式中：H——溶解度系数，$kmol \cdot m^{-3} \cdot kPa^{-1}$。

$$y = mx_A \tag{6-10}$$

式中：m——相平衡常数，无因次。

$$Y_A = mX_A \tag{6-11}$$

应当指出，当溶液很稀，且系统总压小于或等于5×10^2 kPa时，对于一定物系和温度，上面诸式中，E、H、m均为常数。

3. 亨利定律中各系数间的关系

$$E = mP \tag{6-12}$$

$$H \approx \frac{\rho}{EM_S} \tag{6-13}$$

（四）分子扩散的传质速率方程式

1. 等摩尔相互扩散

气相内

$$N_A = \frac{D}{RTz}(p_{A1} - p_{A2}) \tag{6-14}$$

液相内

$$N_A = \frac{D}{z}(c_{A1} - c_{A2}) \tag{6-15}$$

式中：N_A——物质A的传质速率，$kmol \cdot m^{-2} \cdot s^{-1}$；

z——为1、2两截面之间的扩散距离，m；

D——物质A的分子扩散系数，$m^2 \cdot s^{-1}$；

p_{A1}、p_{A2}——分别为截面1与截面2处组分A的分压，kPa；

c_{A1}、c_{A2}——分别为截面1与截面2处组分A的摩尔浓度，$kmol \cdot m^{-3}$；

R——气体常数，其值为8.314 $kJ \cdot kmol^{-1} \cdot K^{-1}$。

2. 一组分通过另一单向扩散

气相内

$$N_A = \frac{D}{RTz}\frac{P}{p_{Bm}}(p_{A1} - p_{A2}) \tag{6-16}$$

液相内

$$N_A = \frac{D}{z}\frac{c}{c_{Sm}}(c_{A1} - c_{A2}) \tag{6-17}$$

式中：p_{Bm}——为1、2两截面上物质B分压的对数平均值，kPa，其计算式为：

$$p_{Bm} = \frac{p_{B2} - p_{B1}}{\ln\dfrac{p_{B2}}{p_{B1}}} \tag{6-18}$$

c——溶液的总摩尔浓度$c = c_A + c_S$，$kmol \cdot m^{-3}$；

c_{Sm}——为1、2两截面上溶剂S浓度的对数平均值，$kmol \cdot m^{-3}$，其计算式为：

$$c_{Sm}=\frac{c_{S2}-c_{S1}}{\ln\frac{c_{S2}}{c_{S1}}} \tag{6-19}$$

$\frac{P}{p_{Bm}}$、$\frac{c}{c_{Sm}}$——分别为气、液相主体流动引起的漂流因数，无因次。

(五)吸收速率方程式

1. 以分系数表示的吸收速率方程式

$$N_A=k_G(p_G-p_i) \tag{6-20}$$

$$N_A=k_L(c_i-c_L) \tag{6-21}$$

$$N_A=k_y(y-y_i) \tag{6-22}$$

$$N_A=k_x(x_i-x) \tag{6-23}$$

式中：k_G——以 Δp 为推动力的气膜吸收系数，又称吸收分系数，$kmol \cdot m^{-2} \cdot s^{-1} \cdot kPa^{-1}$；

k_L——以 Δc 为推动力的液膜吸收系数，又称吸收分系数，$m \cdot s^{-1}$；

k_y——以 Δy 为推动力的气膜吸收系数，又称吸收分系数，$kmol \cdot m^{-2} \cdot s^{-1}$；

k_x——以 Δx 为推动力的液膜吸收系数，又称吸收分系数，$kmol \cdot m^{-2} \cdot s^{-1}$。

2. 用总吸收系数表示的吸收速率方程式

$$N_A=K_G(p_G-p_L^*) \tag{6-24}$$

$$N_A=K_L(c_G^*-c_L) \tag{6-25}$$

$$N_A=K_y(y-y^*) \tag{6-26}$$

$$N_A=K_x(x^*-x) \tag{6-27}$$

3. 各种吸收系数之间的关系

(1)总系数与分系数之间的关系　当平衡关系符合亨利定律或在涉及的浓度范围内平衡关系为直线时，总吸收系数与分系数之间的关系为：

$$\frac{1}{K_G}=\frac{1}{k_G}+\frac{1}{Hk_L} \tag{6-28}$$

$$\frac{1}{K_L}=\frac{1}{k_L}+\frac{H}{k_G} \tag{6-29}$$

对于易溶气体　$K_G \approx k_G$

对于难溶气体　$K_L \approx k_L$

$$\frac{1}{K_y}=\frac{1}{k_y}+\frac{m}{k_x} \tag{6-30}$$

$$\frac{1}{K_x}=\frac{1}{k_x}+\frac{1}{mk_y} \tag{6-31}$$

(2)各种分系数之间的关系　当系统总压小于或等于 5×10^2 kPa，且气液浓度很稀时

$$k_y=Pk_G \tag{6-32}$$

$$k_x = Ck_L \tag{6-33}$$

（六）吸收塔的操作线方程

$$G(y_b - y_a) = L(x_b - x_a) \tag{6-34}$$

式中：G——混合气体流率，kmol · m^{-2} · s^{-1}；

L——溶液流率，kmol · m^{-2} · s^{-1}；

x、y——分别为塔内任一截面处液相和气相的摩尔分率；

下标“b”——表示塔底；

下标“a”——表示塔顶。

（七）最小液气比和适宜液气比

$$\left(\frac{L}{G}\right)_{min} = \frac{y_b - y_a}{x_b^* - x_a} \tag{6-35}$$

若平衡关系服从亨利定律，$x_b^{\square} = \frac{y_b}{m}$；若平衡关系为曲线，可通过作图得到 x_b^*

$$\frac{L}{G} = (1.1 - 2.0)\left(\frac{L}{G}\right)_{min} \tag{6-36}$$

（八）填料吸收塔塔径

$$D = \sqrt{\frac{4V_s}{\pi u}} \tag{6-37}$$

式中：D——塔径，m；

V_s——操作条件下混合气体的体积流量，m^3 · s^{-1}；

u——混合气体的适宜空塔气速，m · s^{-1}。

（九）填料层高度

1. 基本公式

$$h_0 = H_{OG}N_{OG} \tag{6-38}$$

$$h_0 = H_{OL}N_{OL} \tag{6-39}$$

$$H_{OG} = \frac{G}{K_y a} \tag{6-40}$$

$$N_{OG} = \int_{y_a}^{y_b} \frac{dy}{y - y^*} \tag{6-41}$$

$$H_{OL} = \frac{L}{K_x a} \tag{6-42}$$

$$N_{OL} = \int_{x_a}^{x_b} \frac{dx}{x^* - x} \tag{6-43}$$

式中：H_{OG}、H_{OL}——分别为气相及液相总传质单元高度，m；

N_{OG}、N_{OL}——分别为气相及液相总传质单元数；

$K_y a$、$K_x a$——分别为气相及液相体积吸收总系数，kmol · m^{-3} · s^{-1}；

2. 总传质单元数的求法

（1）吸收因素法

$$N_{OG}=\frac{1}{1-S}\ln\left[(1-S)\frac{y_b-mx_a}{y_a-mx_a}+S\right] \tag{6-44}$$

$$S=\frac{mG}{L} \tag{6-45}$$

式中：S——脱吸因数，是平衡线斜率与操作线斜率的比值，无因次。

（2）对数平均推动力法

$$N_{OG}=\frac{y_b-y_a}{\Delta y_m} \tag{6-46}$$

$$\Delta y_m=\frac{(y_b-mx_b)-(y_a-mx_a)}{\ln\left(\dfrac{y_b-mx_b}{y_a-mx_a}\right)} \tag{6-47}$$

式中：Δy_m——塔顶和塔底的气相对数平均推动力。

三、知识点关联图

吸收应用

获得高浓度的吸收液

净化气体

降低吸收塔填料层高度

强化吸收操作

提高吸收推动力

*加强液（气）相湍动

*提高液气比

*降低吸收剂进吸收塔浓度

*提高解吸塔的解吸效果

*降低吸收温度

*提高吸收操作的压力

降低吸收阻力

*降低吸收温度

*提高吸收操作的压力

吸收传质系数间的关系

$$\frac{1}{K_G}=\frac{1}{k_G}+\frac{1}{Hk_L}\qquad K_G=HK_L$$

$$\frac{1}{K_L}=\frac{1}{k_L}+\frac{H}{k_G}\qquad K_x=mK_y$$

$$\frac{1}{K_y}=\frac{1}{k_y}+\frac{m}{k_x}\qquad K_y=PK_G$$

$$\frac{1}{K_x}=\frac{1}{k_x}+\frac{1}{mk_y}\qquad K_x=cK_L$$

$$k_y=Pk_G\qquad k_x=ck_L$$

亨利定律

$$p_A^*=Ex\qquad p_A^*=\frac{c_A}{H}$$

$$y^*=mx\qquad Y^*=mX$$

物料衡算 $G(y_b-y_a)=L(x_b-x_a)$

吸收率 $\eta=\dfrac{y_b-y_a}{y_b}$

操作线方程 $y=\dfrac{L}{G}x+y_a-\dfrac{L}{G}x_a$

最小液气比 $\left(\dfrac{L}{G}\right)_{min}=\dfrac{y_b-y_a}{x_b^*-x_a}$

操作液气比 $\dfrac{L}{G}=(1.1\sim2.0)\left(\dfrac{L}{G}\right)_{min}$

单向传质速率

$$N_A=\frac{DP}{RTz_Gp_{Bm}}(p_{A1}-p_{A2})$$

$$N_A=\frac{Dc}{z_Lc_{Sm}}(c_{A1}-c_{A2})$$

单向吸收速率方程

$$N_A=k_G(p_G-p_i)$$

$$N_A=k_L(c_i-c_L)$$

$$N_A=k_y(y-y_i)$$

$$N_A=k_x(x_i-x)$$

总吸收速率方程

$$N_A=K_G(p_G-p_L^*)$$

$$N_A=K_L(c_G^*-c_L)$$

$$N_A=K_y(y-y^*)$$

$$N_A=K_x(x^*-x)$$

双膜理论

$$N_A=k_G(p_G-p_L^*)$$

$$N_A=k_L(c_G^*-c_L)$$

$$N_A=k_y(y-y^*)$$

填料层高度计算方法

1. 传质单元数法

$$h_0=H_{OG}\cdot N_{OG}$$

传质单元高度 $H_{OG}=\dfrac{G}{K_ya\Omega}$

传质单元数 $N_{OG}=\displaystyle\int_{y_a}^{y_b}\frac{dy}{y-y^*}$

2. 平均推动力法

$$h_0=\frac{G}{K_ya\Omega}\frac{y_b-y_a}{\Delta y_m}$$

$$y_m=\frac{\Delta y_b-\Delta y_a}{\ln\dfrac{\Delta y_b}{\Delta y_a}}\qquad \Delta y_b=y_b-y_b^*\qquad \Delta y_a=y_a-y_a^*$$

3. 吸收因数法

$$h_0=\frac{G}{K_ya\Omega}\frac{1}{1-S}\ln(1-S)$$

塔径计算 $D=\sqrt{\dfrac{4V_S}{\pi u}}$

四、习题解答

【例6-1】 在温度25℃、在总压1.013×10^5 Pa，用水吸收空气中的氨(A)。气相主体含氨10%(摩尔分率，下同)。由于水中氨的浓度很低，其平衡分压可取为零。若氨在气相中的扩散阻力相当于2 mm厚的停滞气层，求吸收的传质通量N_A。若吸收在35℃下进行，其余不变，则结果如何？已知25℃时扩散系数$D=2.28\times10^{-5}\ m^2\cdot s^{-1}$。

解 本题属等截面单向扩散，根据$N_A=\dfrac{D}{RT(z_2-z_1)}\cdot\dfrac{P}{P_{Bm}}(p_{A1}-p_{A2})$。

25℃时，$z_2-z_1=0.002$ m，$D=2.28\times10^{-5}\ m^2\cdot s^{-1}$，$T=298$ K，$P=1.013\times10^5$ Pa

$p_{A1}=0.10\times1.013\times10^5=0.1013\times10^5$ Pa

$p_{B1}=(1-0.10)\times1.013\times10^5=0.9117\times10^5$ Pa

$p_{A2}=0$，$p_{B2}=1.013\times10^5$ Pa

$$p_{Bm}=\frac{p_{B2}-p_{B1}}{\ln\left(\dfrac{p_{B2}}{p_{B1}}\right)}=\frac{1.013\times10^5-0.9117\times10^5}{\ln\left(\dfrac{1.013\times10^5}{0.9117\times10^5}\right)}=0.9615\times10^5\ \text{Pa}$$

漂流因子 $\dfrac{P}{p_{Bm}}=\dfrac{1.013\times10^5}{0.9615\times10^5}=1.054$

$$N_A=\frac{D_{AB}}{RT(z_2-z_1)}\cdot\frac{P}{P_{Bm}}\cdot(p_{A1}-p_{A2})\tag{a}$$

$$N_A=\frac{2.28\times10^{-5}}{8314\times298\times0.002}\times1.054\times(0.1013\times10^5-0)=4.91\times10^{-5}\ \text{kmol}\cdot\text{m}^{-2}\cdot\text{s}^{-1}$$

若吸收在35℃下进行，由于$D_{AB}\propto T^{1.75}/P$，从而根据式(a)得$N_A\propto T^{0.75}$，所以

$$N'_A=N_A\cdot\left(\frac{T'}{T}\right)^{0.75}=4.91\times10^{-5}\times\left(\frac{308}{298}\right)^{0.75}=5.03\times10^{-5}\ \text{kmol}\cdot\text{m}^{-2}\cdot\text{s}^{-1}$$

【例6-2】 在20℃及101.3 kPa下CO_2与空气的混合物缓慢地沿Na_2CO_3溶液液面流过，空气不溶于Na_2CO_3溶液。CO_2透过厚1 mm的静止空气层扩散到Na_2CO_3溶液中。气体中CO_2的摩尔分数为0.2。在Na_2CO_3溶液面上，CO_2被迅速吸收，故相界面上CO_2的浓度极小，可忽略不计。CO_2在空气中20℃时的扩散系数D为$0.18\ cm^2\cdot s^{-1}$。问CO_2的扩散速率是多少？

解 此题属单方向扩散，扩散系数 $D=0.18\ cm^2\cdot s^{-1}=1.8\times10^{-5}\ m^2\cdot s^{-1}$，

扩散距离 $z=1$ mm $=0.001$ m，气相总压力$P=101.3$ kPa

气相主体中CO_2的分压力$p_{A1}=Py_{A1}=1.013\times0.2=20.26$ kPa

气液界面上CO_2的分压力$p_{A2}=0$

气相主体中空气(惰性气体)的分压力p_{B1}为

$p_{B1}=P-p_{A1}=101.3-20.26=81.04\ \text{kPa}$

气液界面上空气的分压力 $p_{B2}=101.3\ \text{kPa}$

空气在气相主体和界面上分压力的对数平均值为

$$p_{Bm}=\frac{p_{B2}-p_{B1}}{\ln\dfrac{p_{B2}}{p_{B1}}}=\frac{101.3-81.04}{\ln\dfrac{101.3}{81.04}}=90.8\ \text{kPa}$$

代入式 $N_A=\dfrac{D}{RTZ}\cdot\dfrac{\rho}{p_{Bm}}\cdot(p_{A1}-p_{A2})$，得

$$N_A=\frac{1.8\times10^{-5}}{8.314\times293\times0.001}\cdot\frac{101.3}{90.8}\cdot(20.26-0)=1.67\times10^{-4}\ \text{kmol}\cdot\text{m}^{-2}\cdot\text{s}^{-1}$$

故 CO_2 的扩散速率为 1.67 $\text{kmol}\cdot\text{m}^{-2}\cdot\text{s}^{-1}$。

【例 6-3】 一填料塔在常压、295 K 下操作，用水洗去含氨气体中的氨在塔内某处，氨在气相中的组成 $y_A=5\%$（摩尔分数），液相的平衡分压 $p^*=660$ Pa，传质通量 $N_A=10^{-4}\ \text{kmol}\cdot\text{m}^{-2}\cdot\text{s}^{-1}$，气相扩散系数 $D_G=0.24\ \text{cm}^2\cdot\text{s}^{-1}$，试求气膜的当量厚度。

解 在气相传质中 $p_{A1}=Py_A=101.3\times0.05=5.065\ \text{kPa}$，$p_{A2}=p^*=0.66\ \text{kPa}$

$$k_G=\frac{N_A}{p_{A1}-p_{A2}}=\frac{10^{-4}}{5.065-0.66}=2.27\times10^{-5}\ \text{kmol}\cdot\text{s}^{-1}\cdot\text{m}^{-2}\cdot\text{kPa}^{-1}$$

又 $p_{Bm}=\dfrac{(101.3-5.065)+(101.3-0.66)}{2}=98.5\ \text{kPa}$

$$\delta_G=\frac{D_G}{k_GRT}\cdot\frac{P}{p_{Bm}}=\frac{0.24\times10^{-4}}{2.27\times10^{-5}\times8.314\times295}\times\frac{101.3}{98.5}=0.000443\ \text{m}$$ 或 0.443 mm

【例 6-4】 某混合气体中含 3 %（体积分数）CO_2，其余为惰性组分，混合气体的温度为20℃，压强为 405 kPa，已知亨利常数 $E=1.44\times10^5$ kPa，试求：

(1)溶解度系数 H 和平衡常数 m；

(2)100 kg 水与该混合气体平衡时，水中溶有多少 CO_2？（取稀溶液密度 $\rho=1000\ \text{kg}\cdot\text{m}^{-3}$）

解 (1) $H\approx\dfrac{\rho}{E\times M_s}=\dfrac{1000}{1.44\times10^5\times18}=3.85\times10^{-4}\ \text{kmol}\cdot\text{m}^{-3}\cdot\text{kPa}^{-1}$

$$m=\frac{E}{P}=\frac{1.44\times10^5}{405}=356$$

(2) CO_2 的分压为 $405\times3\%=12.15\ \text{kPa}$

$c^*=Hp=3.85\times10^{-4}\times12.15=4.68\times10^{-3}\ \text{kmol}\cdot\text{m}^{-3}$

设 100 g 水中溶有 a g CO_2，则

$$c^*=\frac{a\times10^{-3}}{44\times(a+100)\times10^{-3}\times10^3}$$

即 $4.68\times10^{-3}=\dfrac{10^3a}{44\times(a+100)}$

解得　$a = 0.0206\ \text{g}$

即 100 kg 水中溶有 0.0206 gCO_2

【例 6-5】 在一填料吸收塔中，用水吸收混合气中的氢气。已知操作压强为 101 kPa，温度为 30℃，试写出用不同相组成表示的平衡关系式。

解　查 30℃下，氢气的亨利系数 $E = 7.39\times10^{6}$ kPa

因氢气的溶解度很小，则 $H\approx\dfrac{\rho}{EM_s}=\dfrac{1000}{7.39\times10^{6}\times18}=7.5\times10^{6}\ \text{kmol}\cdot\text{m}^{-3}\cdot\text{kPa}^{-1}$

又 $m=\dfrac{E}{p}=\dfrac{7.39\times10^{6}}{101}=7.32\times10^{4}$

故 $p^{*}=\dfrac{c}{H}=\dfrac{c}{7.5\times10^{-6}}\times10^{3}=1.33\times10^{8}c$，$y^{*}=mx=7.32\times10^{4}x$

$$p^{*}=Ex=7.39\times10^{6}x$$

【例 6-6】 试估计 101 kPa 下 30℃乙醇蒸气在空气中的扩散系数。

解　由 Madwell-Gilliand law 估算：

$$D=\frac{4.3\times10^{-3}T^{\frac{3}{2}}\cdot\left(\dfrac{1}{M_A}+\dfrac{1}{M_B}\right)^{\frac{1}{2}}}{P\cdot(V_A^{\frac{1}{3}}+V_B^{\frac{1}{3}})^2}$$

式中：$T=273+30=303$ K；

M_A——乙醇相对分子质量，$M_A=46$；

M_B——空气相对分子质量，$M_B=29$；

P——总压，$P\approx1$ atm；

V_A——乙醇的分子体积，$V_A=2\times14.8+6\times3.7+7.4=59.2\ \text{cm}^3\cdot\text{mol}^{-1}$；

V_B——空气的分子体积，$V_B=29.9\ \text{cm}^3\cdot\text{mol}^{-1}$。

$$D=\frac{4.3\times10^{-3}\times303^{\frac{3}{2}}\times\left(\dfrac{1}{46}+\dfrac{1}{29}\right)^{\frac{1}{2}}}{1\times(59.2^{\frac{1}{3}}+29.9^{\frac{1}{3}})^2}=0.1097\ \text{cm}\cdot\text{s}^{-1}$$

【例 6-7】 柏油马路上积水 2 mm，水温 20℃，水面上有一层 0.2 mm 厚的静止空气层，水通过此气层扩散进入大气。大气中的水汽分压为 10 mmHg，扩散系数为 $2.52\times10^{-5}\ \text{m}^2\cdot\text{s}^{-1}$。问多少时间后路面上的积水可被吹干？

解　水汽通过静止空气层的传递速率 $N_A=\dfrac{D}{RTz}\cdot\dfrac{P}{p_{Bm}}\cdot(p_{A1}-p_{B2})$

式中，$D=2.52\times10^{-5}\ \text{m}^2\cdot\text{s}^{-1}$，$p=760$ mmHg，$T=273+20=293$ K，
$R=8.314\ \text{kJ}\cdot\text{kmol}^{-1}\cdot\text{K}^{-1}$，$z=0.0002$ m，p_{A1} = 水在 20℃时的饱和蒸汽压，

$p_{A1}=17.54$ mmHg，$p_{AZ}=10$ mmHg，

p_{Bm} = 水面与气膜界面空气分压的时数平均值。

$$p_{Bm}=\frac{(760-10)-(760-17.54)}{\ln\dfrac{760-10}{760-17.54}}=746.5\ \text{mmHg}$$

$$N_A=\frac{2.52\times10^{-5}}{8.314\times293\times0.0002}\times\frac{760}{746.5}\times(17.54-10)\times\frac{101.3}{760}=5.3\times10^{-5}\ \text{kmol}\cdot\text{m}^{-2}\cdot\text{s}^{-1}$$

每平方米路面积水数量 $=1\times0.002\times10^3=2\ \text{kg}$

故吹干路面所需时间 $\theta=\dfrac{2}{5.3\times10^{-5}\times18}=2096.4\ \text{s}=0.58\ \text{h}$

【例 6-8】 在填料塔中用水吸收气体中所含的丙酮蒸气，操作温度 25℃，压力 1.01×10^5 Pa，若已知气膜吸收系数为 $3.4\times10^{-9}\ \text{kmol}\cdot\text{m}^{-2}\cdot\text{s}^{-1}\cdot\text{Pa}^{-1}$，液膜吸收系数为 $1.5\times10^{-4}\ \text{m}\cdot\text{s}^{-1}$，平衡关系服从亨利定律，亨利系数为 3.2 MPa，求：传质系数 K_G，K_L，K_y，K_x 和气相阻力在总阻力中所占的比例。

解 溶解度系数 $H=\dfrac{\rho}{EM_s}=\dfrac{1000}{3.2\times10^6\times18}=1.74\times10^{-5}\ \text{kmol}\cdot\text{m}^{-3}\cdot\text{kPa}^{-1}$

分配系数 $m=\dfrac{E}{P}=\dfrac{3.2\times10^6}{1.013\times10^5}=31.6$

$$K_G=\frac{1}{\dfrac{1}{k_G}+\dfrac{1}{Hk_L}}=\frac{1}{\dfrac{1}{3.4\times10^{-9}}+\dfrac{1}{1.74\times10^{-5}\times1.5\times10^{-4}}}=1.47\times10^{-9}\ \text{kmol}\cdot\text{m}^{-2}\cdot\text{s}^{-1}\cdot\text{Pa}^{-1}$$

$$K_L=\frac{1}{\dfrac{H}{k_G}+\dfrac{1}{k_L}}=\frac{1}{\dfrac{1.74\times10^{-5}}{3.4\times10^{-9}}+\dfrac{1}{1.5\times10^{-4}}}=8.5\times10^{-5}\ \text{m}\cdot\text{s}^{-1}$$

当总压为 1.013×10^5 Pa 时，吸收质在气相中的浓度很低的情况下：

$$K_y=K_GP=1.47\times10^{-9}\times1.013\times10^5=1.49\times10^{-4}\ \text{kmol}\cdot\text{m}^{-2}\cdot\text{s}^{-1}$$

当吸收质在液相中的浓度很小时

$$K_x=K_Lc=8.5\times10^{-5}\times\frac{1000}{18}=4.72\times10^{-3}\ \text{kmol}\cdot\text{m}^{-2}\cdot\text{s}^{-1}$$

气膜阻力在总阻力中所占的比例为：

$$\frac{\dfrac{1}{k_G}}{\dfrac{1}{K_G}}=\frac{1.47\times10^{-9}}{3.4\times10^{-9}}=43.24\%$$

【例 6-9】 操作的填料吸收塔中，用纯溶剂吸收混合气体中溶质组分。已知惰性气体(空气)质量流量为 5800 $\text{kg}\cdot\text{m}^{-2}\cdot\text{h}^{-1}$，气相总传质单元高度 $H_{OG}=0.5$ m，当操作压强为 110 kPa 时，该物系的相平衡常数 $m=0$，试求：

(1)气体体积吸收系数 k_Ga；

(2)当吸收率由 90% 提高到 99%，填料层高度如何变化？

解 气相总传质单元高度知 $H_{OG}=\dfrac{G}{K_ya}=0.5$

其中 $G=\dfrac{5800}{3600\times29}=0.0556\ \text{kmol}\cdot\text{m}^{-2}\cdot\text{s}^{-1}$

则 $K_ya=\dfrac{0.0556}{0.5}=0.111\ \text{kmol}\cdot\text{m}^{-2}\cdot\text{s}^{-1}$

且　$K_Ga=\dfrac{K_ya}{\rho}=\dfrac{0.111}{110}=0.00101\ \text{kmol}\cdot\text{s}^{-1}\text{m}^{-3}\text{kPa}^{-1}$

由吸收总阻力和分阻力关系得　$\dfrac{1}{k_Ga}=\dfrac{1}{K_Ga}-\dfrac{1}{k_La\cdot H}$

因 $m=0$，故 $H=\infty$，由上式可得　$k_Ga\approx K_Ga=0.0010\ \text{kmol}\cdot\text{s}^{-1}\cdot\text{m}^{-3}\cdot\text{kPa}^{-1}$

又　$m=0$，故

原工况（即 $\eta=90\%$）下气相总传质单元数为：

$$N_{OG}=\frac{y_b-y_a}{\dfrac{y_b-y_a}{\ln\left(\dfrac{y_b}{y_a}\right)}}=\ln\frac{y_1}{y_2}=\ln\frac{1}{1-\eta}=\ln\frac{1}{1-0.9}=2.303$$

新工况（即 $\eta=99\%$）下气相总传质单元数为：

$$N_{OG}=\ln\frac{1}{1-\eta'}=\ln\frac{1}{1-0.99}=4.605$$

两种情况下气相总传质单元高度不变。则填料层高度：

$$\frac{H'}{H}=\frac{N_{OG}'}{N_{OG}}=\frac{4.605}{2.303}=2$$

即吸收率由90%提高到99%后，填料层高度应增加1倍。

【例6-10】 逆流吸收空气混合物中某可溶组分，已知某填料吸收塔直径为1 m，填料层高度为4 m。该可溶组分进口组成为8%，出口为1%（均为摩尔分率），混合气流率为30 $\text{kmol}\cdot\text{h}^{-1}$，操作液气比为2，相平衡关系为 $y=2x$。试求：

（1）气相总体积传质系数 K_ya；

（2）塔高为2 m处的气液相组成。

解　（1）根据题意，得单位塔截面上混合气体的流率

$$G=\frac{30}{4\pi d^2}=38.22\ \text{kmol}\cdot\text{m}^{-2}\cdot\text{h}^{-1},\quad \frac{1}{A}=\frac{m}{L/G}=\frac{2}{2}=1$$

所以，操作线与平衡线平行，即推动力处处相等

$$\Delta y_m=y_a-mx_a=y_a$$

总传质单元数　$N_{OG}=\dfrac{y_b-y_a}{\Delta y_m}=\dfrac{y_b}{y_a}-1=\dfrac{8\%}{1\%}-1=7$

由填料吸收塔的填料层高度　$h_0=N_{OG}\cdot H_{OG}$，得

填料层单元高度　$H_{OG}=\dfrac{h_0}{N_{OG}}=\dfrac{4}{7}=0.571\ \text{m}$

所以，气相总体积传质系数　$K_ya=\dfrac{G}{H_{OG}}=\dfrac{38.22}{0.571}=66.9\ \text{kmol}\cdot\text{m}^{-3}\cdot\text{h}^{-1}$

（2）2 m塔高所对应的传质单元数为　$N_{OG}'=\dfrac{2}{H_{OG}}=\dfrac{2}{0.571}=3.50$

设2 m塔高处气、液相摩尔分率分别为 y，x，则

$$N_{OG}'=\frac{y_b-y}{\Delta y_m}=\frac{y_b-y}{y_a-mx_a}=\frac{0.08-y}{0.01}=3.50$$

解得　$y=0.045$

由 2 m 塔高处截面与塔顶截面列物料衡算，可知

$$y_a-y=\frac{L}{G}(x_a-x)$$

则　$x=x_a+\frac{G}{L}(y-y_a)=0.5\times(0.045-0.01)=0.0175$

【例 6-11】 吸收塔，用清水除去气体混合物中的有害物质，若进塔气体中含有害物质5%(体积分数)，要求吸收率为90%，气体流率为 32 $kmol\cdot m^{-2}\cdot h^{-1}$，液体流率为24 $kmol\cdot m^{-2}\cdot h^{-1}$，此液体流率为最小流率的 1.5 倍。如果物系服从亨利定律，并已知液相传质单元高度 H_L 为 0.44 m 气相体积传质系数 $k_ya=0.06\ kmol\cdot m^{-3}\cdot s^{-1}$，该塔在常压下逆流等温操作。试求：

(1)塔底排出液的组成；

(2)所需的填料层高度。(注：可用摩尔分率代替摩尔比计算)

解　(1)依题意，得 $y_b=0.05$

$$y_a=y_b(1-\eta)=0.05\times(1-0.90)=0.005$$

则塔底排液组成为　$x_b=\frac{G}{L}(y_b-y_a)=\frac{32}{24}\times(0.05-0.005)=0.06$

(2)依题意，得　$\left(\frac{L}{G}\right)_{min}=\frac{1}{1.5}\frac{L}{G}=\frac{1}{1.5}\times\frac{24}{36}=\frac{4}{9}$，$x_a=0$

即　$\left(\frac{L}{G}\right)_{min}=\frac{y_b-y_a}{x_b^*-x_a}=\frac{0.05-0.005}{x_b^*-0}=\frac{4}{9}$，解得　$x_b^*=0.10125$

$$m=\frac{y_b}{x_b^*}=\frac{0.05}{0.10124}=0.494$$

传质的平均推动力　$\Delta y_m=\dfrac{(y_b-mx_b)-(y_a-mx_a)}{\ln\dfrac{y_b-mx_b}{y_a-mx_a}}=0.0109$

$$N_{OG}=\frac{y_b-y_a}{\Delta y_m}=\frac{0.05-0.005}{0.0109}=4.13,\ H_G=\frac{G}{k_ya}=\frac{\frac{32}{3600}}{0.06}=0.148$$

$$H_{OG}=H_G+SH_L=H_G+\frac{mG}{L}H_L=0.148+\frac{0.494\times32}{24}\times0.44=0.438\ m$$

所以，填料层高度　$h_0=H_{OG}N_{OG}=0.438\times4.13=1.81\ m$

【例 6-12】 填料吸收塔，用纯溶剂吸收混合气体中可溶组分。气体入塔浓度 $y_b=0.01$(摩尔分数)，回收率 $\eta=0.9$。平衡关系 $y^*=2x$，且知总传质单元高度 $H_{OG}=0.9$ m，$\left(\frac{L}{G}\right)=1.2\left(\frac{L}{G}\right)_{min}$。试求：

(1)所需填料层高度；

(2)若该塔操作时，因解吸不良导致入塔 $x_a'=0.0005$，其他入塔条件不变，则回收率又为多少？

解　(1)属低浓气体吸收。

出塔气体浓度 $y_a = y_b(1-\eta) = 0.01 \times (1-0.9) = 0.001$

最小液气比 $\left(\dfrac{L}{G}\right)_{min} = \dfrac{y_b - y_a}{\dfrac{y_b}{m} - x_a} = \dfrac{0.01-0.001}{\dfrac{0.01}{2}-0} = 1.8$

操作时的液气比 $\left(\dfrac{L}{G}\right) = 1.2\left(\dfrac{L}{G}\right)_{min} = 1.2 \times 1.8 = 2.16$

脱吸因素 $S = \dfrac{mG}{L} = \dfrac{2}{2.16} = 0.926$

总传质单元数 $N_{OG} = \dfrac{1}{1-S} \times \ln\left[(1-S)\dfrac{y_b - mx_a}{y_a - mx_a} + S\right]$ （a）

即 $N_{OG} = \dfrac{1}{1-0.926} \times \ln\left[(1-0.926)\dfrac{0.01}{0.001} + 0.926\right] = 6.90$

（也可以用平均推动力法求 N_{OG}，结果一样）

所以，填料层高度 $h = H_{OG} \cdot N_{OG} = 0.9 \times 6.90 = 6.21$ m

（2）x_a 增大为 $x'_a = 0.0005$ 后，S 不变，H_{OG}不变

所以，N_{OG}不变，由（a）式可知 $\dfrac{y_b - mx_a}{y_a - mx_a}$不变，即 $\dfrac{y_b - mx_a}{y_a - mx_a} = \dfrac{y_b - mx'_a}{y'_a - mx'_a}$

故 $\dfrac{0.01-0}{0.001-0} = \dfrac{0.01 - 2 \times 0.0005}{y'_a - 2 \times 0.0005}$

解之得 $y'_a = 0.0019$

所以，此时回收率 $\eta' = 1 - \dfrac{y'_a}{y_b} = 1 - \dfrac{0.0019}{0.01} = 0.810 = 81.0\%$

【例 6-13】 逆流接触的填料塔内，用纯溶剂 S 吸收混合气中的可溶组分 A。入塔气体中的摩尔分数为 0.03，要求吸收率为 95%。已知操作条件下的解吸因数为 1，物系服从亨利定律，与入塔气相平衡的液相浓度为 0.03（摩尔分率）。试计算：

（1）操作液气比为最小液气比的倍数；

（2）出塔液体的浓度；

（3）完成上述分离任务所需的气相总传质单元数 N_{OG}。

解 （1）属于低浓度气体吸收

$$y_a = y_b(1-\eta) = 0.03 \times (1-95\%) = 0.0015$$

首先求出实际情况下的液气比。

平衡关系 $y^* = mx$，可以变形为 $x^* = \dfrac{y}{m}$

由题意知

$$m = \frac{y_b}{x_b^*} = \frac{0.03}{0.03} = 1$$

则操作条件下液气比

$$\frac{L}{G} = \frac{m}{s} = \frac{1}{1} = 1$$

最小液气比为

$$\left(\frac{L}{G}\right)_{min}=\frac{y_b-y_a}{x_b^*-x_a}=\frac{y_b-y_a}{\frac{y_b}{m}-x_a}=\frac{0.03-0.0015}{\frac{0.03}{1}-0}=0.95$$

$$\frac{\frac{L}{G}}{\left(\frac{L}{G}\right)_{min}}=\frac{1}{0.95}=1.05\text{ 倍}$$

(2)出塔溶液组成

$$x_b=\frac{y_b-y_a}{\frac{L}{G}}+x_a=\frac{0.03-0.0015}{1.0}+0=0.015$$

(3)仍采用平均推动力法和吸收因素法两种方法

①平均推动力法

$$\Delta y_b=y_b-mx_b=0.03-1\times0.015=0.0015$$

$$\Delta y_a=y_a-mx_a=0.0015-1\times0=0.0015$$

由于 $y_b=\Delta y_a=0.0015$，造成

$$\Delta y_m=\frac{\Delta y_b-\Delta y_a}{\ln\frac{\Delta y_b}{\Delta y_a}}=\frac{0.0015-0.0015}{\ln\frac{0.0015}{0.0015}}=\frac{0}{0}$$

则 $N_{OG}=\frac{y_b-y_a}{\Delta y_m}$无法求出，所以用平均推动力法暂无法解出这道题。

注意此时：$\Delta y_m=\frac{\Delta y_b-\Delta y_a}{\ln\frac{\Delta y_b}{\Delta y_a}}\neq0$ 根据数学中的罗比塔法则，

$$\Delta y_m=\lim_{\Delta y_a\to\Delta y_b}\frac{\Delta y_b-\Delta y_a}{\ln\frac{\Delta y_b}{\Delta y_a}}=\Delta y_a,\quad \lim_{\frac{\Delta y_b}{\Delta y_a}\to1}\frac{\frac{\Delta y_b}{\Delta y_a}-1}{\ln\left(\frac{\Delta y_b}{\Delta y_a}\right)}=\Delta y_a$$

事实上，从物理意义上可以简单地得到此时塔内各处的推动力均相等，即

$$\Delta y_m=\Delta y_b=\Delta y_a$$

从而 $N_{OG}=\frac{y_b-y_a}{\Delta y_m}=\frac{y_b-y_a}{\Delta y_a}=\frac{0.03-0.0015}{0.0015}=19$

②吸收因素法

由于 $S=1$，则式 $N_{OG}=\frac{1}{1-S}\ln\left[(1-S)\frac{y_b-y_a^*}{y_a-y_a^*}+S\right]$也将在分子、分母出现 0 的情况，同理，应用罗比塔法则，在分子、分母分别对 S 进行求导得

$$N_{OG}=\lim_{S\to1}\frac{\ln\left[(1-S)\frac{y_b-y_a^*}{y_a-y_a^*}+S\right]}{1-S}=\lim_{S\to1}\frac{\left\{\ln\left[(1-S)\frac{y_b-y_a^*}{y_a-y_a^*}+S\right]\right\}'}{(1-S)'}$$

$$=\lim_{S\to 1}\frac{\dfrac{\left[(0-1)\dfrac{y_b-y_a^*}{y_a-y_a^*}+1\right]}{\left[(1-S)\dfrac{y_b-y_a^*}{y_a-y_a^*}+s\right]}}{0-1}$$

$$=\frac{\dfrac{(1-\dfrac{y_b-y_a^*}{y_a-y_a^*})}{1}}{-1}=\frac{y_b-y_a^*}{y_a-y_a^*}-1$$

由上面推导得 $N_{OG}=\dfrac{y_b-y_a^*}{y_a-y_a^*}-1=\dfrac{y_b-mx_a}{y_a-mx_a}-1=\dfrac{y_b}{y_a}-1=\dfrac{0.03}{0.0015}-1=19$

【例 6-14】 吸收烟道气中的 CO_2，烟道气中的 CO_2 的含量为 13%（体积分数），其余为空气。气体与水逆流接触，烟道气通过吸收塔后，CO_2 的含量降为 1.5%（体积分数）。塔底送出的浓度中，每 1000g 纯水含 CO_2 0.2 g。总吸收系数 $K_y=0.07\ \text{kmol}\cdot\text{m}^{-2}\cdot\text{s}^{-1}\cdot\Delta y^{-1}$，每小时回收 CO_2 5 kmol，平衡关系为 $y=1420x$。操作压强为 1.013×10^5 Pa，温度为 20℃。求所需的液气比和传质面积。

解 液气比为 $\dfrac{L}{G}=\dfrac{y_b-y_a}{x_b-x_a}$（物料衡算式）

式中，$y_b=\dfrac{13}{100-13}=0.149$，$y_a=\dfrac{1.5}{100-1.5}=0.0152$，$x_b=\dfrac{\frac{0.2}{44}}{\frac{1000}{18}}=8.18\times10^{-5}$

$x_a=0$（清水）

$$\frac{L}{G}=\frac{0.149-0.0152}{8.18\times10^{-5}-0}=1635.7$$

又 $N_A=K_y(y_b-y_b^*)$

上式中，$K_y=0.07\ \text{kmol}\cdot\text{m}^{-2}\cdot\text{s}^{-1}\cdot\Delta y^{-1}$，$y_b^*=1420x_b=1420\times8.18\times10^{-5}=0.116$

$y_b=0.149$

则 $N_A=0.07\times(0.149-0.116)=0.0023\ \text{kmol}\cdot\text{m}^{-2}\cdot\text{s}^{-1}$

为使每小时能吸收 5 kmol CO_2，所需传质面积 A

$$A=\frac{\frac{5}{3600}}{0.0023}=0.6\ \text{m}^2$$

【例 6-15】 在 0.8 m 的填料塔中，用 $1200\ \text{kg}\cdot\text{h}^{-1}$ 的清水吸收空气中的 SO_2，混合气量为 $1000\ \text{m}^3$（标准）$\cdot\text{h}^{-1}$，混合气含 SO_2 1.3 %（体积分数），要求回收率 99.5 %。操作条件为 20℃、1 atm，平衡关系为 $y^*=0.75x$，总体积传质系数 $K_ya=0.05\ \text{kmol}\cdot\text{m}^{-3}\cdot\text{s}^{-1}$，求液体出口浓度和填料层高度。

解 已知 $D=0.8$ m，$L=1200\ \text{kg}\cdot\text{h}^{-1}$，$G=1000\ \text{m}^3\cdot\text{h}^{-1}$，$y_b=0.013$，$\eta=$

0.995，$x_a=0$，$y^*=0.75x$，$K_ya=0.05\ \text{kmol}\cdot\text{m}^{-3}\cdot\text{s}^{-1}$

清水用量　$L=1200/(3600\times18)=0.0185\ \text{kmol}\cdot\text{s}^{-1}$

混合气体量　$G=1000/(22.4\times3600)=0.0124\ \text{kmol}\cdot\text{s}^{-1}$

低浓度吸收　$(L/G)=0.0185/0.0124=1.49$

吸收后出塔气体中SO_2组成　$y_a=y_b(1-\eta)=0.013\times(1-0.995)=0.000065$

吸收后，吸收液浓度 $x_b=(G/L)(y_b-y_a)+x_a=(0.013-0.000065)/1.49+0=0.00868$

填料层高度 $h=H_{OG}\cdot N_{OG}$，而 $N_{OG}=(y_b-y_a)/\Delta y_m$

$\Delta y_b=y_b-y_b^*=0.013-0.75\times0.00868=0.006490$

$\Delta y_a=y_a-y_a^*=0.000065-0=0.000065$

$$\begin{aligned}\Delta y_m&=(\Delta y_b-\Delta y_a)/\ln(\Delta y_b/\Delta y_a)\\&=(0.00649-0.000065)/\ln(0.006490/0.000065)\\&=0.001396\end{aligned}$$

故　$N_{OG}=(0.013-0.000065)/0.001396=9.266$

$$H_{OG}=G/(AK_ya)，A=\frac{1}{4}\pi D^2$$

$$=0.0124/(0.785\times0.8\times0.8\times0.05)=0.494\ \text{m}$$

所以，填料层高度 $h=9.266\times0.494=4.58\ \text{m}$

【例 6-16】　逆流吸收空气混合物中某可溶组分，已知某填料吸收塔的直径为 1 m，填料层高度为 4 m。该可溶组分进口浓度为 8%，出口浓度为 1%（均为摩尔分率），混合气流率为 30 $\text{kmol}\cdot\text{h}^{-1}$ 操作液气比为 2，相平衡关系为 $y=2x$。试求：

(1)气体总体积传质系数 K_ya；

(2)塔高 2 m 处气相浓度；

(3)若塔高不受限制，最大吸收率为多少？

解　(1)先求出单位塔截面上的混合气体的流率

$$G=\frac{30}{\frac{\pi}{4}\times1^2}=38.22\ \text{kmol}\cdot\text{m}^{-2}\cdot\text{h}^{-1}\qquad\frac{1}{A}=\frac{m}{\frac{L}{G}}=\frac{2}{2}=1$$

操作线与平衡线平行，推动力处处相等，$x_a=0$

$$\Delta y_m=\Delta y_a=y_a-mx_a=y_2$$

$$N_{OG}=\frac{y_b-y_a}{y_a-mx_a}=\frac{y_b}{y_a}-1=\frac{8\%}{1\%}-1=7$$

则传质单元高度为　$H_{OG}=\dfrac{h_0}{N_{OG}}=\dfrac{4}{7}=0.571\ \text{m}$

气相总体积传质系数　$K_ya=\dfrac{G}{H_{OG}}=\dfrac{38.22}{0.571}=66.9\ \text{kmol}\cdot\text{m}^{-3}\cdot\text{h}^{-1}$

(2)2 m 塔高所对应的传质单元数为

$$N'_{OG}=\frac{2}{H_{OG}}=\frac{2}{0.571}=3.50$$

设 2 m 处气液相摩尔分率分别为 y、x，则

$$N'_{OG}=\frac{y_b-y}{y_a-mx_a}=\frac{0.08-y}{0.01}=3.50$$

即　$y=0.045$

由物料衡算可知　$y_a=y+\frac{L}{G}(x_a-x)$

即　$0.01=0.045+2(0-x)$

得　$x=0.0175$

(3)若塔高不受限制，又 $\frac{1}{A}=1$，则操作线落在平衡线上，当 $x_2=0$ 时 $y_2=0$。故吸收率

$$\eta=1-\frac{y_a}{y_b}=100\%$$

【例 6-17】 塔中用清水吸收混合气体中的某组分。进塔气体中含溶质 2.5%(体积分数)，吸收率为 80%。水的用量为最小用量的 1.4 倍。塔内气液两相逆流流动，操作条件下的平衡关系为 $y^*=1.6x$。试求：

(1)气相总传质单元数 N_{OG}；

(2)若吸收铝要求提高到 90%，其他条件不变，气相总传质单元数又为多少?

解　气相总传质单元数公式 $N_{OG}=\frac{A}{A-1}\cdot\ln\left[\left(\frac{1-\frac{1}{A}}{1-\Phi}\right)+\frac{1}{A}\right]$

已知 $y_b=\frac{2.5}{100-2.5}=0.0256$，$x_a=0$，$\frac{L}{G}=1.4\left(\frac{L}{G}\right)_{min}$，$y^*=1.6x$，$m=1.6$

(1)$\Phi=0.8$ 时，$\left(\frac{L}{G}\right)_{min}=\frac{y_b-y_a}{x_b^*-x_a}=\frac{y_b-y_a}{\frac{y_b}{m}}=m\cdot\Phi=1.6\times0.8=1.28$

$$\frac{L}{G}=1.4\times1.28=1.792\quad A=\frac{L}{mG}=\frac{1.792}{1.6}=1.12$$

$$N_{OG}=\frac{1.12}{1.12-1}\ln\left[\frac{1-\frac{1}{1.12}}{1-0.8}+\frac{1}{1.12}\right]=3.33$$

(2)当 $\Phi=0.9$，$A=1.12$ 时

$$N_{OG}=\frac{1.12}{1.12-1}\ln\left[\frac{1-\frac{1}{1.12}}{1-0.9}+\frac{1}{1.12}\right]=6.3$$

【例 6-18】 用溶剂对混合气体逆流吸收以回收其中的可溶部分，吸收率为 90%，物系的相平衡关系服从亨利定律，吸收剂用量是最小用量的 1.2 倍。已知传质单

元高度 $H_{OG}=0.8$ m，求所需的填料层高度。

解 因 $y^*=mx$，由上题可知 $\left(\frac{L}{G}\right)_{\min}=m\Phi$

又 $A=\frac{L}{mG}=\frac{1}{m}\times 1.2\left(\frac{L}{G}\right)_{\min}=\frac{1}{m}\times 1.2m\Phi=1.2\times 0.9=1.08$

则 $N_{OG}=\frac{A}{A-1}\cdot\ln\left(\frac{1-\frac{1}{A}}{1-\Phi}+\frac{1}{A}\right)=\frac{1.08}{1.08-1}\ln\left(\frac{1-\frac{1}{1.08}}{1-0.9}+\frac{1}{1.08}\right)=0.9$

故填料层高度 $z=H_{OG}\cdot N_{OG}=0.8\times 6.9=5.52$ m

【例 6-19】 20℃，常压操作的填料吸收塔中，用清水逆流吸收焦炉气中的氨。焦炉气的处理量为4000 $m^3\cdot h^{-1}$(标况)；氨的浓度为15 $g\cdot m^{-3}$(标况)，要求氨的回收率不低于98%，水的用量为最小用量的1.4倍，空塔气速为1 $m\cdot s^{-1}$。操作条件下的平衡关系为 $y^*=1.25x$，气相总体积吸收系数为 $K_ya=0.058$ $kmol\cdot m^{-3}\cdot s^{-1}$。试求：

(1)分别用对数平均推动力法及数学分析法求气相总传质单元数；

(2)填料层高度。

解 (1)已知 $y_b=\frac{\frac{15}{17}}{\frac{1000}{224}}=0.0198$，即 $y_b=\frac{0.0198}{1-0.0198}=0.02$，$x_a=0$，$m=1.25$

$y_a=(1-0.98)y_b=0.02\times 0.02=0.0004$

$\frac{L}{G}=1.4\cdot\left(\frac{L}{G}\right)_{\min}=1.4m\Phi=1.4\times 1.25\times 0.98=1.715$

$x_b=\frac{L}{G}(y_b-y_a)=\frac{1}{1.715}\times(0.02-0.0004)=0.0114$

①对数平均推动力法：

$$\Delta y_m=\frac{y_b-mx_a-(y_a-mx_a)}{\ln\frac{y_b-mx_a}{y_b-mx_a}}=\frac{0.02-1.25\times 0.0114-(0.0004-0)}{\ln\frac{0.02-1.25\times 0.0114}{0.0004-0}}=0.002$$

$$N_{OG}=\frac{y_b-y_a}{\Delta y_m}=\frac{0.02-0.0004}{0.002}=9.77$$

②数学解析法：

$$A=\frac{L}{Gm}=\frac{1.715}{1.25}=1.372$$

$$N_{OG}=\frac{A}{A-1}\cdot\ln\left(\frac{1-\frac{1}{A}}{1-\Phi}+\frac{1}{A}\right)=\frac{1.372}{1.372-1}\ln\left(\frac{1-\frac{1}{1.372}}{1-0.98}+\frac{1}{1.372}\right)=9.81$$

两种方法对平衡线为直线时，误差仅为0.4%。

(2)填料层高度 z

$$z=\frac{\frac{G}{K_ya-2}\cdot(y_b-y_a)}{\Delta y_m}$$

气体(惰性)的千摩尔流率

$$G=\frac{\frac{4000}{22.4}-\frac{4000\times 15\times 10^{-3}}{17}}{3600}=0.0486\ \text{kmol}\cdot\text{s}^{-1}$$

吸收塔的截面积

$$\Omega=\frac{\partial}{u}=\frac{4000\times(273+30)}{273\times 1\times 3600}=1.233\ \text{m}^2$$

故填料层高度 $z=\frac{0.0486}{0.058\times 1.233}\times 9.77=6.64\ \text{m}$

【例 6-20】 塔高 3 m，在常压下用清水逆流吸收混合气中的氨。混合气入塔的摩尔流率为0.03 kmol·m^{-2}·s^{-1}。清水的喷淋密度为0.021 kmol·m^{-2}·s^{-1}。进口气体中含氨3%(体积分数)。已知气相总体积吸收系数 $K_y a=0.12$ kmol·m^{-3}·s^{-1}，操作条件下的亨利系数为70.9 kPa。试求排出气体中氨的浓度。

解 因 $E=70.9$ kPa，$P=101.3$ kPa 则 $m=\frac{E}{P}=\frac{70.9}{101.3}=0.7$

又 $A=\frac{L}{Gm}=\frac{0.021}{0.7\times 0.03\times(1-3\%)}=1.03$

再 $z=\frac{GN_{OG}}{K_y a\cdot\Omega}$

故 $N_{OG}=\frac{zK_y a}{\frac{G}{\Omega}}=\frac{3\times 0.12}{0.03\times(1-0.03)}=12.4$

且 $N_{OG}=\frac{A}{A-1}\cdot\ln\left[\frac{(1-\frac{1}{A})(y_b-mx_a)}{y_b-mx_a}+\frac{1}{A}\right]$

即 $12.4=\frac{1.03}{1.03-1}\ln\left[\frac{\left(1-\frac{1}{1.03}\right)y_b}{y_a}+\frac{1}{1.03}\right]$

令 $y_b=\frac{3}{100-3}=0.0309$ 代入上式，解得：$y_a=0.0019$

或 $y_a\approx 0.0019$，$c_2=\frac{0.0019\times 17}{22.4}=0.00144\ \text{kgNH}_3\cdot\text{m}^{-3}=1.44\ \text{gNH}_3\cdot\text{m}^{-3}$(标准)

【例 6-21】 有一填料层高度为 4 m 的吸收塔，操作压强为 101.3 kPa（绝压），温度为 25℃。用清水吸收混合气体中的氨，气体进口含氨 8%(体积分数)，吸收率为 99%。混合气体的摩尔流率为 20 kmol·m^{-2}·h^{-1}，进口清水的摩尔流率为 50 kmol·m^{-2}·h^{-1}，已知该塔在等温下逆流操作，平衡关系为 $y^*=0.9x$。$K_G a\propto G^{0.8}$。

试计算当操作条件分别作为下列情况时，填料层高度应如何调整才能保持原来的吸收率：

(1)操作压强增加 1 倍；

(2)液体流量增加 1 倍;

(3)气体流量增加 1 倍。

解 (1)操作压强增加 1 倍

因平衡常数 $m=\dfrac{E}{P}$，当 $P'=2P$ 时，$m'=\dfrac{m}{2}$

而 $A=\dfrac{L}{Gm}$

故 $A'=2A$

原 $A=\dfrac{L}{Gm}=\dfrac{50}{0.9\times 20\times(1-0.08)}=3.02$，$A'=6.04$

则

$$\frac{N'_{\mathrm{OG}}}{N_{\mathrm{OG}}}=\frac{A'(A-1)}{A(A'-1)}\cdot\frac{\ln\left(\dfrac{1-\dfrac{1}{A'}}{1-\Phi}+\dfrac{1}{A}\right)}{\ln\left(\dfrac{1-\dfrac{1}{A}}{1-\Phi}+\dfrac{1}{A}\right)}=\frac{2\times(3.02-1)}{6.04-1}\times\frac{\ln\left(\dfrac{1-\dfrac{1}{6.04}}{1-0.99}+\dfrac{1}{6.04}\right)}{\ln\left(\dfrac{1-\dfrac{1}{3.02}}{1-0.99}+\dfrac{1}{3.02}\right)}=0.85$$

$$\frac{z'}{z}=\frac{N'_{\mathrm{OG}}}{N_{\mathrm{OG}}}=0.85$$

故需调整填料层高度为 $z'=0.85z=0.85\times 4=3.4$ m

(2)液体流量增加 1 倍

$$\frac{A'}{A}=\frac{\dfrac{L'}{mG}}{\dfrac{L}{mG}}=2$$ ，同理可得 $z'=3.4$ m

(3)气体流量增加 1 倍

$\dfrac{A'}{A}=\dfrac{G}{G'}=\dfrac{1}{2}$，且 $\dfrac{K'_{\mathrm{G}}a}{K_{\mathrm{G}}a}=\left(\dfrac{G'}{G}\right)^{0.8}=2^{0.8}$，$A'=0.5A=0.5\times 3.02=1.51$

$$\frac{N'_{\mathrm{OG}}}{N_{\mathrm{OG}}}=1.67$$

$$\frac{z'}{z}=\frac{\dfrac{G'}{K'_{\mathrm{OG}}}\cdot N'_{\mathrm{OG}}}{\dfrac{G}{K_{\mathrm{OG}}}\cdot N_{\mathrm{OG}}}=\frac{2\times 1.67}{2^{0.8}}=1.92$$

故此时调整填料层高度为 $z'=1.92z=7.68$ m

【例 6-22】 在一逆流操作的填料解吸塔中，用过热水蒸气解吸煤油中的苯。进塔煤油组成为 0.08，要求再生后的煤油组成为 0.006(均为摩尔比)。煤油的流率为0.04 kmol·m^{-2}·s^{-1}，操作条件下的气液平衡关系为 $y=1.25x$，已知液相总体积系数为 $K_y a=0.02$ kmol·m^{-3}·s^{-1}，试求:

(1)过热水蒸气的最小用量为多少;

(2)若过热水蒸气用量的最小用量的 1.4 倍，解吸塔的填料层高度为多少?

解 (1)过热水蒸气的最小用量 $G_{\min}$

因 $\left(\dfrac{L}{G}\right)_{\min}=\dfrac{x_b-x_a}{y_b^*-y_a}$

式中，$x_b=0.08$，$x_a=0.006$，$y_a=0$，$y_b^*=1.25x_b=1.25\times0.08=0.1$

$$L=\frac{0.04}{1+x_a}=\frac{0.04}{1+0.08}=0.037\ \text{kmol}\cdot\text{m}^{-2}\cdot\text{s}^{-1}$$

故 $G_{\min}=\dfrac{(0.08-0.006)\times0.037}{0.1-0}=0.0274\ \text{kmol}\cdot\text{m}^{-2}\cdot\text{s}^{-1}$

(2)填料层高度 z

对解吸过程 $N_{OL}=\dfrac{1}{1-A}\cdot\ln\left[\dfrac{(1-A)\left(x_b-\dfrac{y_a}{m}\right)}{x_a-\dfrac{y_b}{m}}+A\right]$

式中，$A=\dfrac{L}{mG}=\dfrac{0.037}{1.25\times0.0274\times1.4}=0.77$，$y_a=0$

$$N_{OL}=\frac{1}{1-0.77}\ln\left[\frac{(1-0.77)\times0.08}{0.006}+0.77\right]=5.85$$

$$H_{OL}=\frac{L}{K_ya}=\frac{0.037}{0.02}=1.85\ \text{m}$$

故 $z=H_{OL}\cdot N_{OL}=1.85\times5.85=10.82\ \text{m}$

五、思考题

【例 6-23】 如何从 H 和 E 值，得出吸收过程的难易？温度变化时对 H 和 E 值有何影响？

答 亨利定律的表达形式有 $p^*=\dfrac{c}{H}$或 $p^*=Ex$。溶质分压一定时，只有大的 H 才有高的液相浓度，换言之，H 值大，易吸收。同理，E 值小易吸收，E 值大则难吸收。一般，温度升高，E 值增大，H 值减小，对吸收操作不利。

【例 6-24】 吸收和蒸馏有何差别？

答 吸收和蒸馏都是分离均相物系的气–液传质操作，但是，两者有以下主要差别：

(1)为使均相混合物分离成较纯组分，必须造成第二个物相。蒸馏是通过加热或冷却的办法，使混合物系产生第二个物相，吸收则是从外界引入另一相物质(吸收剂)形成两相系统。因此，通过蒸馏操作可以获得较纯的组分，而在吸收操作中因溶质进入溶剂，故不能得到纯净组分。在大多数吸收操作中，为了取得较纯的溶质组分及吸收剂的再生利用，通常采用吸收和解吸联合操作流程。

(2)传质机理不同，蒸馏进行的是等分子反向扩散过程，液相部分汽化和气相部分冷凝同时发生，即易挥发组分和难挥发组分同时向着彼此相反方向传递。吸收进行的是单向扩散过程，即一组分通过另一“停滞”组分扩散，也就是说只有溶质组分由气相进入液相的单向传递，而气相中惰性组分及液相中的溶剂组分则处于“停滞”状态。

【例 6-25】 说明传质单元数的物理意义以及下列各因素：温度、压力、空塔气速、液膜传质系数、气膜传质系数、液气比、离塔气体浓度对其影响。

答 传质单元数的物理意义是传质过程中，溶质前后浓度变化是其对数平均浓度的倍数。即对气相而言，$N_{OG}=\int_{y_a}^{y_b}\frac{dy}{y-y^*}=\frac{y_b-y_a}{\Delta y_m}$，它反映吸收过程的难易程度。如果平衡关系可用 $y^*=mx$ 表示时，$N_{OG}=\frac{A}{A-1}\cdot\ln\left(\frac{1-\frac{1}{A}}{1-\Phi}+\frac{1}{A}\right)$。不难看出：能影响上述各式物理量变化的因素，温度、压力、液气比、离塔气体浓度等都对传质单元数 N_{OG} 有影响，而空塔气速、液、气膜传质系数主要是影响传质单元高度。具体是：温度升高，E，m 值增大，N_{OG} 提高；压力升高，m 下降，N_{OG} 降低；液气比升高，A 增大，N_{OG} 下降；离塔气体浓度降低，吸收率增大，N_{OG} 上升。

【例 6-26】 吸收速率方程与传热速率方程有何异同？

答 两者共同点如下：

(1)速率方程式都可写成通式

$$速率=\frac{推动力}{阻力}=系数\times阻力$$

传热的推动力是温度差，传质的推动力为浓度差；阻力分别是传质系数的倒数和传热系数的倒数。

(2)对流传质和对流传热都发生在界面(或壁面)一侧的流体中，传递机理相似，传热方式是热传导和热对流，传质方式是分子扩散和对流传质。

(3)传质分系数 k_G 和 k_L 与对流传热中的对流给热热系数 α_1 和 α_2 相当，分别表示一相内的对流传质和一侧流体中的对流传热情况，都代表影响传递过程的因素，可用经验关联式计算得到。

(4)总传质系数 K_G 和 K_L 与对流传热过程中总传热系数 K 相当，其值反映两相间传质总阻力和间壁两侧流体间总传热阻力。在使用总系数进行吸收计算时，可避开界面的平衡浓度；而在传热计算中可避开壁面温度，因此采用以总系数表示的速率方程，计算较为简便。

两者的不同点如下：

(1)在传热过程中，由于过程推动力是温度差，单位是℃或 K(两者表示的温度差值相等)，故传热方程表达式数目少。在吸收过程中，推动力为浓度差，由于气、液相组成有多种表示方法，用不同浓度表示的推动力，就有对应的吸收速率方程，故吸收速率方程表达式数目多。在吸收计算时应注意推动力和阻力间的关系。

(2)在传热计算中，平均推动力是冷热流体的温度差，可根据两流体的进出口温度(T_1，T_2 和 t_1，t_2)直接计算得到，而在吸收计算中，不仅气液相组成表示方法很多，而且推动力不是气液相的实际组成的差值，而是通过平衡关系求出的平衡组成，可见吸收速率的计算要复杂得多。

【例6-27】 用水吸收含氨2%的空气中的氨，所用设备为装有瓷环的填料塔。由于前一车间的生产能力提高，吸收塔的生产能力也相应地要求增大20%，但气体在进出口的浓度仍然保持不变，问应采取什么措施？

答 设备生产能力的提高主要从两方面着手：一是改变操作条件；二是改变设备条件。当气体的处理能力提高20%，据物料衡算式，水量提高20%，即可保持气、液两相进、出口的浓度不变。

【例6-28】 试证明：气相总吸收系数与气膜吸收系数和液膜吸收系数的关系式为：

$$\frac{1}{K_y}=\frac{1}{k_y}+\frac{m}{k_x}$$

证 $N_A=K_y(y-y^*)$ (a)

又 $N_A=k_y(y-y_i)=\dfrac{y-y_i}{\dfrac{1}{k_y}}$

且 $N_A=k_x(x_i-x)=\dfrac{k_x}{m}(y_i-y^*)=\dfrac{y_i-y^*}{\dfrac{m}{k_x}}$

故 $N_A=\dfrac{(y-y_i)+(y_i-y^*)}{\dfrac{1}{k_y}+\dfrac{m}{k_x}}=\dfrac{y-y^*}{\dfrac{1}{k_y}+\dfrac{m}{k_x}}$ (b)

比较(a),(b)两式,可得：$\dfrac{1}{k_y}+\dfrac{m}{k_x}=\dfrac{1}{K_y}$

【例6-29】 试证明：当吸收过程所涉及的浓度范围内平衡关系为直线时，气相传质单元数可按下式计算：$N_{OG}=\dfrac{1}{1-\dfrac{mG}{L}}\ln\dfrac{\Delta y_b}{\Delta y_a}$

证 $N_{OG}=\dfrac{y_b-y_a}{\dfrac{\Delta y_b-\Delta y_a}{\ln\dfrac{\Delta y_b}{\Delta y_a}}}$ (a)

令 $\Delta y_b=y_b-y_b^*$, $\Delta y_a=y_a-y_a^*$

$\Delta y_b-\Delta y_a=(y_b-y_a)-(y_b^*-y_a^*)$

$y_b^*-y_a^*=mx_b-mx_a=\dfrac{mG}{L}(y_b-y_a)$, $\Delta y_b-\Delta y_a=\dfrac{y_b-y_a}{1-\dfrac{mG}{L}}$ 代入(a)式,得

$$N_{OG}=\frac{1}{1-\dfrac{mG}{L}}\ln\frac{\Delta y_b}{\Delta y_a}$$

【例 6-30】　试证明平衡线与操作线为直线时，传质单元数和理论板数的关系为：

$$\frac{N_T}{N_{OG}}=\frac{\frac{mG}{L}-1}{\ln\frac{mV}{L}}$$

又证明平衡线与操作线平行时，$N_T=N_{OG}$

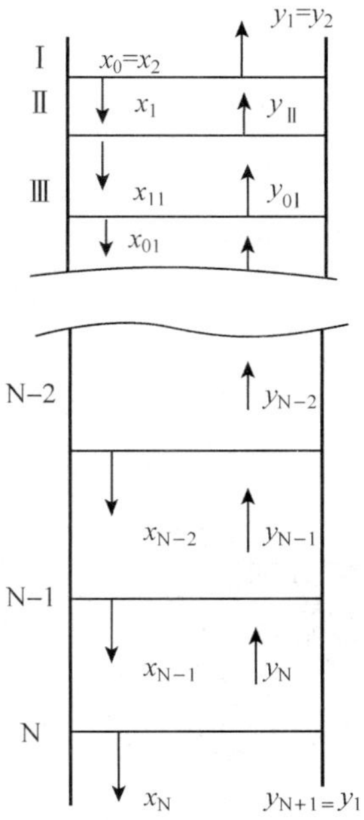

例 6-30　附图

证　当平衡线与操作线为直线时，有

$$N_{OG}=\frac{A}{A-1}\cdot\ln\left(\frac{1-\frac{1}{A}}{1-\Phi}+\frac{1}{A}\right)\tag{a}$$

$$N_L=\frac{1}{\ln A}\cdot\ln\left(\frac{1-\frac{1}{A}}{1-\Phi}+\frac{1}{A}\right)\tag{b}$$

且　$A=\frac{L}{mG}$

由(b) ÷ (a) 得：$\frac{N_L}{N_{OG}}=\frac{A-1}{A\ln A}=\frac{1-\frac{mG}{L}}{\ln\frac{mG}{L}}=\frac{\frac{mG}{L}-1}{\ln\frac{mG}{L}}$

当平衡线为直线时，$y^*=mx$。平衡线与操作线平行时，

$$\frac{L}{G}=m\frac{L}{Gm}=A=1\quad 令\ N_{OG}=\int_{y_a}^{y_b}\frac{dy}{y-y^*}$$

对塔内任一截面与塔顶吸收质进行物料衡算有

$$G(y-y_a)=L(x-x_a)$$

$$x=\frac{G}{L}(y-y_a)+x_a,y^*=mx=\frac{mG}{L}(y-y_a)+mx_a=y-y_a+mx_a$$

代入原式得：$N_{OG}=\int_{y_a}^{y_b}\frac{dy}{y-y_a+y_a-mx_a}=\frac{y_b-y_a}{y_a-mx_a}$　　(c)

参阅附图，在塔顶与 Ⅰ—Ⅱ 层板间作吸收质衡算得：

$$y_{II}=\frac{L}{G}(x-x_2)+y_I$$

将平衡关系代入上式，得：

$$y_{II}=\frac{L}{mG}(y_I-y_0)+y_I=A(y_I-y_0)+y_I\tag{d}$$

或　$y_{II}=(A+1)y_I-Ay_0$　　(e)

同理在塔顶与 Ⅱ—Ⅲ 层板间列吸收质衡算，仿(d) 式，可写出：

$$y_{III}=A(y_{II}-y_0)+y_I$$

把(e) 式代入上式并整理得：

$$y_{III}=(A^2+A+1)y_I-(A^2+A)y_0$$

同理，可以对由第$(N+1)$ 层板上升的蒸汽组成写出：

$y_{N+1} = (A^N + A^{N-1} + \cdots + A + 1)y_1 - (A^N + A^{N-1} + \cdots + A + 1)y_0$

现 $A = 1$

故 $y_{N+1} = (N+1)y_1 - Ny_0$

y_{N+1} 系进塔气相组成 y_1，y_1 为出塔气相组成 y_2，y_0 为与进塔液相组成 $x_2 = x_0$ 相平衡的气相组成 $y_0 = mx_2$，上式变为：$y_1 = (N+1)y_2 - Nmx_2$

整理得：$$N_T = \frac{y_1 - y_2}{y_2 - mx_2} \tag{f}$$

比较(c)与(f)式知：$N_T = N_{OG}$ 证毕。

【例 6-31】 双膜理论的主要论点有哪些？并指出它们的优点和不足之处。

答 主要论点：①相互接触的气液两相流体间存在稳定的相界面，相界面两侧分别各有一稳定的气膜和液膜，吸收质以分子扩散的方式通过此两膜。②在两膜层以外的气液两相主体中，由于流体的充分湍动，吸收质的浓度基本上是均匀的，全部浓度变化集中在两膜层中，即阻力集中在两膜层内。③在相界面处，气液两相达到平衡，界面上没有阻力。

实验证明，在气速较低时，用双膜理论解释吸收过程是符合实际情况的，即提高速度可增大吸收速率已为实践所证实。根据这一理论的基本概念所确定的吸收速率关系，至今仍是填料塔设计计算的主要依据。但当速度较高时，气液两相界面就处于不断更新的状态，并不存在稳定的气膜和液膜，界面更新对吸收过程是一个重要影响因素，双膜理论对于这种情况并无考虑，这是它的局限性。

【例 6-32】 欲提高填料吸收塔的回收率，你认为应从哪些方面着手？

答 ①降低操作温度或增大压力，可使吸收速率提高，使回收率提高；②在保证不发生“液泛”的前提下，适当增大气速；③适当增大吸收剂的用量(增大喷淋密度)，可使回收率提高(但会导致操作费增大，溶液浓度下降)；④喷淋液体应均匀，并保证填料被充分润湿；⑤可适当增加填料层高度。

【例 6-33】 提高吸收速率应采取哪些措施？

答 由吸收速率方程 $N_A = K_y(y - y^*)$ 可看出，为了提高 N_A，必须增大吸收系数和吸收推动力，此时可采取的措施有：①增大湍动程度是为了增大吸收系数；②增大气液接触从而增大吸收系数；③增大液气比从而提高推动力。

【例 6-34】 何谓气膜控制吸收？如何提高吸收总系数？

答 当溶质气体 A 为易溶气体时，m 值较小，$\frac{1}{K_y} = \frac{1}{k_y} + \frac{m}{k_x}$，$\frac{1}{K_y} \approx \frac{1}{k_y}$，此时为气膜控制吸收。因为 $K_y \approx k_y$，所以提高吸收总系数的关键是提高气相传质分系数 k_y。增大湍动程度，增大气液接触面积，可提高吸收总系数 K_y。

【例 6-35】 填料吸收塔内的填料、液体喷淋装置和液体再分布器的作用是什么？

答 填料吸收塔内的填料用来提供气液两相的传质面积；液体喷淋装置使液体在塔内分布均匀，使填料表面被液体充分润湿；液体再分布器用来减少液体在填料层内壁流效应，将沿壁下流的液体导向填料层内。

【例 6-36】 欲提高填料吸收塔的回收率，你认为应从哪些方面着手？

答 ①降低操作温度或增大压力，可使吸收速率提高，使回收率提高；②在保证不发生“液泛”的前提下，适当增大气速；③适当增大吸收剂用量（增大喷淋密度），可以使回收率提高，但会导致操作费增大，溶液浓度下降；④喷淋液体应均匀，并保证填料被充分润湿；⑤可适当增加填料层高度。

六、符号表

符号	说明/意义	单位
A	吸收因数	
	传质面积	m^2
a	单位体积填料层的传质面积	$m^2 \cdot m^{-3}$
C	总浓度（无下标）	$kmol \cdot m^{-3}$
c_A 等	组分 A 等的浓度	$kmol \cdot m^{-3}$
c	比热容	$J \cdot kg^{-1} \cdot K^{-1}$
D	扩散系数	$m^2 \cdot s^{-1}$
E	亨利系数	kPa
G	混合气体通过塔截面的流率	$kmol \cdot m^{-2} \cdot s^{-1}$或 $kg \cdot m^{-2} \cdot s^{-1}$
G_B	惰性气体通过塔截面的流率	$kmol \cdot m^{-2} \cdot s^{-1}$或 $kg \cdot m^{-2} \cdot s^{-1}$
H	溶解度系数	$kmol \cdot m^{-3} \cdot kPa^{-1}$
H_G	气相传质单元高度	m
H_L	液相传质单元高度	m
H_{OG}	气相总传质单元高度	m
H_{OL}	液相总传质单元高度	m
h_o	填料层高度	m
K_G	以分压差（Δp）为推动力的气相总传质系数	$kmol \cdot s^{-1} \cdot m^{-2} \cdot kPa^{-1}$
K_L	以浓度差（ΔC）为推动力的液相总传质系数	$m \cdot s^{-1}$
K_x	以摩尔分数（Δx）为推动力的液相总传质系数	$kmol \cdot s^{-1} \cdot m^{-2}$
K_y	以摩尔分数（Δy）为推动力的气相总传质系数	$kmol \cdot s^{-1} \cdot m^{-2}$
$K_G a$	以 Δp 为推动力的气相体积总传质系数	$kmol \cdot s^{-1} \cdot m^{-3} \cdot kPa^{-1}$
$K_L a$	以 Δp 为推动力的液相体积总传质系数	s^{-1}
$K_x a$	以 Δp 为推动力的液相体积总传质系数	$kmol \cdot s^{-1} \cdot m^{-3}$
$K_y a$	以 Δy 为推动力的气相体积总传质系数	$kmol \cdot s^{-1} \cdot m^{-3}$
k_G	以 Δp 为推动力的气相给质系数	$kmol \cdot s^{-1} \cdot m^{-2} \cdot kPa^{-1}$
k_L	以 Δc 为推动力的液相给质系数	$m \cdot s^{-1}$
k_x	以 Δx 为推动力的液相给质系数	$kmol \cdot s^{-1} \cdot m^{-2}$
k_y	以 Δy 为推动力的液相给质系数	$kmol \cdot s^{-1} \cdot m^{-2}$
$k_G a$	以 Δp 为推动力的气相体积给质系数	$kmol \cdot s^{-1} \cdot m^{-3} \cdot kPa^{-1}$
L	溶液通过塔截面的流率	$kmol \cdot m^{-2} \cdot s^{-1}$
L'	溶液通过塔截面的流率	$kg \cdot m^{-2} \cdot s^{-1}$
L_S	溶剂通过塔截面的流率	$kmol \cdot m^{-2} \cdot s^{-1}$
m	相平衡常数	

（续）

符号	说明 /意义	单位
N	传质速率（以摩尔通量表示）	$kmol \cdot m^{-2} \cdot s^{-1}$
	理论塔板数	
N_e	实际塔板数	
N_G	气相传质单元数	
N_L	液相传质单元数	
N_{OG}	气相总传质单元数	
N_{OL}	液相总传质单元数	
P	总压	kPa
p_i	分压	kPa
S	脱吸因数（$S=1/A$）	
T，t	温度	K 或℃
V	体积	m^3
X	溶液中溶质与溶剂的摩尔比	
x	溶液中溶质的摩尔分数	
Y	混合气体中溶质与惰性气体的摩尔比	
y	混合气体中溶质的摩尔分数	
δ	膜厚	m
η	吸收率	
μ	黏度	$Pa \cdot s$
ρ	密度	$kg \cdot m^{-3}$
σ	表面张力	$N \cdot m$

第七章　精　馏

一、教学基本要求

本章主要涉及二元均相物系的蒸馏分离过程。通过学习，能够分析进料状况与馏出液和釜液浓度之间的关系；分析操作回流比与塔顶和塔底产品量及浓度之间的关系、精馏过程的操作费用与操作回流比的关系。

本章应掌握二元均相物系的相平衡关系、二元连续精馏的分析和计算，掌握回流比对精馏操作的影响及其选择；熟悉理想溶液、挥发度、相对挥发度、回流比、理论塔板数、塔板效率等概念；了解其他蒸馏的方式、多元蒸馏的基本操作过程。重点是二元连续精馏的分析和计算，包括全塔物料衡算、精馏段和提馏段的操作线方程、理论塔板数的计算、精馏操作回流比确定等；难点是回流比对精馏操作的影响及其选择。主要内容包括以下几个方面：

- 简单蒸发方式及其应用；
- 二元物系的汽液平衡关系；
- 精馏段、提馏段操作线方程及 q 线方程之间的关系；
- 精馏的操作过程及全塔理论塔板数的计算方法；
- 多元精馏的基本概念及应用。

二、重点内容

（一）双组分溶液的汽液平衡关系

1. 拉乌尔定律

$$p_A = p_A^* x_A \tag{7-1}$$

$$p_B = p_B^* x_B = p_B^* (1 - x_A) \tag{7-1a}$$

道尔顿分压定律

$$P = p_A + p_B \tag{7-2}$$

$$p_A = P y_A \tag{7-2a}$$

$$p_B = P y_B \tag{7-2b}$$

汽液相平衡关系

$$x_A = \frac{P - p_B^*}{p_A^* - p_B^*} \tag{7-3}$$

$$y_A = \frac{p_A^*}{P} x_A \tag{7-4}$$

式中：p——系统温度下溶液上方组分的平衡分压，Pa；

p^*——同温度下纯组分的饱和蒸汽压，Pa；

P——溶液上的总压，Pa；

x、y——分别为溶液与汽相中组分的摩尔分率。

为简单起见，常略去上式中的下标，习惯上以 x 表示液相中易挥发组分的摩尔分率；以 y 表示汽相中易挥发组分的摩尔分率。

理想溶液的汽液平衡关系遵循拉乌尔定律。式(7-3)和式(7-4)即为两组分理想物系的气液平衡关系式。

2. 用相对挥发度表示的汽液平衡关系

$$y=\frac{\alpha x}{1+(\alpha-1)x} \tag{7-5}$$

式中：α——相对挥发度，无因次，可由实验测得。

对理想溶液，相对挥发度可表示为：

$$\alpha=\frac{p_A^*}{p_B^*} \tag{7-6}$$

式(7-6)中 p_A^* 与 p_B^* 随温度变化趋势相近，因而 α 与温度关系不大，一般可视 α 为常数，计算时可取操作温度范围内的平均值。

3. 用相平衡常数表示的汽液平衡方程

$$y=Kx \tag{7-7}$$

式中：K——相平衡常数。

因 K 与温度有关，因此两组分精馏计算中多采用式(7-5)，但在多组分精馏计算中多采用式(7-7)，因该式表达简单。

(二)平衡蒸馏和简单蒸馏

1. 平衡蒸馏

物料衡算
$$y=\frac{q}{q-1}x-\frac{x_F}{q-1} \tag{7-8}$$

式中：q——液化分率，无因次。

式(7-8)表示平衡蒸馏中汽液相平衡组成的关系。

2. 简单蒸馏

简单蒸馏为非定态过程，经微分物料衡算后，可得馏出液组成，釜残液组成与釜残液量(或馏出液量)之间的关系式为：

$$\ln\frac{F}{W}=\int_{x_2}^{x_1}\frac{dx}{y^*-x} \tag{7-9}$$

式中：F、W——分别为原料液量及釜残液量，kmol；

x_1、x_2——分别为原料组成及釜残液组成，摩尔分率。

若 $x\sim y$ 平衡关系用曲线或表格表示时，式(7-9)中积分项可用图解积分法或数值积分求解。

若 $x\sim y$ 平衡关系可用相对挥发度表示的汽液平衡关系式(7-5)表达时，式(7-9)积分可得：

$$\ln\frac{F}{W}=\frac{1}{\alpha-1}\left[\ln\frac{x_1}{x_2}+\alpha\ln\frac{1-x_2}{1-x_1}\right] \tag{7-10}$$

馏出液的平均组成为： $$\bar{y}=\frac{Fx_1-Wx_2}{D} \tag{7-11}$$

式中：D——馏出液量，kmol。

(三)连续精馏塔的物料衡算

1. 全塔物料衡算

总物料衡算 $$F=D+W \tag{7-12}$$

易挥发组分的物料衡算 $$Fx_{\mathrm{F}}=Dx_{\mathrm{D}}+Wx_{\mathrm{W}} \tag{7-12a}$$

式中：F、D、W——分别为原料液、塔顶产品(馏出液)及塔底产品(残釜液)的流量，$\mathrm{kmol\cdot h^{-1}}$；

x_{F}、x_{D}、x_{W}——分别为原料液、馏出液及残釜液中易挥发组分的摩尔分率。

精馏塔的分离程度除用 x_{D} 和 x_{W} 表示外，还可用回收率表示，即：

塔顶易挥发组分的回收率 $$\eta_{\mathrm{D}}=\frac{Dx_{\mathrm{D}}}{Fx_{\mathrm{F}}}\times100\% \tag{7-13}$$

塔底难挥发组分的回收率 $${}_{\mathrm{W}}=\frac{W(1-x_{\mathrm{W}})}{F(1-x_{\mathrm{F}})}\times100\% \tag{7-14}$$

2. 精馏段物料衡算和操作线方程

假设精馏段内为恒摩尔流且各板相平衡。

总物料衡算 $$V=L+D \tag{7-15}$$

操作线方程式(易挥发组分物料衡算)

$$y_{n+1}=\frac{L}{V}x_n+\frac{D}{V}x_{\mathrm{D}} \tag{7-16}$$

或 $$y_{n+1}=\frac{R}{R+1}x_n+\frac{1}{R+1}x_{\mathrm{D}} \tag{7-17}$$

式中：V、L——分别为精馏段上升蒸汽和下降液体的摩尔流量，$\mathrm{kmol\cdot h^{-1}}$；

y_{n+1}——精馏段第 $n+1$ 层上升蒸气中易挥发组分的摩尔分率；

x_n——精馏段第 n 层下降液体中易挥发组分的摩尔分率；

R——回流比，无因次，$R=\dfrac{L}{D}$。

塔内序号自上往下数。

3. 提馏段物料衡算和操作线方程

假设提馏段内为恒摩尔流且各板相平衡。

总物料衡算 $$L'=V'+W \tag{7-18}$$

操作线方程式 $$y'_{m+1}=\frac{L'}{V'}x'_m-\frac{W}{V'}x_{\mathrm{W}}\text{（易挥发组分物料衡算）} \tag{7-19}$$

或 $$y'_{m+1}=\frac{L+qF}{L+qF-W}\quad x'_m-\frac{W}{L+qF-W}x_{\mathrm{W}} \tag{7-20}$$

式中：V'、L'——分别为提馏段上升蒸气和下降液体的摩尔流量，$\mathrm{kmol\cdot h^{-1}}$；

y'_{m+1}——提馏段第 $m+1$ 层板上升蒸气中易挥发组分的摩尔分率；

x'_m——提馏段第 m 层下降液体中易挥发组分的摩尔分率；

q——原料液的热状态参数，无因次。

（四）连续精馏塔的热量衡算

1. 加料板的热量衡算

对于加料板，因有物料从塔外加入，故其物料衡算和热量衡算与普通塔板不同。

$$q=\frac{L'-L}{F}=\frac{i_V-i_F}{i_V-i_L}=\frac{\text{将 1 kmol 进料变为饱和蒸气所需的热量}}{\text{原料液的千摩尔汽化热}} \tag{7-21}$$

式中：i_F——原料液的焓，$kJ\cdot kmol^{-1}$；

i_V、i_L——分别为进料板上饱和蒸汽与饱和液体的焓，$kJ\cdot kmol^{-1}$。

各种不同进料热状况的 q 值见表 7-1。

表 7-1 进料状况与 q 值的关系

进料热状况	过冷液体	饱和液体	汽液混合物	饱和蒸气	过热蒸气
q 值	>1	1	0~1	0	<0

冷液体进料及过热蒸气进料的 q 值计算式为：

$$q=\frac{r+c_p(t_s-t_F)}{r} \tag{7-22}$$

式中：r——按进料组成计算的平均摩尔汽化热，$kJ\cdot kmol^{-1}$；

c_p——在进料与泡点平均温度下原料液的平均比热容，$kJ\cdot kmol^{-1}\cdot ℃^{-1}$；

t_s、t_F——分别为原料液的泡点和进料温度，℃。

精馏段和提馏段内各流股的流量关系（即加料板液相汽相的物料衡算）为：

$$L'=L+qF \tag{7-23}$$

$$V=V'+(1-q)F \tag{7-24}$$

q 线方程（进料方程）为：

$$y=\frac{q}{q-1}x-\frac{x_F}{q-1} \tag{7-25}$$

2. 冷凝器和再沸器的热量衡算

（1）冷凝器

若忽略冷凝器的热损失，冷凝器的热负荷

$$Q_c=(R+1)\cdot D\cdot(I_{VD}-I_{LD}) \tag{7-26}$$

冷却介质消耗量

$$W_c=\frac{Q_c}{c_{pc}(t_2-t_1)} \tag{7-27}$$

式中：Q_c——冷凝器的热负荷，$kJ\cdot h^{-1}$；

I_{VD}、I_{LD}——分别为塔顶上升蒸气的焓和塔顶馏出液的焓，$kJ\cdot kmol^{-1}$，若塔顶回流液在饱和温度下进入塔内，则 $I_{VD}-I_{LD}=r$；

W_c——冷却介质的消耗量，$kJ\cdot h^{-1}$；

t_1、t_2——分别为冷却介质在冷凝器进、出口处的温度,℃。

(2)再沸器

再沸器的热负荷 $$Q_B = V'(I_{VW} - I_{LW}) + Q_L \tag{7-28}$$

加热介质消耗量 $$W_b = \frac{Q_B}{I_{B1} - I_{B2}} \tag{7-29}$$

式中:Q_B——再沸器的热负荷,$kJ \cdot h^{-1}$;

Q_L——再沸器的热损失,$kJ \cdot h^{-1}$;

I_{VW}、I_{LW}——分别为再沸器中上升蒸气的焓和釜残液的焓,$kJ \cdot kmol^{-1}$;

W_b——加热介质消耗量,$kg \cdot h^{-1}$;

I_{B1}、I_{B2}——分别为加热介质进、出再沸器的焓,$kJ \cdot kmol^{-1}$。若用饱和蒸汽加热,且冷凝液在饱和温度下排出,则:$I_{B1} - I_{B2} = r$,r 为加热蒸汽的汽化热,$kJ \cdot kg^{-1}$。

(五)最小回流比与适宜回流比

1. 最小回流比

一般计算式为: $$R_{min} = \frac{x_D - y_e}{y_e - x_e} \tag{7-30}$$

式中:R_{min}——最小回流比;

x_e、y_e——q 线与平衡线交点的坐标。

饱和液体进料 $$R_{min} = \frac{1}{\alpha - 1}\left[\frac{x_D}{x_F} - \frac{\alpha(1 - x_D)}{1 - x_F}\right] \tag{7-31}$$

饱和蒸气进料 $$R_{min} = \frac{1}{\alpha - 1}\left[\frac{x_D}{y_F} - \frac{\alpha(1 - x_D)}{1 - y_F}\right] - 1 \tag{7-32}$$

式中:y_F——饱和蒸气原料中易挥发组分的摩尔分率;

α——全塔平均挥发度。

2. 适宜回流比

$$R = (1.1 - 2)R_{min} \tag{7-33}$$

对于难分离的混合液应选用较大的回流比。

(六)连续精馏塔理论板层数的计算

1. 逐板计算法

依次利用平衡关系和操作线关系式计算各层塔板的汽、液相浓度直到等于或小于所要求的浓度,每使用一次平衡关系,表示需要一层理论板。

2. 图解法

图解法求理论板层数的基本原理与逐板计算法相同,只是用简便的图解代替了烦琐的计算。在平衡线与操作线之间画阶梯,满足分离要求的阶梯即为理论层数。进料板位置为跨过两操作线交点的阶梯。进料板属于提馏段。

值得注意的是,当精馏塔顶设有分凝器时,由逐板计算或图解法获得的精馏段理论板层数应减 1，因分凝器相当一层理论塔板；又再沸器相当一层理论板，同样，在所得到的提馏段理论板层数应减 1。

3. 简捷法

(1)吉利兰经验关联图

吉利兰关联图的横坐标表示为$(R-R_{\min})/(R+1)$，纵坐标表示为$(N-N_{\min})/(N+1)$。其中 N、$N_{\min}$ 为包括再沸器在内的理论板层数及最少理论板层数。只要已知 R、$R_{\min}$ 及 $N_{\min}$，即可利用吉利兰关联图，在其应用条件下，进行两组分和多组分精馏的简捷计算。

(2)最少理论板层数的计算——芬斯克方程式

全回流条件下，采用全凝器时，

$$N_{\min}+1=\frac{\lg\left(\frac{x_D}{1-x_D}\cdot\frac{1-x_W}{x_W}\right)}{\lg\alpha_m} \tag{7-34}$$

式中：$N_{\min}$——在全回流条件下，采用全凝器时的最少理论板层数；

α_m——全塔平均相对挥发度，当 α 变化不大时，可取塔顶和塔底的 α 的几何平均值。

将式(7-34)中的 x_W 换成进料级成 x_F，α_m 取塔顶与进料相对挥发度的几何平均值，可以用该式计算精馏段的理论板层数，并可确定进料板位置。

(七)板效率和实际塔板数

1. 单板效率

单板效率又称默弗里(Murphree)效率，可分别按汽相组成与液相组成的变化来表示，即：

$$E_{mV}=\frac{y_n-y_{n+1}}{y_n^*-y_{n+1}} \tag{7-35}$$

$$E_{mL}=\frac{x_{n-1}-x_n}{x_{n-1}-x_n^*} \tag{7-36}$$

式中：E_{mV}、E_{mL}——分别为汽相与液相默弗里效率；

y_{n+1}、y_n——分别为进入与离开第 n 层塔板的汽相组成，摩尔分率；

x_{n-1}、x_n——分别为进入与离开第 n 层塔板的液相组成，摩尔分率；

y_n^*——与液相组成 x_n 成平衡的汽相组成，摩尔分率；

x_n^*——与气相组成 y_n 成平衡的液相组成，摩尔分率。

2. 全塔效率与实际塔板数

$$E=\frac{N}{N_e}\times 100\% \tag{7-37}$$

式中：E——全塔效率；

N——理论板层数；

N_e——实际板层数。

三、知识点关联图

二元体系的汽-液平衡关系

理想溶液

- 拉乌尔定律 $p_A = p_A^0$ $p_B = p_B^0(1-x)$
- 泡、露点方程 $x = \frac{P - p_A^0}{p_A^0 - p_B^0}$ $y = \frac{p_A^0}{P}x$
- 相平衡方程 $y = \frac{\alpha x}{1+(\alpha-1)x}$

非理想溶液

- 挥发度 $v_i = \frac{p_i}{x_i}$ $v_i = p_i^0$ $\alpha = \frac{y}{1-y}\cdot\frac{1-x}{x}$
- 相对挥发度 $\alpha = \frac{v_A}{v_B} = \frac{p_A}{p_B}\cdot\frac{1-x}{x} = \frac{p_A^0}{p_B^0}$

→

加料板物料衡算

$$\begin{cases} V' = V-(1-q)F \\ L' = L+qF \end{cases}$$

加料线方程 $y = \frac{q}{q-1}\cdot x - \frac{x_F}{q-1}$

←

$q = \frac{1\text{kmol原料} \Rightarrow \text{蒸气所需焓值}}{\text{原料的千摩焓}}$

5种进料热状况

①过冷液体（q>1）
②饱和液体（q=1）
③汽液混合（0<q<1）
④饱和蒸汽（q=0）
⑤过热蒸汽（q<0）

↓

最小回流比 $R_{min} = \frac{x_D - y_e}{y_e - x_e}$　　实际回流比 $R = (1.2 \sim 2.0)R_{min}$

饱和液体 $R_{min} = \frac{1}{\alpha-1}\left[\frac{x_D}{x_F} - \frac{\alpha(1-x_D)}{1-x_F}\right]$　　饱和蒸汽 $R_{min} = \frac{1}{\alpha-1}\left[\frac{\alpha x_D}{x_F} - \frac{1-x_D}{1-x_F}\right] - 1$

↓

精馏

全塔物料衡算 $\begin{cases} F = D+W \\ Fx_F = Dx_D + Wx_W \end{cases}$

塔顶采出率 $\frac{D}{F} = \frac{x_F - x_W}{x_D - x_W}$　　塔底采出率 $\frac{W}{F} = \frac{x_D - x_F}{x_D - x_W}$

轻组分回收率 $\eta = \frac{Dx_D}{Fx_F}$

精馏段操作线方程 $y = \frac{R}{R+1}x + \frac{x_D}{R+1}$　　回流比 $R = \frac{L}{D}$　$V = L + D = (R+1)D$

提馏段操作线方程 $y = \frac{L'}{L'-W}x - \frac{Wx_W}{L'-W}$　　$L' = V' + W$

→

理论塔板数确定方法
- 梯级图解法
- 逐板计算法
- 捷算法

↓

精馏（塔）的其他形式
- ①直接蒸汽加热
- ②复杂塔
- ③加收塔
- ④全回流塔
- ⑤间歇精馏
- ⑥特殊精馏：恒沸精馏、萃取精馏

四、习题解答

【例 7-1】 含乙醇 12%（质量分数）的水溶液，试求：

（1）乙醇的摩尔分率；

（2）乙醇溶液的平均相对分子质量。

解 （1）乙醇的摩尔分率 x_A

乙醇 C_2H_5OH，$M_A=46$；水 H_2O，$M_B=18$

$$x_A=\frac{n_A}{n}=\frac{\frac{12}{46}}{\frac{12}{46}+\frac{88}{18}}=0.0507$$

（2）乙醇溶液的平均相对分子质量 M_m

$$\begin{aligned}M_m&=x_AM_A+x_BM_B\\&=0.0507\times46+(1-0.0507)\times18\\&=19.42\end{aligned}$$

【例 7-2】 每小时有 4000 kg 的乙醇水溶液，于 1 个大气压下进行分离。水溶液中含乙醇 30%（质量分数，下同），要求馏出液中含乙醇量不低于 94%，残液中含乙醇量不大于 3%，试求馏出液及残液的流率（以 $kmol\cdot h^{-1}$ 表示）。

解 先把题目给的数据换算成以 $kmol\cdot h^{-1}$ 和摩尔分率表示：

C_2H_5OH 相对分子质量 $M_A=46$

H_2O 相对分子质量 $M_B=18$

馏出液的组成 $x_D=\frac{\frac{94}{46}}{\frac{94}{46}+\frac{6}{18}}=0.86$

残液组成 $x_W=\frac{\frac{3}{46}}{\frac{3}{46}+\frac{97}{18}}=0.0119$

料液组成 $x_F=\frac{\frac{30}{46}}{\frac{30}{46}+\frac{70}{18}}=0.1435$

料液平均相对分子质量 M_m：

$$\begin{aligned}M_m&=x_F\cdot M_A+(1-x_F)\cdot M_B\\&=0.1435\times46+(1-0.1435)\times18\\&=22.01\end{aligned}$$

故 $F=\frac{4000}{22.01}=181.7\ kmol\cdot h^{-1}$

总物料衡算 $F=D+W$

乙醇的物料衡算 $F \cdot x_F = D \cdot x_D + W \cdot x_W$

即 $D = \dfrac{F \cdot (x_F - x_W)}{x_D - x_W} = \dfrac{181.7 \times (0.1435 - 0.0119)}{0.86 - 0.0119} = 28.2\ \text{kmol} \cdot \text{h}^{-1}$

$$W = F - D = 181.7 - 28.2 = 153.5\ \text{kmol} \cdot \text{h}^{-1}$$

【例 7-3】 某连续精馏操作中，原料液于沸点下进入分离设备。已知操作线方程如下：精馏段 $y = 0.723x + 0.263$，提馏段 $y = 1.25x - 0.018$，试求原料液、馏出液、残液的组成及回流比。

解 (1)回流比 R

精馏段操作线斜率 $\dfrac{R}{R+1} = 0.723$

解得 $R = 2.61$

(2)馏出液组成 x_D

精馏段操作线截距 $\dfrac{x_D}{R+1} = 0.263$

解得 $x_D = 0.95$

(3)原料液组成 x_F

因沸点进料，故 $q = 1$，即 q 线系通过 $x = x_F$ 的一条垂直线，此时两条操作线的交点的 x 值即为 x_F，联立两操作线方程式：

$$y = 0.723x + 0.263$$
$$y = 1.25x - 0.018$$

解得 $x_F = 0.533$

(4)残液组成 x_W

提馏段操作线系通过 $y = x = x_W$ 点，即

$$x_W = 1.25x_W - 0.018$$

解得 $x_W = 0.072$

【例 7-4】 要在常压操作的连续精馏塔中将含甲醇 0.40 的水溶液加以分离，以便得到含甲醇 0.95 的馏出液和含甲醇 0.04(均为摩尔分率)的残液，回流比为 1.5，料液入塔温度为 40℃，进料流率为 100 kmol · h^{-1}。求回流液从冷凝器送入塔顶的摩尔流率及自釜升入塔底的蒸汽的摩尔流率。

解 对全塔的物料衡算 $F = D + W$

由全塔甲醇物料衡算 $Fx_F = Dx_D + Wx_W$

联立方程得 $D = \dfrac{F \cdot (x_F - x_W)}{x_D - x_W}$

把已知数据代入上式得 $D = \dfrac{100 \times (0.4 - 0.04)}{0.95 - 0.04} = 39.56\ \text{kmol} \cdot \text{h}^{-1}$

由于 $R = \dfrac{L}{D}$

得 $L = RD = 1.5 \times 39.56 = 59.34\ \text{kmol} \cdot \text{h}^{-1}$

加料板气相物料衡算：

$$V' = V - (1-q) \cdot F$$
$$= (L+D) - (1-q) \cdot F$$

由例【7-6】知，料液为 40 ℃时，$q = 1.072$

则 $V' = (59.34 + 39.56) + (1.072 - 1) \times 100$
$= 106.1 \text{ kmol} \cdot \text{h}^{-1}$

【例 7-5】 一连续操作的常压精馏塔，用来分离苯－甲苯混合液。已知进料为含苯 0.5(都为摩尔分率)的饱和液体，欲使塔顶产品含率为 0.95，塔底产品含率为 0.05，此条件下平均相对挥发度为 2.5，取 $R = 1.5R_{\min}$，塔顶蒸汽进入分凝器，所得凝液全作回流，未冷凝的蒸汽通入全凝器得最终产品。求塔顶第一块塔板上升的蒸汽组成。

解 分凝器的气相 y_D(即产品组成 x_D)与液相 x_L(即回流液)成平衡关系，即：

$$y_D = \frac{\alpha x_L}{1 + (\alpha - 1) \cdot x_L}$$

由 $0.95 = \dfrac{2.5x_L}{1 + (2.5 - 1) \cdot x_L}$

解得 $x_L = 0.884$

q 线与平衡线交点坐标($x_e = x_F$，y_e)

$$y_e = \frac{\alpha x_F}{1 + (\alpha - 1) \cdot x_F} = \frac{2.5 \times 0.5}{1 + (2.5 - 1) \times 0.5} = 0.714$$

由最小回流比 $R_{\min} = \dfrac{x_D - y_e}{y_e - x_e} = \dfrac{0.95 - 0.714}{0.714 - 0.5} = 1.103$

$$R = 1.5R_{\min} = 1.103 \times 1.5 = 1.655$$

由于 y_1 与 x_L 在精馏段成操作关系，即：

$$y_1 = \frac{R}{R+1} \cdot x_L + \frac{x_D}{R+1}$$
$$= \frac{1.655}{1.655 + 1} \times 0.844 + \frac{0.95}{1.655 + 1}$$
$$= 0.909$$

【例 7-6】 在常压连续精馏塔中分离两组分理想溶液。该物系的平均相对挥发度为 2.5。原料液组成为 0.35(易挥发组分摩尔分率，下同)，饱和蒸气加料。塔顶采出率 $\dfrac{D}{F}$ 为 40%，且已知精馏段操作线方程为 $y = 0.75x + 0.20$，试求：

(1)提馏段操作线方程；

(2)若塔顶第一板下降的液相组成为 0.7，求该板的气相默夫里效率 E_{mv_1}。

解 (1)提馏段操作线方程

由精馏段操作线方程知 $\dfrac{R}{R+1} = 0.75$，$\dfrac{x_D}{R+1} = 0.20$

解得 $R = 3.0$，$x_D = 0.8$

设原料液流量 $F = 100 \text{ kmol} \cdot \text{h}^{-1}$，则 $D = 0.4 \times 100 = 40 \text{ kmol} \cdot \text{h}^{-1}$，$W = 60$

kmol·h^{-1}

$$x_W=\frac{Fx_F-Dx_D}{F-D}=\frac{100\times0.35-40\times0.8}{100-40}=0.05$$

因 $q=0$，故　$L'=L=RD=3\times40=120\ \text{kmol}\cdot\text{h}^{-1}$

$$V=L+D=RD+D=(R+1)\cdot D$$

$$V'=V-(1-q)\cdot F=(R+1)\cdot D-(1-q)\cdot F=4\times40-100=60\ \text{kmol}\cdot\text{h}^{-1}$$

提馏段操作线方程为

$$y=\frac{L'}{V'}x-\frac{W'}{V'}x_W=\frac{120}{60}x-\frac{60}{60}\times0.05=2x-0.05$$

(2)板效率 E_{mv_1}

由默夫里板效率定义知　$E_{mv1}=\dfrac{y_1-y_2}{y_1^*-y_2}$

其中　$y_1=x_D=0.8$，$y_2=0.75\times0.7+0.2=0.725$

$$y_1^*=\frac{\alpha x_1}{1+(\alpha-1)x_1}=\frac{2.5\times0.7}{1+1.5\times0.7}=0.854$$

所以　$E_{mv1}=\dfrac{0.80-0.725}{0.854-0.725}\approx0.58=58\%$

【例 7-7】　某连续精馏塔在常压下分离甲醇－水溶液，料液量为 100 kmol·h^{-1}，组成 $x_F=0.4$，其精馏段的操作线方程为 $y=0.63x+0.361$；提馏段的操作线方程为 $y=1.805x-0.0096$。试求：

(1)此塔的操作回流比；

(2)塔顶馏出液量；

(3)q 值。

解　(1)根据精馏段操作线方程可知　$\dfrac{R}{R+1}=0.63$

解得　$R=1.7$

(2)又知　$\dfrac{x_D}{R+1}=0.361$

从而可求得 $x_D=0.9747$

又因提馏段操作线与对角线的交点的横坐标即为 x_W，故

$$x_W=1.805x_W-0.0096$$

解得　$x_W=0.012$

根据物料衡算有

$$\begin{cases}F=D+W\\0.4F=0.9747D+0.012W\end{cases}$$

解得　$D=40.3\ \text{kmol}\cdot\text{h}^{-1}$

(3)根据两操作线可求得其交点 d 的坐标：

$$\begin{cases}y=0.63x+0.361\\y=1.805x-0.0096\end{cases}$$

由此求得 $d(0.3155, 0.5597)$。由于点 d 和点 $f(x_F, x_F)$ 的连线即为 q 线，其斜率为

$$\frac{q}{q-1}=\frac{0.4-0.5597}{0.4-0.3155}=-1.89$$

解得：$q=0.654$

【例 7-8】 在一连续精馏塔中分离二元理想混合液。原料液为饱和液体，其组成为0.5，要求塔顶馏出液组成不小于0.95，釜残液组成不大于0.05(以上均为轻组分A的摩尔分数)。塔顶蒸气先进入一分凝器，所得冷凝液全部作为塔顶回流，而未冷凝的蒸气进入全凝器，全部冷凝后作为塔顶产品。全塔平均相对挥发度为2.5，操作回流比 $R=1.5R_{min}$。当馏出液流量为100 kmol·h^{-1}时，试求：

(1)塔顶第一块理论板上升的蒸气组成；

(2)提馏段上升的气体量。

解 因为出分凝器的冷凝液 L 与未液化的蒸气 V_0 成相平衡关系，故分凝器相当一层理论塔板。应注意，自分凝器回流塔内的液相组成 x_0 与自全凝器出来的产品组成 x_D 不同。

(1)由平衡方程及泡点进料时 $x_e=x_F=0.5$

$$y_e=\frac{\alpha x_e}{1+(\alpha-1)x_e}=\frac{2.5\times0.5}{1+1.5\times0.5}=0.714$$

$$R_{min}=\frac{x_D-y_e}{y_e-x_e}=\frac{0.95-0.714}{0.714-0.5}=1.1$$

$$R=1.5R_{min}=1.5\times1.1=1.65$$

精馏段操作线方程 $y=\frac{R}{R+1}x+\frac{x_D}{R+1}$

$$=\frac{1.65}{2.65}x+\frac{0.95}{2.65}=0.623x+0.358$$

再由平衡方程及 $y_0=x_D=0.95$

得 $x_0=\frac{y_0}{\alpha-(\alpha-1)y_0}=\frac{0.95}{2.5-1.5\times0.95}=0.884$

代入精馏段操作线方程，得 $y_1=0.623x_0+0.358=0.909$

(2)由加料板物料衡算式 $V'=V-(1-q)\cdot F$

当泡点进料时，$q=1$

则 $V'=V=(R+1)\cdot D=2.65\times100=265$ kmol·h^{-1}

【例 7-9】 某平均相对挥发度为3的理想溶液，其中易挥发组分的组成为60%(摩尔分率，下同)的料液于泡点下送入精馏塔。要求馏出液中易挥发组分的组成不小于90%，残液中易挥发组分的组成不大于2%。试求：

(1)每获1 kmol 馏出液时原料液用量；

(2)若回流比为1.5，它相当于 R_{min} 的多少倍；

(3)假设料液加到板上后，加料板上的浓度仍为60%，求提馏段第二块理论板上的液相组成。

解 (1)已知 $\alpha=3$，$x_F=0.6$，$x_D=0.9$，$x_W=0.02$，$q=1$

$$F=W+D \qquad F=W+1, \qquad F\times0.6=W\times0.02+1\times0.9$$

联立求解得 $F=1.52$ kmol，$W=0.52$ kmol

相平衡关系 $y=\dfrac{\alpha x}{1+(\alpha-1)x}=\dfrac{3x}{1+2x}$

(2)最小回流比 $q=1$，$x_F=0.6=x_e$

$$y_e=\frac{3x}{1+2x}=\frac{3\times0.6}{1+2\times0.6}=0.818$$

$$R_{min}=\frac{x_D-y_e}{y_e-x_e}=\frac{0.9-0.818}{0.818-0.6}=0.376$$

其倍数为 $n=\dfrac{1.5}{0.367}=4$

(3)提馏段操作线方程：$y=\dfrac{L'}{L'-W}x-\dfrac{Wx_W}{L'-W}$

$$W=0.52\ \text{kmol},\ L'=L+F=RD+F=1.5+1.52=3.02$$

$$y=1.208x-0.00416$$

由 $x_n=0.6$，得 $y_{m+1}=1.208x-0.00416=0.72$

由相平衡关系，当 $y_{m+1}=0.72$ 时，解得

$$x_{m+1}=\frac{y_{m+1}}{\alpha-(\alpha-1)y_{m+1}}=\frac{0.72}{3-(3-1)\times0.72}=0.462$$

综上所述：原料液用量 1.52 kmol，实际回流比是最小回流比的 4 倍，提馏段第二块板上的液相组成为 0.462。

【例 7-10】 在连续精馏塔中处理平均相对挥发度为 2.5 的二元理想溶液，取用回流比为 3.0，指定塔顶产品组成为 0.96(均为摩尔分率)。试求精馏段相邻三层塔板中位于中间那层塔板的气相板效率。已知离开中央板的液相组成为 0.40，离开上一板的液相组成为 0.45。

解 设第 n 板为中间板，得：

$$y_n=\frac{R}{R+1}\cdot x_{n-1}+\frac{x_D}{R+1}=\frac{3}{3+1}\times0.45+\frac{0.96}{3+1}=0.5775$$

$$y_{n+1}=\frac{3}{3+1}\times0.40+\frac{0.96}{3+1}=0.5400$$

$$y_n^*=\frac{\alpha x_n}{1+(\alpha-1)\cdot x_n}=\frac{2.5\times0.4}{1+(2.5-1)\times0.4}=0.6250$$

故 $E_{mV,n}=\dfrac{y_n-y_{n+1}}{y_n^*-y_{n+1}}\times100\%=\dfrac{0.5775-0.5400}{0.6250-0.5400}\times100\%=44.12\%$

由热量衡算知，改变进料热状况，并不改变再沸器与预热器中热负荷的总和，而只改变其间的分配，反而由于露点进料，不但需要增加预热器，而且由于所需的理论塔板数量显著增加，塔设备费用也增加，除闪蒸外，并不用此操作；至于冷液进料，与泡点进料相比虽精馏段板数略有减少，但提馏段的液汽负荷均

增大，无疑需要增大塔径，通常精、提两段为制造方便，取同等直径，这样就产生不经济因素。因此，精馏塔常用泡点进料。

【例 7-11】 在 1 atm 下，对组成为 0.6 摩尔分率的甲醇－水溶液进行简单蒸馏，如在此范围内蒸馏汽液平衡关系可用 $y=0.45x+0.544$ 表示，求馏出原液 1/3 量时的釜液及馏出液的组成。

解 由简单蒸馏计算式：
$$\ln\frac{\overline{W_1}}{\overline{W_2}}=\int_{x_2}^{x_1}\frac{\mathrm{d}x}{y-x}$$

即
$$\ln\left[\frac{\overline{W_1}}{\left(1-\frac{1}{3}\right)\overline{W_1}}\right]=\int_{x_2}^{x_1}\frac{\mathrm{d}x}{0.05x+0.554-x}$$

解得 $x_2=0.498$

令
$$0.6\,\overline{W_1}=\frac{2}{3}\overline{W_1}\times0.498+\frac{1}{3}\overline{W_1}x_D$$

解得 $x_D=0.804$

【例 7-12】 用连续精馏塔分离苯－甲苯混合液，原料中含苯 0.4，要求塔顶馏出液中含苯 0.97，釜液中含苯 0.02（以上均为摩尔分数）。苯－甲苯体系在操作条件下的相对挥发度为 2.5。求下面 4 种进料状况下达到分离要求的最小回流比 R_{min}：

（1）原料液温度为 25℃；

（2）原料为气相混合物，气液比为 3:4；

（3）原料液温度为 25℃，塔顶馏出液中含苯要求达到 0.99，其他条件不变；

（4）原料液温度为 25℃，原料液中苯的含量 0.35，其他条件不变。

解 $x_F=0.4$，查苯－甲苯的 $t-x-y$ 图，得泡点温度 $t_b=95$℃，查得泡点温度下，$r_{苯}=r_{甲苯}=31018.3\ \mathrm{kJ\cdot kmol^{-1}}$

（1）25℃，为过冷液进料，定性温度 $\bar{t}=\frac{1}{2}(25+95)=60$℃，查得相关物性如下：

$$c_{p,苯}=143.7\ \mathrm{kJ\cdot kmol^{-1}\cdot K^{-1}},\quad c_{p,甲苯}=169.5\ \mathrm{kJ\cdot kmol^{-1}\cdot K^{-1}}$$

$$c_p=x_F c_{p,苯}+(1-x_F)c_{p,甲苯}=0.4\times143.7+0.6\times169.5=159.18\ \mathrm{kJ\cdot kmol^{-1}\cdot K^{-1}}$$

$$q=\frac{r+c_p\cdot(t_b-t)}{r}=\frac{31018.3+159.18\times(95-25)}{31018.3}=1.36$$

q 线方程为
$$y=\frac{q}{q-1}x-\frac{x_F}{q-1}=\frac{1.36}{1.36-1}x-\frac{0.4}{1.36-1}=3.78x-1.111$$

气液平衡方程
$$y=\frac{\alpha x}{1+(\alpha-1)}=\frac{2.5x}{1+1.5x}$$

q 线方程与汽液平衡方程联立求解，可得：$x_e=0.478$，$y_e=0.696$

最小回流比为
$$R_{min}=\frac{x_D-y_e}{y_e-x_e}=\frac{0.97-0.696}{0.696-0.478}=1.257$$

（2）汽液比为 3:4，则 $q=4/7$

q 线方程为 $3y = -4x + 2.8$

与相平衡方程联立求解，可得 $x_e = 0.307$，$y_e = 0.524$

最小回流比为 $R_{min} = \dfrac{x_D - y_e}{y_e - x_e} = \dfrac{0.97 - 0.524}{0.524 - 0.307} = 2.055$

(3)要求 x_D 达到0.99时而其他条件不变，则(x_e, y_e)不变，所以

$$R_{min} = \frac{x_D - y_e}{y_e - x_e} = \frac{0.99 - 0.696}{0.696 - 0.478} = 1.349$$

(4) $c_p = x_F c_{p,苯} + (1 - x_F) c_{p,甲苯} = 0.35 \times 143.7 + 0.65 \times 169.5$

$= 160.47\ kJ \cdot kmol^{-1} \cdot K^{-1}$

$$q = \frac{r + c_p(t_b - t)}{r} = \frac{31018.3 + 160.47 \times (95 - 25)}{31018.3} = 1.36$$

q 线方程为 $y = \dfrac{q}{q-1}x - \dfrac{x_F}{q-1} = \dfrac{1.36}{1.36-1}x - \dfrac{0.35}{1.36-1} = 3.78x - 0.972$

与相平衡方程联立求解，可得：$x_e = 0.430$，$y_e = 0.653$

$$R_{min} = \frac{x_D - y_e}{y_e - x_e} = \frac{0.97 - 0.653}{0.653 - 0.430} = 1.42$$

【例7-13】 在某板式精馏塔中分离A、B两组分构成的混合液，两组分相对挥发度为2.50，进料量为150 $kmol \cdot h^{-1}$，进料组成为 $x_F = 0.48$（轻组分摩尔分数），饱和液体进料。塔顶馏出液中苯的回收率为97.5%，塔釜采出液中甲苯回收率为95%，提馏段液气比为5/4。试求：

(1)该塔的操作回流比；

(2)若该塔再沸器可看作是一块理论板，求进入再沸器的液体组成；

(3)用逐板计算法确定该塔理论板数。

解 (1)由题意 $\dfrac{Dx_D}{Fx_F} = 0.975$

$$Dx_D = 0.975Fx_F = 0.975 \times 150 \times 0.48 = 70.2\ kmol \cdot h^{-1}$$

$$Wx_W = Fx_F - Dx_D = 150 \times 0.48 - 70.2 = 1.8\ kmol \cdot h^{-1}$$

由题意 $\dfrac{W(1 - x_W)}{F(1 - x_F)} = 0.95$

$$W = 0.95F(1 - x_F) + Wx_W = 0.95 \times 150 \times (1 - 0.48) + 1.8 = 75.9\ kmol \cdot h^{-1}$$

$$D = F - W = 150 - 75.9 = 74.1\ kmol \cdot h^{-1}$$

$$x_D = \frac{Dx_D}{D} = \frac{70.2}{74.1} = 0.947$$

$$x_W = \frac{Wx_W}{W} = \frac{1.8}{75.9} = 0.0237$$

$$\frac{L'}{V'} = \frac{L + qF}{V - (1 - q) \cdot F} = \frac{RD + F}{(R + 1) \cdot D} = \frac{5}{4}$$

整理得：$R = \dfrac{4F - 5D}{D} = \dfrac{4 \times 150 - 5 \times 74.1}{74.1} = 3.1$

$$y=\frac{R}{R+1}x+\frac{x_D}{R+1}=\frac{3.1}{3.1+1}x+\frac{0.947}{3.1+1}$$

精馏段操作线方程 $y=0.756x+0.231$ (a)

(2) $V'=V-(1-q)F=(R+1)D-(1-q)F=(3.1+1)\times74.1-0$
$=303.8\ \text{kmol}\cdot\text{h}^{-1}$

$$y=\frac{L'}{V'}x-\frac{Wx_W}{V'}=\frac{5}{4}x-\frac{1.8}{303.8}$$

提馏段操作线方程 $y=1.25x-0.0059$ (b)

由相平衡方程 $y=\dfrac{\alpha x}{1+(\alpha-1)x}$ (c)

可得离开再沸器的上升蒸汽组成：

$$y_W=\frac{\alpha x_W}{1+(\alpha-1)x_W}=\frac{2.5\times0.0237}{1+(2.5-1)\times0.0237}=0.0572$$

该浓度与进入再沸器的液相浓度 x_{W-1} 满足提馏段操作线方程：

$$y_W=1.25x_{W-1}-0.0059$$

解得：$x_{W-1}=\dfrac{y_W+0.0059}{1.25}=\dfrac{0.0572+0.0059}{1.25}=0.0505$

(3)利用前面已导出的操作线方程和相平衡方程，按如下步骤进行逐板计算：$x_D=y_1\xrightarrow{(c)}x_1\xrightarrow{(a)}y_2\xrightarrow{(c)}x_2\cdots y_m\xrightarrow{(c)}x_m$

可得一组$(x_i,\ y_i)$，它们为离开各层塔板的气、液相组成。每计算一次，将所得的$(x_i,\ y_i)$与进料浓度进行比较。当满足 $x_m\leqslant x_F$ 或 $y_m\leqslant x_F$ 时，更换为提馏段操作性方程继续计算：$x_m\xrightarrow{(b)}y_{m+1}\xrightarrow{(c)}x_{m+1}\xrightarrow{(b)}y_{m+2}\cdots y_N\xrightarrow{(c)}x_N$

又可得一组$(x_i,\ y_i)$，当算出的 $x_N\leqslant x_W$ 时，计算结束。

按照上述步骤的计算结果如表 7-2 所示，可见，完成分离任务需要理论板 11 块(包括塔釜 1 块)，精馏段 4 块，第 5 块板进料。

表 7-2 计算结果汇总表

塔板序号	x	y	塔板序号	x	y
01	0.8773	0.9470	07	0.1750	0.3466
02	0.7717	0.8942	08	0.1039	0.2247
03	0.6370	0.8144	09	0.0591	0.1358
04	0.4979	0.7126	10	0.0335	0.0798
05	0.3823	0.6074	11	0.0197	0.0478
06	0.2726	0.4837			

【例 7-14】 用一连续精馏塔分离苯、甲苯液体混合物，塔顶设全凝器，塔底设再沸器。进料量为 150 kmol·h^{-1}，其中含苯 0.4(摩尔分率，下同)，泡点进料，通过取样测得塔顶馏出液中苯回收率为 92.20%，塔底产品中含苯 0.05，实际操作回流比 $R=2.43$，已知操作条件下相对挥发度 $\alpha=2.5$，设该塔在最适宜位置进料，试求：

(1)塔顶产品中苯的组成 x_D 和塔釜上升蒸气量 V'；

(2)精馏段、提馏段操作线方程及从塔顶往下第二块板下流的液相中苯的组成。

解 已知塔顶全冷凝，$F=150\ \text{kmol}\cdot\text{h}^{-1}$，$x_F=0.4$，泡点进料 $q=1$，塔顶苯回收率 $\eta=0.922$，$x_W=0.05$，$\alpha=2.5$，$R=2.43$

(1)全塔物料衡算，得

$$F=D+W$$

$$Fx_F=Dx_D+Wx_W$$

$$\eta=\frac{Dx_D}{Fx_F}=0.922$$

代入数值得

$$\begin{cases}150=D+W\\150\times0.4=Dx_D+W\times0.05\\Dx_D=150\times0.4\times0.922\end{cases}$$

解方程组，解得

$$D=56.4\ \text{kmol}\cdot\text{h}^{-1},\ W=93.6\ \text{kmol}\cdot\text{h}^{-1},\ x_D=0.981$$

由加料层物料衡算，得塔釜上升蒸气量

$$V'=(R+1)D+(q-1)F=3.43\times56.4+0=193.4\ \text{kmol}\cdot\text{h}^{-1}$$

(2)精馏段操作线方程

$$y=\frac{R}{R+1}x+\frac{x_D}{R+1}=\frac{2.43}{3.43}x+\frac{0.981}{3.43}=0.708x+0.286 \tag{a}$$

提馏段操作线方程 $y=\dfrac{L'}{L'-W}x-\dfrac{Wx_W}{L'-W}$

式中，$L'=L+qF=RD+F=2.43\times56.4+150=287.052\ \text{kmol}\cdot\text{h}^{-1}$

$$y=\frac{287.052}{287.052-93.6}x-\frac{93.6\times0.05}{287.052-93.6}=1.484x-0.024$$

相平衡关系 $y=\dfrac{\alpha x}{1+(\alpha-1)x}$，得

$$x=\frac{y}{\alpha-(\alpha-1)y}=\frac{y}{2.5-1.5y} \tag{b}$$

交替应用式(a)、(b)计算得

$$x_D=y_1=0.981\xrightarrow{\text{式(b)}}x_1=0.954\xrightarrow{\text{式(a)}}y_2=0.962\xrightarrow{\text{式(b)}}x_2=0.910$$

即第二块板下流的液相中苯的组成为 $x_2=0.910$

【例 7-15】 操作中的精馏塔，将加料口由原来的最佳位置进料向下移动几块塔板，其余操作条件均不变(包括 F、x_F、q、D、R)，此时塔顶产品浓度 x_D、塔底产品浓度 x_W将如何变化？

解 加料口下移几块塔板后，由原来的最佳位置进料变成了非最佳位置进料。根据最佳位置进料的性质可知，在相同的 F、x_F、q、D、R 条件下，若要达到同样

的分离要求 x_D、x_W，非最佳位置进料时需更多的理论板，也就是说，同样数量的理论板不可能达到原来的分离要求。故本题的结论是在加料口下移几块塔板后，x_D减小。

至于 x_W的变化，则由全塔物料衡算式 $Fx_F = Dx_D + Wx_W$ 可知，当 F、x_F、D 不变时，若 x_D变小，则 x_W变大。

本题还可用下述方法分析。

由 F、x_F、q、D、R 不变可知，精馏段、提馏段操作线斜率均不变，假设 x_D 不变或变大，由物料衡算可知 x_W不变或变小，在 $y-x$ 相图中作出新旧操作线和梯级，则当进料位置从最佳变成了非最佳时梯级数即理论板数变多，这与操作中的塔板数一定相矛盾，故 x_D只能变小。x_W变化分析同上。

【例 7-16】 操作中的精馏塔，保持 F、x_F、q、D 不变，而使 V'减小，此时塔顶产品浓度 x_D、塔底产品浓度 x_W将如何变化?

解 由 $V' = (R+1)D + (q-1)F$ 可知，当 V'减小时，则 R 减小，于是，精馏段操作线斜率下降，这就是说精馏段操作线靠近平衡线，使精馏段分离能力下降，而板数一定，故 x_D将下降。

至于 x_W的变化，则由全塔物料衡算式 $Fx_F = Dx_D + Wx_W$ 可知，当 F、x_F、D 不变时，若 x_D变小，则 x_W变大。

x_W的变化分析也可用如下方法：

提馏段操作线斜率$\frac{L'}{V'} = \frac{V'+W}{V'} = 1 + \frac{W}{V'}$随 V'减小而增大，即提馏段操作线将靠近平衡线，对分离不利，使其分离能力下降，而板数一定，故 x_W将增大。

【例 7-17】 用一精馏塔分离二元理想液体混合物，进料量为 100 $kmol \cdot h^{-1}$，易挥发组分 $x_F = 0.5$，泡点进料，塔顶产品 $x_D = 0.95$，塔底釜液 $x_W = 0.05$(皆为摩尔分率)，操作回流比 $R = 1.61$，该物系相对挥发度 $\alpha = 2.25$，试求：

(1)塔顶和塔底的产品量($kmol \cdot h^{-1}$)；

(2)提馏段上升的蒸汽量($kmol \cdot h^{-1}$)；

(3)提馏段操作线方程；

(4)最小回流比。

解 (1)由题意，全塔及易挥发性组分物料衡算分别为

$$100 = D + W$$

$$100 \times 0.5 = D \times 0.95 + 0.05 \times W$$

解得，塔顶产品量 D 为 50 $kmol \cdot h^{-1}$，塔底产品量 W 为 50 $kmol \cdot h^{-1}$。

(2)因泡点进料，$q = 1$，所以

提馏段上升的蒸气量

$$V' = (R+1)D + (q-1)F = (1.61+1) \times 50 = 130.5\ kmol \cdot h^{-1}。$$

(3)提馏段操作线方程 $y = \frac{L'}{V'}x - \frac{W}{V'}x_W$

式中，$L = qF + RD = 100 + 1.61 \times 50 = 180.5\ kmol \cdot h^{-1}$

$$y=\frac{180.5}{130.5}x-\frac{50}{130.5}\times0.05=1.383x-0.0192$$

(4)由相平衡方程，得

$$y_{\mathrm{F}}=\frac{\alpha x_{\mathrm{F}}}{1+(\alpha-1)x_{\mathrm{F}}}=\frac{2.25\times0.5}{1+(2.25-1)\times0.5}=0.692$$

根据理想溶液相平衡曲线特征，知：

$$x_{\mathrm{e}}=x_{\mathrm{F}}=0.5,\ y_{\mathrm{e}}=y_{\mathrm{F}}=0.692$$

所以最小回流比 $R_{\min}=\dfrac{x_{\mathrm{D}}-y_{\mathrm{e}}}{y_{\mathrm{e}}-x_{\mathrm{e}}}=\dfrac{0.95-0.692}{0.692-0.5}=1.344$

【例 7-18】 用一连续精馏塔分离二元理想溶液，进料量为 100 kmol · h^{-1}，进料组成为 0.4(摩尔分率，下同)，馏出液组成为 0.9，残液组成为 0.1，相对挥发度为 2.5，饱和蒸汽进料。塔顶冷凝器为全凝器，塔釜间接蒸汽加热。试求：

(1)馏出液及残液量；

(2)最小回流比；

(3)操作回流比为 3 时，塔釜每小时产生的蒸汽量；

(4)塔釜上一块理论板的液相组成为多少？

解 (1)由精馏操作物料衡算

$$F=D+W \tag{a}$$

$$Fx_{\mathrm{F}}=Dx_{\mathrm{D}}+Wx_{\mathrm{W}} \tag{b}$$

由式(a)和式(b)联立解得

馏出液量 $D=\dfrac{F(x_{\mathrm{F}}-x_{\mathrm{W}})}{x_{\mathrm{D}}-x_{\mathrm{W}}}=\dfrac{100\times(0.4-0.1)}{0.9-0.1}=37.5\ \mathrm{kmol\cdot h^{-1}}$

残液量 $W=F-D=100-37.5=62.5\ \mathrm{kmol\cdot h^{-1}}$

(2)饱和蒸汽进料 $q=0$

则 q 线与平衡线的交点纵坐标 $y_{\mathrm{e}}=x_{\mathrm{F}}=0.4$

交点的横坐标 $x_{\mathrm{e}}=\dfrac{y_{\mathrm{e}}}{\alpha-(\alpha-1)y_{\mathrm{e}}}=\dfrac{0.4}{2.5-(2.5-1)\times0.4}=0.21$

所以操作的最小回流比 $R_{\min}=\dfrac{x_{\mathrm{D}}-y_{\mathrm{e}}}{y_{\mathrm{e}}-x_{\mathrm{e}}}=\dfrac{0.9-0.4}{0.4-0.21}=2.64$

(3)由进料板的物料衡算，得提馏段上升的蒸汽量

$$V'=V-(1-q)F=(R+1)D-F=(3+1)\times37.5-100=50\ \mathrm{kmol\cdot h^{-1}}$$

(4)相平衡关系 $y=\dfrac{\alpha x}{1+(\alpha-1)x}=\dfrac{2.5x}{1+1.5x}$

由 x_{W} 可求从塔釜上升蒸汽的组成 $y_{\mathrm{W}}=\dfrac{2.5x_{\mathrm{W}}}{1+1.5x_{\mathrm{W}}}=\dfrac{2.5\times0.1}{1+1.5\times0.1}=0.217$

提馏段操作线方程 $y=\dfrac{L'}{V'}x-\dfrac{Wx_{\mathrm{W}}}{V'}$

令塔釜上一块板下降的液相组成为 $x_{\mathrm{W}-1}$

则　$y_W = \frac{L'}{V'}x_{W-1} - \frac{Wx_W}{V'}$

式中，$L' = L + qF = L = RD = 3 \times 37.5\ \text{kmol} \cdot \text{h}^{-1}$

所以　$0.217 = \frac{3 \times 37.5}{50}x_{W-1} - \frac{62.5 \times 0.1}{50}$，解得　$x_{W-1} = 0.152$

【例 7-19】　为测定塔内某种塔板的效率，在常压下对苯－甲苯物系进行全回流精馏，相对挥发度为 2.43。待操作稳定后，测得相邻三层塔板的液相组成为：$x_n = 0.430$，$x_{n+1} = 0.285$，$x_{n+2} = 0.173$。从这 3 个数据可以得到什么结果？

解　根据单板效率的定义，对 n 板有

$$E_{mV,n} = \frac{y_n - y_{n+1}}{y_n^* - y_{n+1}}$$

全回流的物料衡算为　$y_{n+1} = x_n$

从所测得的数据可得到第 $n+1$、$n+2$ 板的效率如下：

$$E_{mV,n+1} = \frac{y_{n+1} - y_{n+2}}{y_{n+1}^* - y_{n+2}} = \frac{x_n - x_{n+1}}{y_{n+1}^* - x_{n+1}}$$

其中　$y_{n+1}^* = \frac{\alpha x_{n+1}}{1 + (\alpha - 1)x_{n+1}} = \frac{2.43 \times 0.285}{1 + 1.43 \times 0.285} = 0.492$

故　$E_{mV,n+1} = \frac{0.430 - 0.285}{0.492 - 0.285} = 0.700$

同理　$y_{n+2}^* = \frac{2.43 \times 0.173}{1 + 1.43 \times 0.173} = 0.337$

$$E_{mV,n+2} = \frac{0.285 - 0.173}{0.337 - 0.173} = 0.683$$

【例 7-20】　在间歇操作的蒸馏塔内分离沸点下的苯－甲苯混合液，料液含苯 0.5（摩尔分率，下同），当残液含苯 0.15 时，蒸馏塔中仍应保持含苯 0.9，回流比取最小回流比的 1.5 倍，设总板效率为 40%，试求必要的塔板数及每批操作开始时的回流比。

解　恒流出液组成的间歇蒸馏设计精馏段塔板效应以釜液操作终了时的最低组成 X_W、Y_0为基准。对苯－甲苯混合液在 $q = 1$ 时的 $R_{\min}$

$$R_{\min} = \frac{x_0 - y_e}{y_e - x_e}$$

从 $y-x$ 图中读出 $x_e = y_F = 0.15$ 时的 $y_B = 0.30$

$$R_{\min} = \frac{0.9 - 0.30}{0.30 - 0.15} = 4$$

最终操作之回流比　$R = 1.5\ R_{\min} = 1.5 \times 4 = 6$

精馏段操作线截距 $= \frac{x_0}{R+1} = \frac{0.9}{6+1} = 0.129$

于对角线上 $x = 0.9$ 之点，引截距为 0.129 的直线，即为操作线。因料液加于釜中，故只有精馏段操作线。在平衡曲线与操作线间，自 $x = 0.9$ 始至 $x = 0.15$

止，共绘的理论板数为 6 块。

则实际板数 $N_e=\dfrac{N-1}{0.4}=12.5$ 块，取 13 块(不含釜)。

为求操作开始时的回流比，需要使用试差法：即自 $y=x=x_D$ 点引出一操作线，使 x 在 0.9 和 0.5 间画梯级恰等于 6，此线之截距便为所求，截距为 0.455。

于是 $\dfrac{x_D}{R+1}=0.455$，解得 $R=0.98$

五、思考题

【例 7-21】 压强对气液平衡有何影响？一般如何确定精馏塔的操作压强？

答 按理想气液计：$x=\dfrac{p-p_B^0}{p_A^0-p_B^0}$，$y=\dfrac{p_A^0\cdot x}{P}$可见总压对气液平衡关系是有影响的，但实验表明，总压曲线的影响不大，如总压变化为 20% ~30% 时，$x-y$ 平衡线的变动不超过 2%，因此在总压变化不大时，外压的影响可忽略，但 $t-x-y$ 图随压强变化比较大，所以 $x-y$ 图在蒸馏中使用较 $t-x-y$ 图方便。

精馏操作的压强确定需根据混合物的状态与性质而定，一般沸点较低的气体混合物的分离在加压下进行，而一般气体混合物多在常压下蒸馏分离，减压蒸馏耗量大，有时还需制冷、解决冷却问题，这是很不经济的，除非混合物是热敏性物料。

【例 7-22】 某连续精馏塔，操作一段时间后由于再沸器结垢使传热能力降低，此时馏出液和釜液的组成将有何变化？若要求维持原来的馏出液组成，应采取什么措施，同时会带来什么影响？

答 再沸器传热能力降低，使提馏段上升蒸汽量 V'降低，$\bar{V}$、R、L、L'也随之降低(假设塔顶产品量 D 不变)则 x_D 降低，而 x_W 上升。

在此种情况下，如要维持 x_D 不变，应减少 D 的采出，以保持原来的 R，但此时由于 D 降低，塔顶回收率 η 也降低；若有可能，应增大再沸器加热蒸气的压力，维持原传热能力。

【例 7-23】 在精馏塔的操作中，若 F、V 维持不变，x_F由于某种原因降低，问可采取哪些措施使 x_F保持不变？并比较这些措施的利弊。

答 可以采用如下措施：

(1)增大回流比 R。因 $V=(R+1)D$，V 不变，则产品产量降低，能耗增大，但调节方便。

(2)下移加料口。由于塔板总数不变，则提留段板数减少，导致塔底产品纯度下降，但不增加能耗，如预留多个加料口，调节方便。

(3)如原料液是经预热处理的，可降低预热程度，即 q 值增大，使 q 域右移，精馏段塔板数减少，仍可保持 x_F不变。但塔顶产品量随之减小。

【例 7-24】 若加料不在设计的加料板上而在其他位置，此时对精馏操作有何影响？

答 (1)若加料在加料板之上，由于该板的 x_B升高，导致沸点增高，为使 x_D不变，精馏段塔板数需增多，否则 x_D下降，同时，板效率亦将受到影响，但塔底 x_W下降。

(2)若加料在加料板之下，情况与上相反。

所以，无论在加料板之上或之下，为使 x_D与 x_W不变，均需增加塔板数，只有加料板正好处在图解阶梯法的顶点，表示相邻此二板加料均可，再移上，移下，则需增大塔板数。

【例 7-25】 连续精馏塔经过一段时间操作，出现塔顶温度升高，塔底温度降低现象，试分析塔两端产品组成有何变化，产生此现象有可能是哪些原因？针对不同原因指出措施，使之恢复正常生产。

答 在塔压不变的情况下，塔顶温度升高，说明塔顶难挥发性组分浓度增大；塔底温度降低，说明塔釜产品中轻组分浓度增大。

产生此现象的原因可能是由于塔底再沸器结垢，加热能力不足，造成塔内回流比下降所致，可以适当提高加热蒸汽的压力，提高传热温差，强化传热。另外，也可能是塔板上出现异常现象，如塔板气相通道局部堵塞，造成气相分布不均匀，使得塔板的分离能力下降，若如此则需要检修塔板。

【例 7-26】 试讨论加料热状况对塔板数、塔径及再沸器负荷的影响。

答 加料热状况的变化，对塔板数、塔径及再沸器负荷的影响讨论如下：

(1)冷液进料：当 $N_{总}$ 不变，由于 q 线右移，$N_{精}$ 降低，$N_{提}$ 升高，冷液进料使 $q>1$；

$V=V'+(1-q)\cdot F$，即 $V<V'$，所以 $N_{精}<N_{提}$(精馏段塔板数小于提馏段塔板数)，为使冷液加热至沸点所消耗的热气体亦由再沸器供给，其热负荷增大。

(2)沸点进料：此时 $V=V'$，$N_{精}=N_{提}$；再沸器只供料液的汽化热和塔热损，热负荷较小。

(3)汽液混合物进料：此时 $V>V'$，$N_{精}>N_{提}$；再沸器只供部分料液汽化热和塔热损，热负荷下降。

(4)饱和蒸汽进料：$V=V'+F$，$D_{精}>D_{提}$；再沸器只供给塔热损，热负荷很小，甚至可省去再沸器。

(5)过热蒸汽进料：提馏段塔径很小，而精馏段板数较多，以保持一定的塔顶温度和产品组成，再沸器可不设(无需供热)。

【例 7-27】 对不正常形状的平衡曲线，精馏操作的最小回流比是否必须通过曲线的切点来确定？为什么？

答 对于不正常形状的平衡曲线，精馏操作的最小回流比，图解法时，必须通过做曲线的切线来确定，以保证确定回流比后，操作线始终位于平衡曲线下方，否则操作线上的一些点就可能出现超平衡的谬误结果。

【例 7-28】 精馏塔在一定条件下操作，试问：回流液由饱和液体改为冷液时，塔顶产品组成有何变化？为什么？

答 从泡点回流改为冷液回流时，塔顶产品组成 x_D 增大，其原因是：冷液回流至塔顶时，冷凝一部分蒸汽，放出的潜热把冷液加热至塔顶第一板的饱和温度。冷凝部分中含难挥发组分产大，使气相易挥发组分增浓。同时，在塔顶回流比保持不变的条件下增加了塔内的内回流，这也有利于分离。

【例 7-29】 通常，精馏操作回流比 $R=(1.1\sim2)R_{min}$；试分析根据哪些因素确定倍数的大小。

答 精馏操作的回流比究竟是最小回流比的多少倍，应通过经济核算来决定，使总费用最低为原则，在精馏设计中，一般并不进行详细的经济衡算，而是根据经验选取，通常 $R=(1.1\sim2)R_{min}$。

影响总费用的因素是操作费用与设备折旧费用，前者指再沸器中加热蒸汽消耗量及冷凝器中冷却水(或冷却介质)的消耗量。它们都和塔内蒸汽上升量有关。因 $V=(R+1)D$ 及 $V'=V+(q-1)F$，当 F、q、D 一定时，V 及 V' 正比于 $(R+1)$，R 增大，操作费呈线性增加。后者指精馏塔、再沸器冷凝器等设备投资来以相应的折旧费。如设备类型及其所用材料选定，该项费用主要取决于设备尺寸。当 $R=R_{min}$ 时，塔板数 N 为∞，即设备费用为∞，但 R 稍大于 R_{min} 后，塔板数从无限多锐减至有限值。当 R 继续增加时，塔板数固然仍随之减少，但比较缓慢。另一方面，由于 R 的增加，上升蒸汽量亦增加，从而使塔板、再沸器、冷凝器的尺寸相应增加，故 R 增至某一数值后，设备费用反而上升。要使总费用为最低，即 R 通常为上述之经验值。

【例 7-30】 试分析精馏过程中回流比大小对操作费用与设备费用的影响，并说明适宜回流比如何确定。

答 回流比有两个极限，全回流时，达到一定的分离程度需要的理论板层数最小(设备费用最低)，但无产品取出，对工业生产无意义；最小回流比时，需要无限多理论板层数，设备费用为无限大；随回流比加大，理论板数减少，设备费用降低，但随回流比加大，塔径、换热设备等加大，且操作费用加大。操作回流比应尽可能使设备费用与操作费用总和为最小，通常取 $R=(1.1\sim2)R_{min}$。

【例 7-31】 精馏操作中，加大回流比时，对塔顶产品有何影响？为什么？

答 当精馏塔的塔板数已固定，若原料的组成及其受热状况也一定时，则加大回流比可以提高塔顶产品的浓度(因操作线改变)，但由于再沸器的负荷一定(即上升蒸汽量 V 一定)，因 $V=(R+1)D$，此时回流比 R 加大会使塔顶产量 D 下降，即 R 增加则 D 下降，故降低塔的生产能力。

【例 7-32】 用一般的精馏方法能否得到无水乙醇？为什么？

答 用一般的精馏方法，不能得到无水乙醇，因为乙醇－水溶液是具有最大正偏差的溶液，这种溶液在 $t-x-y$ 图上温度出现最低共沸点，而在 $y-x$ 图上出现拐点，在该点上，气液相的组成相同，即 $y=x=0.894$(摩尔分率)，直到蒸干为止，浓度仍无改变。因此，采用普通精馏方法所得的乙醇产品纯度不会超过 0.894。

【例 7-33】 试说明精馏操作中回流的作用。

答 回流的作用：稳定每层塔板上的两相浓度，同时由于回流液的温度低于下一层塔板上升蒸汽的温度，故可作为下一层塔板上升蒸汽的冷凝剂，使上升蒸汽中的难挥发组分冷凝下来，从而提高上升蒸汽中易挥发组分的浓度，与此同时，回流液中的易挥发组分也汽化出来(得到上升蒸汽冷凝时放的热量)，这样就保证了每层塔板上发生一次部分汽化和部分冷凝作用，经过多次(多层)的部分汽化和冷凝就能达到分离混合液的作用，故回流是保证精馏能连续稳定进行下去的必要条件之一。

【例 7-34】 精馏塔不正常操作现象有哪些？如何克服这些现象？

答 精馏塔不正常操作的现象有泄漏、干吹、液泛、液沫夹带、气泡夹带等。

(1)要减小漏液，增大气速；

(2)要减小干吹，减小气速或者增大液量；

(3)要减小液泛，减小气速或者增大降液管面积；

(4)要减小液沫夹带，减小气速；

(5)要减小气泡夹带，减小溢流速率。

六、符号表

符号	意义	计量单位
A、B、C	安托因常数	
$c_{m,p}$	定压摩尔热容	$kJ \cdot kmol^{-1} \cdot K^{-1}$
D	塔顶产品流量	$kmol \cdot s^{-1}$或$kmol \cdot h^{-1}$
E_{mV}	气相默弗里板效率	
F	物系自由度	
	加料流率	$kmol \cdot s^{-1}$或$kmol \cdot h^{-1}$
G	间歇精馏时塔釜的总汽化量	kmol
i_L	泡点液体的热焓	$kJ \cdot kg^{-1}$
i_V	饱和蒸汽的热焓	$kJ \cdot kg^{-1}$
m	相平衡常数	
L	回流液流量	$kmol \cdot s^{-1}$或$kmol \cdot h^{-1}$
N	理论板数(包括塔釜)	
P	总压	Pa
P^0	纯组分的饱和蒸汽压	Pa
q	加料热状态平衡蒸馏中液相产物占加料的分率	
Q	传热量	$kJ \cdot s$
r	汽化热	$kJ \cdot kg^{-1}$
R	回流比	
t、T	温度	K
V	塔内的上升蒸汽流率	$kmol \cdot s^{-1}$或$kmol \cdot h^{-1}$
W	间歇操作中塔釜存液量	kmol
x	液相中易挥发组分的摩尔分数	
y	气相中易挥发组分的摩尔分数	
α	相对挥发度	
υ	挥发度	

第八章　气液传质设备

一、教学基本要求

本章主要涉及气液传质设备的操作原理、基本构造与性能、合理选用与安装。通过学习，能根据生产工艺要求，合理地选择和正确使用气液传质设备，并使之在高效率下可靠运行。

本章应掌握塔设备的分类，填料塔、板式塔结构与特点；降液管板式塔和浮阀塔的水力学性能；填料塔的填料类型选择，填料塔的水力学性能；板式塔与填料塔的比较及设备选型等内容。重点应围绕提高传质速率，理解各种塔板及填料结构特点、塔设备性能的指标及塔设备的操作特性。难点是塔设备的流体力学特性和传质特性的分析。主要内容包括以下几个方面：

- 塔板上气液流动情况和不正常操作状况；
- 塔板效率及其影响因素分析；
- 板式塔的设计要点和负荷性能图；
- 填料塔流体力学性能及设计要点；
- 板式塔与填料塔比较及选用。

二、重点内容

(一)板式塔基本概念

1. 板式塔类型

塔板类型有泡罩塔板、筛板塔板、浮阀塔板。

2. 板式塔的流体力学性能

板式塔的塔板性能与塔板结构及塔内气液两相流体的流动状况密切相关，结构一定时，塔板性能完全取决于塔内气液两相的流动状况。

(1)塔内气液相的理想流动

总体上逆流，在板上具体为错流。

(2)塔内气液相的非理想流动和不正常流体力学现象

雾沫夹带：上升气流将板上液体带入上层塔板的现象。一般控制雾沫夹带量 $eF<0.1$ kg 液 · kg^{-1}气。

漏液：液体经升气孔道下流的现象；液泛将完全破坏塔的正常操作；液体流过塔板存在落差，气体流过塔板的阻力分布不均，致使流过塔板的气流分布不均。

液泛：塔内液体不能顺畅下流，产生积液的现象。

(3)塔板压降

单位体积气体通过塔板时所损失的机械能，其单位为 Pa(或 mm H_2O、mmHg)。

塔板压降是评价塔板性能的一个重要指标，是影响塔板流体力学特性的一个关键参数。

(4)负荷性能图

影响板式塔操作状况和分离效果的主要因素为物料性质、塔板结构和塔内气液两相的流动状况；对于一定结构的塔，处理一定物性的物料，塔板性能完全取决于气液负荷；在直角坐标系内，以气、液相负荷为横坐标，标绘出塔板各种极限条件下 $V-L$ 关系曲线，表示出塔板的适宜气液流量范围，这组曲线图称为塔板的负荷性能图(图 8-1)。负荷性能图通常由 5 条线组成，基本要点如下：

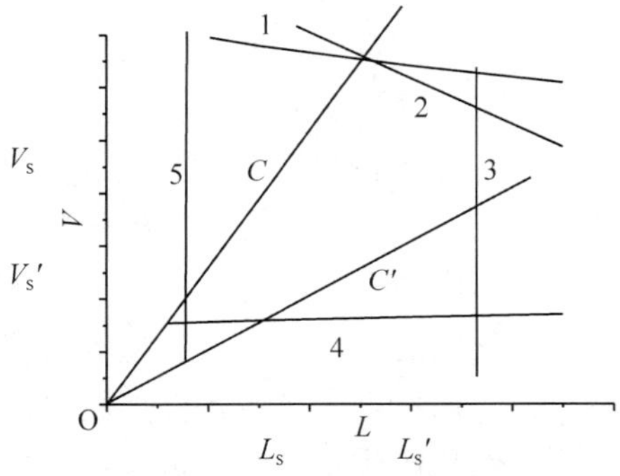

图 8-1 气液负荷性能图

①线 1 为雾沫夹带线，当气液负荷超过此线时，雾沫夹带量将过大，使板效率严重下降，适宜操作区应在雾不要沫夹带线之下。

②线 2 为液泛线，适宜操作区应在此线之下，当气液负荷超过此线时，将发生液泛，使塔不能正常操作。

③线 3 为液相负荷上限线，该线又称降液管超负荷线，当液体流量超过此线时，表明液体流量过大，液体在降液管内停留时间过短，造成气相反混，使板效率降低。

④线 4 为漏液线，该线又称气相负荷下限线，当气体流量低于此线时，将发生严重漏液现象，使板效率降低。

⑤线 5 为液相负荷下限线，当液相负荷低于此线时，液体在塔板上分布不均，导致板效率降低。

⑥适宜操作范围为各线所包围的区域；操作时，在负荷性能图上 V_S 和 L_S 的坐标点称为操作点，如图 8-1 中的 C 和 C'；操作点与原点的连接线称为操作线，如图 8-1 中的 C 和 OC'；操作点位于负荷性能图的适中位置之时，操作稳定效果好。

(二)塔板效率表示法

塔板效率反映的是塔板上气液两相传质的完善程度。

1. 总板效率 E_T

总板效率又称全塔效率，是指理论板数与实际板数的比值。

$$E_T = \frac{N_T}{N_P}$$

式中：N_T——所需的理论板数；

N_P——实际板数。

2. 单板效率 E_M

单板效率又称为默弗里(Murphree)效率，是指气、液相经过一层塔板前后的实际组成变化与经过该层塔板前后的理论组成变化的比值。

第 n 层塔板的气液流动及组成情况如图 8-2 所示，该板按气相组成变化与液相组成变化表示的单板效率分别为：

$$E_{MV} = \frac{y_n - y_{n+1}}{y_n^* - y_{n+1}} \qquad E_{ML} = \frac{x_{n-1} - x_n}{x_{n-1} - x_n^*}$$

式中：y_n^*——与 x_n 成平衡的气相组成；

x_n^*——与 y_n 成平衡的液相组成。

一般说来，同一块塔板上 E_{MV} 与 E_{ML} 数值是不等的。

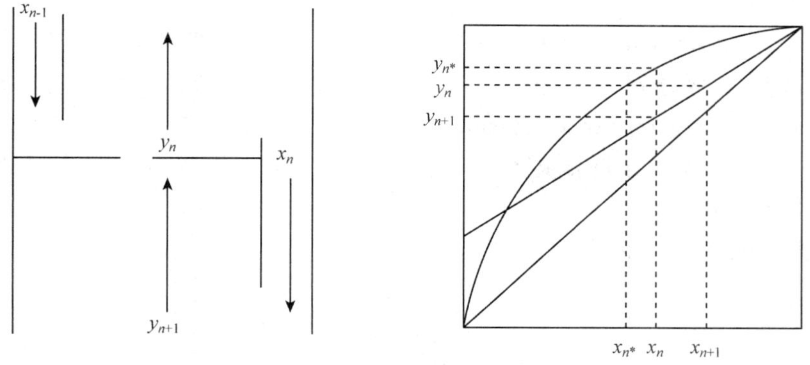

图 8-2　单板效率示意图

(三)浮阀塔工艺尺寸计算

1. 塔高 z

$$z = \frac{N_T H_T}{E_T}$$

2. 塔径 D

$$D = \left(\frac{4V_S}{\pi u}\right)^{\frac{1}{2}}$$

3. 溢流装置设计

溢流装置型式多样，对塔径在 2.2 m 以下的浮阀塔，目前都采用单溢流，以方形降液管为例。

(1)出口堰尺寸

堰长 l_w

$$l_w=(0.6\sim0.8)D$$

堰高 h_w

$$h_w=h_L-h_{0w}$$

(2)降液管底隙高度 h_0(不应小于 20～25 mm)

$$h_0=\frac{L_s}{l_w u'_0}$$

(3)进口堰与受液盘

设进口堰目的是使液体在塔板上分布均匀；对塔径在 0.8 m 以上的大塔，目前多采用受液盘，凹形受液盘深度一般在 50 mm 以上。

(4)方形溢流管的宽度和截面积

可根据$\frac{l_w}{D}$值查$\frac{W_d}{D}$及$\frac{A_f}{A_T}$值，从而定出宽度 W_d 及截面积 A_f，A_T 系塔板截面积。但需验算降液管内液体停留时间 $\theta>3\sim5$s，核算式为 $\theta=A_f\cdot\frac{H_T}{L_s}$。

4. 塔板布置

塔板对 $D<800$ mm 小塔采用整块式；$D>900$ mm 大塔采用分块式。塔板上有气液鼓泡区、溢流区、破沫区、无效区 4 区，前二区间的面积即为破沫区，$D<1.5$ m 时，宽度 $W_s=60\sim75$ mm；$D>1.5$ m 时，宽度 $W_s=80\sim110$ mm。无效区用于安装，为防止液流短路，用挡板围住，它与塔壁距离为小塔 30～50 mm、大塔 50～70 mm。

5. 浮阀的数目与排列

$$N=\frac{4Vs}{\pi d_0^2 u_0}$$

阀在塔板鼓泡区内的排列有正三角形和等腰三角形两种，可顺排或叉排，以叉排为多，同一排阀孔中心距为 t。

等边三角形排列时

$$t=d_0\left(0.907\frac{A_a}{A_0}\right)^{0.5}$$

等腰三角形排列时

$$t=\frac{A_a}{Nt'}$$

式中：A_a——鼓泡区面积，对单溢流塔板：

$$A_a=2\left[\chi\sqrt{a^2-\chi^2}+\frac{\pi}{180}\cdot R^2\cdot\sin^{-1}\left(\frac{\pi}{R}\right)\right]$$

根据 t、t'作图，可确定实际的浮阀数，须与计算的浮阀数相近，并核算 F_0。原则应调整孔距、阀数，重新作图，反复计算。最后核算开孔率 $\varphi=\frac{u}{u_0}$，使之约为 10%。

（四）浮阀塔板的流体力学验算

1. 气体通过塔板的压降

$$\Delta P_P = \Delta P_c + \Delta P_l + \Delta P_\sigma$$

$$h_P = h_c + h_l + h_\sigma$$

式中：h_c，阀全开前：$h_c = \dfrac{19.9u_0^{0.175}}{\rho_L}$，阀全开后：$h_c = 5.34\rho_v \cdot \dfrac{u_0^2}{2g\rho_L}$；

$h_l = \varepsilon_0 \cdot h_L$；

h_σ 值甚小，通常予以忽略。

2. 液泛

降液层中的溶液柱高度 H_d：

$$H_d = h_P + h_L + h_d$$

塔板上不设进口堰时

$$h_d = 0.153\left(\frac{L_s}{l_w h_0}\right)^2$$

塔板上装有进口堰时

$$h_d = 0.2\left(\frac{L_s}{l_w h_0}\right)^2$$

设计中令 $H_d \leqslant \varphi(H_T + h_w)$。

3. 雾沫夹带

依泛点率（$\dfrac{u}{u_F}$）校核，对大塔，泛点率 <80%；$D<0.9$m 塔，泛点率 <70%；减压塔，泛点率 <75%。泛点率的经验式为：

$$泛点率 = V_s \frac{\left[\dfrac{\rho_V}{(\rho_L - \rho_V)}\right]^{0.5}}{0.78KC_F A_T} \times 100\%$$

若泛点率不符校核要求，应调整有关参数，如 D、H_T、u 等，重新计算。

4. 泄漏

如 $F_0 = 5 \sim 6$，泄漏量尚属正常，采用浮阀的减压塔，F_0 值要提高些。

（五）浮阀塔板的负荷性能图

以 V_s、L_s 分别为直角坐标系中的纵、横轴，描绘各种界限条件下的 $V_s - L_s$ 关系曲线，从而得到允许负荷波动的范围，图形参见图 8-1。

1. 雾沫夹带上限线

$$V_s \frac{\left[\dfrac{\rho_V}{(\rho_L - \rho_V)}\right]^{0.5}}{0.78KC_F A_T} \times 100\% = a$$

a 为各种情况允许的泛点率。

2. 液泛线

$$\varphi(H_T+h_w)=5.34\rho_V\frac{u_0^2}{2g\rho_L}+0.153\left(\frac{L_s}{l_w h_0}\right)^2+(1+\varepsilon_0)\left[h_w+2.84\times10^{-3}E\left(\frac{3600L_s}{l_w}\right)^{\frac{2}{3}}\right]$$

3. 液相负荷上限线

依液体在降液管中最短的停留时间 5 s 计：

$$L_s=A_f\cdot\frac{H_T}{5}$$

4. 气相负荷下限线

以 $F_0=5$ 计：

$$V_s=3.925d_0^2\frac{N}{\rho_V^{0.5}}$$

5. 液相负荷下限线

一般取平堰的堰上液层高度 $h_{0w}=0.006$ m 计：

$$2.84\times10^{-3}E\left(\frac{3600L_s}{l_w}\right)^{\frac{2}{3}}=0.006$$

预定的气、液负荷设计点应落在范围区中的适中位置，要有较好的操作弹性。

（六）填料塔

1. 塔填料类型

常用的塔填料可分为两大类：散装填料和规整填料。

2. 塔填料特性

填料特性是表示填料性能、特征的物理量，主要有比表面积、空隙率、填料因子。

3. 填料塔的流体力学性能

(1)气体通过填料层的压强降

压降是塔设计和操作中的一个重要参数，压降大小决定了塔的动力消耗，能反映出塔的操作状况；压强降与气液相流量有关。

(2)填料塔的泛点气速计算：设计计算中常采用 Eckert 关联图，即依据 $\left(\frac{W_L}{W_V}\right)\cdot\left(\frac{\rho_V}{\rho_L}\right)^{0.5}$ 和填料类型或允许压降 $\frac{\Delta p}{z}$ 查 $u_F\varphi\psi\rho_V\mu_L^{0.2}$ 值，然后求泛点气速 u_F 或 u。

4. 填料塔附件

填料塔附件主要有填料支承装置、液体分布装置、液体再分布装置和除沫装置。填料支承装置可分为栅板式、升气管式。液体分布装置可分为莲蓬式、盘式、槽式、多孔环管式。液体再分布装置可分为截锥形、支承板截锥形。除沫装置可分为折流板除沫器、旋流板除沫器、丝网除沫器。

三、知识点关联图

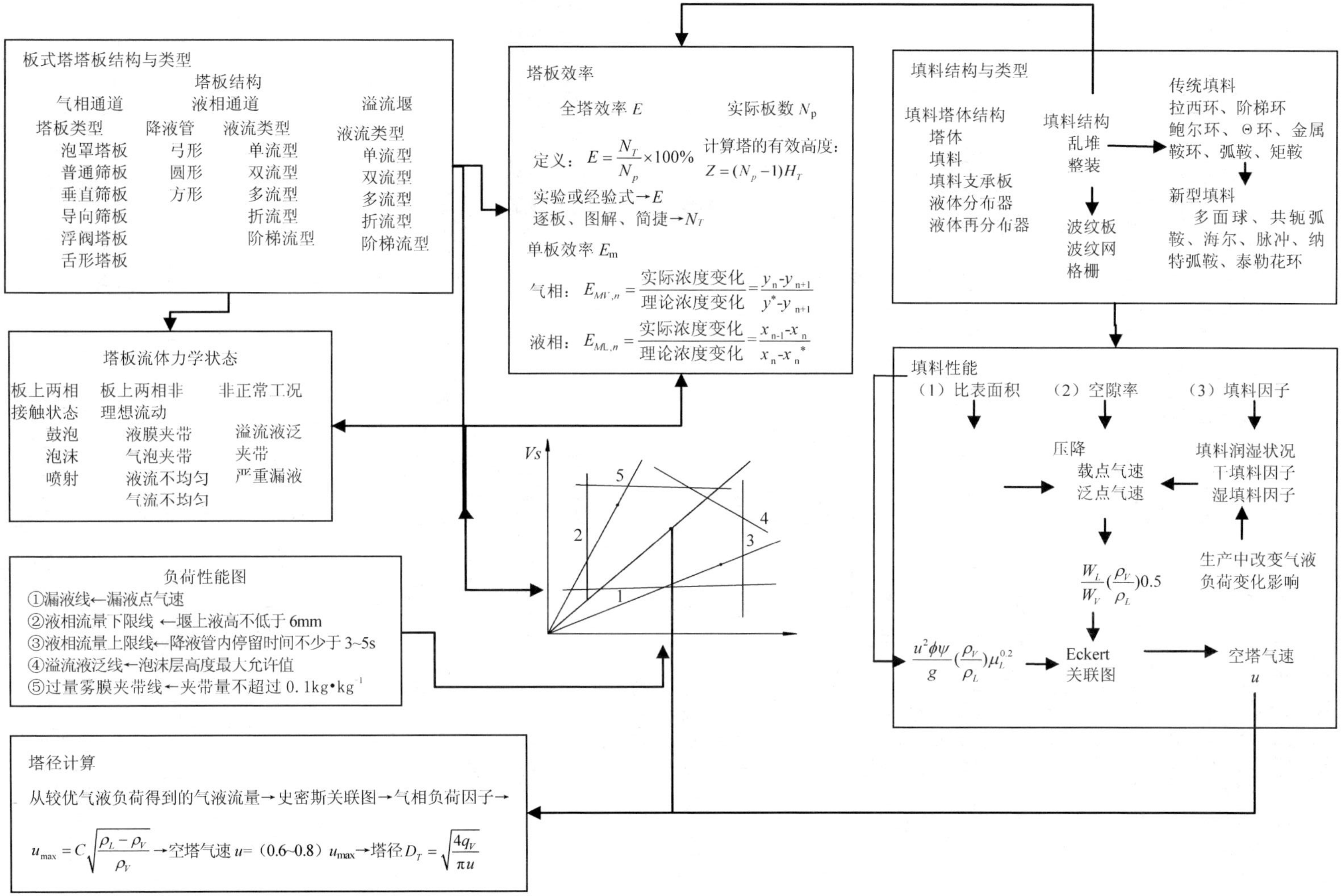
板式塔塔板结构与类型
塔板结构
气相通道
液相通道
溢流堰
塔板类型
泡罩塔板
普通筛板
垂直筛板
导向筛板
浮阀塔板
舌形塔板
降液管
弓形
圆形
方形
液流类型
单流型
双流型
多流型
折流型
阶梯流型
液流类型
单流型
双流型
多流型
折流型
阶梯流型
塔板流体力学状态
板上两相接触状态
鼓泡
泡沫
喷射
板上两相非理想流动
液膜夹带
气泡夹带
液流不均匀
气流不均匀
非正常工况
溢流液泛
夹带
严重漏液
负荷性能图
①漏液线←漏液点气速
②液相流量下限线 ←堰上液高不低于 6mm
③液相流量上限线←降液管内停留时间不少于 3~5s
④溢流液泛线←泡沫层高度最大允许值
⑤过量雾膜夹带线←夹带量不超过 0. 1kg•kg^{-1}
塔径计算
从较优气液负荷得到的气液流量→史密斯关联图→气相负荷因子→
$u_{\max} = C\sqrt{\dfrac{\rho_L-\rho_V}{\rho_V}}$ →空塔气速 u=（0.6~0.8）$u_{\max}$→塔径 $D_T=\sqrt{\dfrac{4q_V}{\pi u}}$
塔板效率
全塔效率 E
实际板数 N_p
定义：$E=\dfrac{N_T}{N_p}\times100\%$
计算塔的有效高度：
$Z=(N_p-1)H_T$
实验或经验式→E
逐板、图解、简捷→N_T
单板效率 E_m
气相：$E_{MV,n}=\dfrac{实际浓度变化}{理论浓度变化}=\dfrac{y_n-y_{n+1}}{y^*-y_{n+1}}$
液相：$E_{ML,n}=\dfrac{实际浓度变化}{理论浓度变化}=\dfrac{x_{n-1}-x_n}{x_n-x_n^*}$
Vs
1
2
3
4
5
填料结构与类型
填料塔体结构
塔体
填料
填料支承板
液体分布器
液体再分布器
填料结构
乱堆
整装
波纹板
波纹网
格栅
传统填料
拉西环、阶梯环
鲍尔环、Θ环、金属鞍环、弧鞍、矩鞍
新型填料
多面球、共轭弧鞍、海尔、脉冲、纳特弧鞍、泰勒花环
填料性能
（1）比表面积
（2）空隙率
（3）填料因子
压降
载点气速
泛点气速
填料润湿状况
干填料因子
湿填料因子
生产中改变气液负荷变化影响
$\dfrac{W_L}{W_V}(\dfrac{\rho_V}{\rho_L})0.5$
$\dfrac{u^2\phi\psi}{g}(\dfrac{\rho_V}{\rho_L})\mu_L^{0.2}$
Eckert
关联图
空塔气速
u

四、习题解答

【例 8-1】 欲采用浮阀塔分离甲醇水溶液。已知当操作回流比取为 1.34 时，精馏段需用 6 层理论塔板完成分离任务。已确定该塔在常压下操作，采用 F1 型浮阀，总板效率可取为 60%。试对该塔的精馏段进行设计计算。并已知：上升蒸气的平均密度 $\rho_v = 1.13\ kg\cdot m^{-3}$，平均流量 $V_h = 14600\ m^3\cdot h^{-1}$；下降液体的平均密度 $\rho_L = 801.5\ kg\cdot m^{-3}$，平均流量 $L_h = 11.8\ m^3\cdot h^{-1}$；平均表面张力 $\sigma = 20.1\ mN\cdot m^{-1}$。

解 1. 工艺计算

(1) 塔高 z_1（精馏段）

取塔板间距 $H_T = 0.45$ m，则 $z_1 = \left(\dfrac{N_T}{E_T}\right)\cdot H_T = \left(\dfrac{6}{60\%}\right)\times 0.45 = 4.5$ m

(2) 塔径 D

已知液气动能参数

$$\left(\frac{L_h}{V_h}\right)\left(\frac{\rho_L}{\rho_v}\right)^{0.5} = \left(\frac{11.8}{14600}\right)\left(\frac{801.5}{1.13}\right)^{0.5} = 0.022$$

常压塔选板上液层高度 $h_L = 0.06$ m，$H_T - h_L = 0.45 - 0.06 = 0.39$ m

查史密斯关联图得 $c_{20} = 0.081$

负荷系数 $c = c_{20}\left(\dfrac{\sigma}{20}\right)^{0.2} = 0.081\times\left(\dfrac{20.1}{20}\right)^{0.2} = 0.081$

故限空塔气速

$$u_{max} = c\left[\frac{\rho_L - \rho_v}{\rho_v}\right]^{0.5} = 0.081\times\left[\frac{801.5 - 1.13}{1.13}\right]^{0.5} = 2.16\ m\cdot s^{-1}$$

取安全系数为 0.6，$u = 0.6u_{max} = 0.6\times 2.16 = 1.3\ m\cdot s^{-1}$

则 $$D = \left(\frac{4V_h}{\pi u}\right)^{0.5} = \left(\frac{4\times 14600}{3600\pi\times 1.3}\right)^{0.5} = 2\ m$$

(3) 溢流装置　选用单溢流弓形降液管

堰长 l_w，取 $l_w = 0.7D = 0.7\times 2 = 1.4$ m

堰高 h_w　　$h_w = h_L - h_{0w}$

$$h_{0w} = \left(\frac{2.84}{1000}\right)\cdot E\cdot\left(\frac{L_h}{l_w}\right)^{\frac{2}{3}} = 2.84\times 10^{-3}\times 1\times\left(\frac{11.8}{1.4}\right)^{\frac{2}{3}} = 0.011\ m$$

$$h_w = 0.06 - 0.011 = 0.049\ m$$

降液管底隙高度 h_0　$h_0 = \dfrac{L_h}{l_w u_0'}$，取 $u'_0 = 0.1\ m\cdot s^{-1}$

$$h_0 = \frac{11.8}{3600\times 1.4\times 0.1} = 0.023\ m$$

方形降液管的宽度 w_d 和截面积 A_f

当 $\dfrac{l_w}{D} = 0.7$ 时，查图得

$$\frac{A_f}{A_T}=0.09$$

有 $A_f=0.009\times\frac{\pi}{4}\times 2^2=0.28\ m^2$

$$\frac{w_d}{D}=0.15$$

即 $w_d=0.15\times 2=0.3\ m$

检验停留时间 θ

$$\theta=A_f\cdot\frac{H_T}{L_h}=0.28\times\frac{0.45\times 3600}{11.8}=38.4\ s>3\sim 5\ s$$

(4)塔板布置及浮阀数目与排列

取气体通过阀孔的动能因素　　$F_0=9.25$

则　$u_0=\frac{F_0}{\rho_v^{0.5}}=\frac{9.25}{(1.13)^{0.5}}=8.7m\cdot s^{-1}$

每层塔板浮阀数 N

$$N=\frac{V_s}{\frac{1}{4}\pi d_0^2\cdot u_0}=\frac{14600}{(3600\times 0.785\times 0.039^2\times 8.7)}=390$$

取边缘区宽度 $w_c=0.06\ m$，破沫区宽度 $w_s=0.10\ m$

鼓泡区面积　$A_a=2\left[\chi\sqrt{R^2-\chi^2}+\frac{\pi}{180}R^2\sin^{-1}\left(\frac{\chi}{R}\right)\right]$

$$R=\frac{D}{2}-w_c=\frac{2}{2}-0.06=0.94\ m$$

$$\chi=\frac{D}{2}-(w_d+w_s)=\frac{2}{2}-(0.30+0.1)=0.60\ m$$

有　$A_a=2\times\left[0.60\sqrt{0.94^2-0.60^2}+\left(\frac{\pi}{180}\right)\times(0.94)^2\sin^{-1}\left(\frac{0.60}{0.94}\right)\right]=2.1\ m^2$

浮阀排列采用等腰三角形排列(叉排)，取同排阀孔中心距 $t=0.075\ m$

则相邻两排阀孔中心线距离 t'

$$t'=\frac{A_a}{(N\cdot t)}=\frac{2.1}{(390\times 0.075)}=0.071\ m$$

取 $t'=0.07\ m$，依作图排列得 $N=390$，阀孔气速及动能因子保持原值。

开孔率 $\varphi=\frac{u}{u_0}=\frac{1.3}{8.7}=14.9\%$，设计合理。

2. 塔板流体力学验算

(1)气相通过浮阀塔板的压强降

$$\Delta P_P=\Delta P_c+\Delta P_l+\Delta P_\sigma$$

或　$h_P=h_c+h_l+h_\sigma$

干板阻力　$h_c=19.9\frac{u_0^{0.175}}{\rho_L}$

$$u_{0c}=\left(\frac{73.1}{\rho_v}\right)^{\frac{1}{1.825}}=9.82\ \mathrm{m\cdot s^{-1}}>u_0=8.7\ \mathrm{m\cdot s^{-1}}$$

按 $u_0=8.7\ \mathrm{m\cdot s^{-1}}$计　$h_c=19.9\,\dfrac{(8.7)^{0.175}}{801.5}=0.036$ m 液柱

板上充气液层阻力　$h_l=\varepsilon_0\cdot h_L=0.5\times0.06=0.03$ m 液柱，h_σ 通常很小，可以忽略。

$$h_P=0.036+0.03=0.066\ \text{m 液柱}$$

则　$\Delta P_P=h_P\rho_L g=0.066\times801.5\times9.81=519$ Pa

(2)淹塔(液泛)

$$H_d=h_P+h_L+h_d$$

$$h_d=0.153\left(\frac{L_h}{l_w h_0}\right)^2=0.153\times\left(\frac{11.8}{3600\times1.4\times0.023}\right)^2=0.0016\ \mathrm{m}$$

故　$H_d=0.066+0.06+0.0016=0.128$ m

验证　$\varphi(H_T+h_w)=0.5\times(0.45+0.049)=0.25\ \mathrm{m}>H_d$，不淹塔。

(3)雾沫夹带(由 ρ_v 及 H_T 查图得 $c_F=0.11$，K 取 1)

$$\text{泛点率}=V_h\frac{\left[\dfrac{\rho_v}{(\rho_L-\rho_v)}\right]^{0.5}}{(0.78Kc_FA_T)}\times100\%$$

$$=14600\times\frac{\left[\dfrac{1.13}{(801.5-1.13)}\right]^{0.5}}{(3600\times0.78\times1\times0.11\times0.785\times2^2)}\times100\%$$

$$=56.6\%<80\%$$

因此，可保证雾沫夹带量 <0.1 kg 液 · $\mathrm{kg^{-1}}$气。

(4)泄露　当动能因数 $F_0>5\sim6$ 时，泄露量 $<10\%$。

3. 浮阀塔板负荷性能图

(1)雾沫夹带上限线 AA'　令泛点率上限值为 0.8，由泛点率式知，V_s 为平行于 L_s 的一条直线($V_s=5.73\ \mathrm{m^3\cdot s^{-1}}$)。

(2)液泛线 BB'

液泛线表达式　$aV_s^2=b-cL_s^2-dL_s^{\frac{2}{3}}$

$$a=1.91\times10^5\times\frac{\rho_v}{(\rho_L N^2)}=1.91\times10^5\times\frac{1.13}{(801.5\times390^2)}=0.00177$$

$$b=\varphi H_T+(\varphi-1-\varepsilon_0)h_w=0.5\times0.45+(0.5-1-0.5)\times0.049=0.176$$

$$c=\frac{0.153}{(l_w^2h_0^2)}=\frac{0.153}{(1.4^2\times0.023^2)}=147.6$$

$$d=(1+\varepsilon_0)\cdot E\cdot\frac{(0.667)}{l_0^{\frac{2}{3}}}=(1+0.5)\times1\times\frac{0.667}{1.4^{\frac{2}{3}}}=0.8$$

则　$0.00177V_s^2=0.176-147.6L_s^2-0.8L_s^{\frac{2}{3}}$

或　$V_s^2=99.43-83390L_s^2-452L_s^{\frac{2}{3}}$

表 8-1　液泛线计算表

$L_s/(m^3 \cdot s^{-1})$	0.001	0.006	0.011
$V_s/(m^3 \cdot s^{-1})$	9.73	9.03	8.20

(3)液相负荷上限线 CD

按降液管停留时间 $\theta=5$ s 计　$L_S=\frac{A_T H_T}{5}=\frac{0.17 \times 0.45}{5}=0.0153\ m \cdot s^{-1}$

(4)泄漏线　取 $F_0=5$ 作为规定气体最小负荷标准

$$V_s=N \cdot \frac{\pi}{4} \cdot d_0^2 \cdot \frac{5}{\rho_V^{0.5}}=390 \times 0.785 \times (0.039)^2 \times \frac{5}{1.13^{0.5}}=2.2\ m^3 \cdot s^{-1}$$

(5)液相负荷下限线　以 $h_{0w}=0.006$ m 作为液相负荷下限条件

即　$2.84 \times 10^{-3} E \cdot \left[\frac{3600 L_s}{l_w}\right]^{\frac{2}{3}}=0.006$

$$L_s=\left(\frac{0.006 \times 10^3}{2.84}\right)^{\frac{3}{2}} \times \frac{1.4}{3600 \times 11.8}=0.0001\ m^3 \cdot s^{-1}$$

把以上 5 条线描绘在 V_s-L_s 坐标图上，为附图，从塔板负荷性能图知：

(1)塔板的气相负荷上限线完全由雾沫夹带控制。

(2)操作点 p 位置适中。

(3)操作弹性：

$(V_s)_{max}=5.73\ m^3 \cdot s^{-1}$，　$(L_s)_{min}=2.2\ m^3 \cdot s^{-1}$，操作弹性 $=\frac{5.73}{2.2}=2.6$

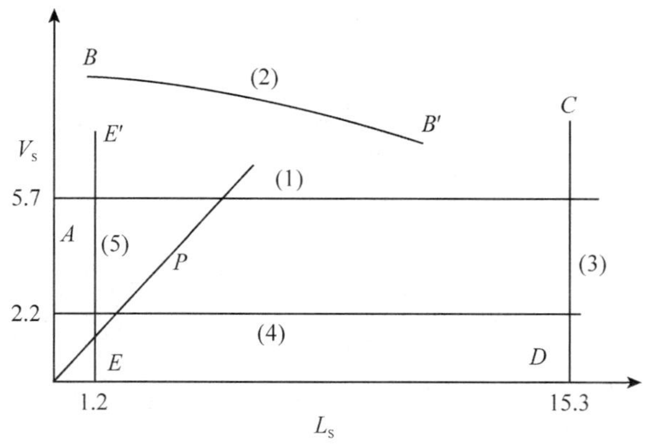

例 8-1　附图

【例 8-2】　某乙醇－水精馏塔，塔顶、塔底温度分别为 78.2℃ 与 102℃，进料中含乙醇摩尔分率为 16%，试查取全塔效率。

解　平均温度 $t_m=\frac{(78.2+102)}{2}=90.1$℃

90.1℃时，$\alpha=8.60$，液相水 $\mu_1=0.3162$ cP，液相乙醇 $\mu_2=0.38$ cP

$$\mu_L=0.84 \times 0.3162+0.16 \times 0.38=0.326\ cP$$

$$\alpha\mu_L=8.60 \times 0.326=2.80$$

查奥康奈尔图，得 $E_T=37.5\%$

【例 8-3】 聚氯乙烯生产过程中，需要将从乙炔发生器送出来的粗乙炔气体净化，办法是在填料塔中用次氯酸钠稀溶液除去其中的硫、磷等杂质。粗乙炔气体通过填料塔的体积流量为 700 $m^3\cdot h^{-1}$，密度为 1.16 $kg\cdot m^{-3}$，次氯酸钠水溶液的用量为 4000 $kg\cdot h^{-1}$，密度为 1050 $kg\cdot m^{-3}$，黏度为 1.06 m·Pa·s。所用填料为陶瓷拉西环，其尺寸有 50 mm×50 mm×4.5 mm 及 25 mm×25 mm×2.4 mm 两种。大填料在下层，小填料在上层，各高 5 m，乱堆。若取空塔气速为液汽气速的 80%，试求此填料塔的直径及流体阻力。

解　(1)求泛点气速 u_F

乙炔气的质量流量　$W_v=V_h\rho_v=700\times1.16=812\ kg\cdot h^{-1}$

$$\left(\frac{W_L}{W_V}\right)\left(\frac{\rho_V}{\rho_L}\right)^{0.5}=\left(\frac{4000}{812}\right)\times\left(\frac{1.16}{1050}\right)^{0.5}=0.164$$

查埃克物通用关联图，得：$u^2\varphi\psi\rho_V\cdot\dfrac{\mu_L^{0.2}}{g\rho_L}=0.11$

两种填料的 φ 值不同，但同一塔只能有一气速，故采用小填料的 φ 值：$\varphi=450\ m^{-1}$

$$\psi=\frac{\rho_{水}}{\rho_L}=\frac{1000}{1050}=0.952$$

得　$$u_F=\left(\frac{0.11\times9.81\times1050}{(450\times0.952\times1.16\times1.06^{0.2})}\right)^{0.5}=1.5\ m\cdot s^{-1}$$

$$u=0.8u_F=0.8\times1.5=1.2\ m\cdot s^{-1}$$

(2)塔径 D

$$D=\left(\frac{4V_s}{\pi u}\right)^{0.5}=\left(\frac{4\times700}{3600\times3.14\times1.2}\right)^{0.5}=0.454\ m$$

(3)流体阻力(整塔压降)Δp：

$$u^2\varphi\psi\rho_V\cdot\frac{\mu_L^{0.2}}{\rho_L g}=(0.8)^2\times0.11=0.07$$

$$\left(\frac{W_L}{W_V}\right)\left(\frac{\rho_V}{\rho_L}\right)^{0.5}=0.164$$

查埃克物图得每米压降为 120 mmH_2O

故　$\Delta p=(5+5)\times120=1200\ mmH_2O$

【例 8-4】 某填料塔的直径为 0.6 m，内装 25 mm×25 mm×2.5 mm 的瓷拉西环，填料层高 4 m，用于常压及 20℃下气体吸收操作，若液、气性质分别与水、空气相同，其质量流速分别为 6.5 $kg\cdot m^{-2}\cdot s^{-1}$ 及 0.5 $kg\cdot m^{-2}\cdot s^{-1}$，求压强降。若气量维持不变，试估计液体流量增至多大时开始发生液泛现象。

解　(1)泛点气速 u_F

$$\left(\frac{W_L}{W_V}\right)\left(\frac{\rho_V}{\rho_L}\right)^{0.5}=\left(\frac{6.5}{0.5}\right)\left(\frac{1.21}{1000}\right)^{0.5}=0.452$$

查埃克物图，得：　$u_F^2\varphi\psi\rho_V\cdot\dfrac{\mu_L^{0.2}}{g\rho_L}=0.048$　（乱堆计）

$$u_F=\left(\frac{0.048\times1000\times9.81}{450\times1\times1.21\times1^{0.2}}\right)^{0.5}=0.93\ \mathrm{m\cdot s^{-1}}$$

又　$u=\dfrac{G}{\rho}=\dfrac{0.5}{1.21}=0.413\ \mathrm{m\cdot s^{-1}}$

则　$u^2\varphi\psi\rho_V\cdot\dfrac{\mu_L^{0.2}}{g\rho_L}=\left(\dfrac{0.413}{0.93}\right)^2\times0.048=0.0095$

再查埃克物图，得：$\dfrac{\Delta p}{z}=12.5\ \mathrm{mmH_2O}$

(2)压强降 Δp

$$\Delta p=4\times12.5=50\ \mathrm{mmH_2O}$$

(3)液泛液体流量估计(乱堆填料计)

按埃克物图纵坐标为0.0095，查液泛线对应的横坐标值为2，即

$$\left(\frac{W_L}{W_V}\right)\left(\frac{\rho_V}{\rho_L}\right)^{0.5}=2$$

$$W_L=2\times0.5\times\left(\frac{1000}{1.21}\right)^{0.5}=28.76\ \mathrm{kg\cdot m^{-2}\cdot s^{-1}}$$

$$L_h=\left(\frac{W_L}{\rho_L}\right)\times0.785\times0.6^2\times3600=0.02876\times0.785\times0.36\times3600$$

$$=29.3\ \mathrm{m^3\cdot h^{-1}}$$

【例8-5】　用一筛板蒸馏塔将52%(摩尔分数，下同)甲醇与48%的水溶液分离成99.9%甲醇与99.8%水。塔顶压强为101 $\mathrm{kN\cdot m^{-2}}$，全塔的压强降估计为30 $\mathrm{kN\cdot m^{-2}}$。试按塔底的状况计算塔径。取液气分率为0.7。板距初定为300 mm，塔的有效截面积可取为总截面积的0.9倍。气体(塔底处可视为水蒸气)质量流量为0.82 $\mathrm{kg\cdot s^{-1}}$，液体(塔底处可视为水)质量流量为1.24 $\mathrm{kg\cdot s^{-1}}$(液汽分率是指空塔气速与液汽气速之比)。

解　塔底压力 = 101 + 30 = 131 kPa，此时水的沸点 $t_s=107℃$，

密度 $\rho_L=953\ \mathrm{kg\cdot m^{-3}}$，表面张力 $\sigma=57.5\ \mathrm{mN\cdot cm^{-1}}$，黏度 $\mu=0.266$ cP，水蒸气密度 $\rho_r=0.75\ \mathrm{kg\cdot m^{-3}}$

$$\left(\frac{V_L}{V_V}\right)\left(\frac{\rho_L}{\rho_V}\right)^{0.5}=\frac{\dfrac{m_L}{\rho_L}}{\dfrac{m_V}{\rho_V}}\cdot\left(\frac{\rho_L}{\rho_V}\right)^{0.5}=\frac{m_L}{m_V}\cdot\left(\frac{\rho_V}{\rho_L}\right)^{0.5}=\left(\frac{1.24}{0.82}\right)\left(\frac{0.75}{953}\right)^{0.5}=0.042$$

查史密斯关联图，得：$c_{20}=0.062$

$$c=c_{20}\left(\frac{\sigma}{20}\right)^{0.2}=0.062\times\left(\frac{57.5}{20}\right)^{0.2}=0.077$$

$$u_F=c\left(\frac{\rho_L-\rho_V}{\rho_V}\right)^{0.5}=0.077\times\left(\frac{953-0.75}{0.75}\right)^{0.5}=2.74\ \mathrm{m\cdot s^{-1}}$$

则 $u=0.7u_F=0.7\times2.74=1.92\ \text{m}\cdot\text{s}^{-1}$

又 $V_V=\dfrac{m_V}{\rho_V}=\dfrac{0.82}{0.75}=1.09\ \text{m}^3\cdot\text{s}^{-1}$

令 $0.9\times\dfrac{\pi}{4}\cdot D^2=\dfrac{V_s}{u}$

故 $D=\left(\dfrac{4\times1.09}{0.9\times3.14\times1.92}\right)^{0.5}=0.9\ \text{m}$（应取整为 1 m）。

【例 8-6】 设习题 5 中的筛板塔共需理论板 30 层，在塔顶与塔底的平均温度 86℃下，甲醇水溶液的相对挥发度为 6.3。试估计：

(1)板效率；

(2)塔身高度。

解 (1)86℃时，水的黏度 $\mu_{H_2O}=0.33$ cP，甲醇黏度 $\mu_{CH_3OH}=0.26$ cP

料液平均摩尔黏度 $\mu_{av}=0.26\times0.52+0.33\times0.48=0.294$ cP

$\alpha\mu_{av}=6.3\times0.294=1.85$

查蒸馏塔总板效率关联图，得：$E_0=46\%$

(2)蒸馏塔总板数 $N_P=\dfrac{N_T}{E_0}=\dfrac{30}{0.46}=65$

塔身高 $z=65\times0.3=19.5$ m　　取 $z=20$ m

【例 8-7】 用水吸收废气中少量可溶气体，每小时处理废气 10 t。操作温度 40℃，气体的表压为 500 mm H_2O，其性质可视为与空气相同。液气流量比按质量计为 2.5。采用内充填 40 mm 陶瓷拉西环填料的吸收塔，填料层高度估计为 8 m。要求气体借其本身的压强通过填料层(塔顶为大气压)。问塔径应为几米？此情况下的液汽分率是多少？

解 因塔顶压力低，同样流量，液泛若发生，不会在塔顶，则依塔顶条件计。

气体密度 $\rho_V=\dfrac{1.293\times273}{273+40}=1.128\ \text{kg}\cdot\text{m}^{-3}$

水的密度 ρ_L 取为1000 $\text{kg}\cdot\text{m}^{-3}$，40℃时，$\mu_{H_2O}=0.656$ cP，

填料因子 $\varphi=350\ \text{m}^{-1}$

$$\left(\frac{W_L}{W_V}\right)\left(\frac{\rho_V}{\rho_L}\right)^{0.5}=2.5\times\left(\frac{1.128}{10^3}\right)^{0.5}=0.089$$

查埃克物通用关联图，得：

液汽线上交点的纵坐标 $u_F^2\varphi\psi\rho_V\cdot\dfrac{\mu_L^{0.2}}{g\rho_L}=0.145$

$$\frac{\Delta P}{z}=\frac{500}{8}=62.5\ \text{mmH}_2\text{O}$$

线上交点的纵坐标

$$u^2\varphi\psi\rho_V\cdot\frac{\mu_L^{0.2}}{g\rho_L}=0.062$$

令 $V_s=\dfrac{m_s}{\rho_V}=\dfrac{10\times10^3}{3600\times1.128}=2.463\ \text{m}^3\cdot\text{s}^{-1}$

$$u=\left(\frac{0.062\times10^3\times9.81}{350\times1\times1.128\times0.656^{0.2}}\right)^{0.5}=1.3\ \text{m}\cdot\text{s}^{-1}$$

故 $D=\left(\dfrac{4V_s}{\pi u}\right)^{0.5}=\left(\dfrac{4\times2.463}{3.14\times1.3}\right)^{0.5}=1.6\ \text{m}$

液汽分率% $=\left(\dfrac{u}{u_F}\right)^{0.5}\times100\%=\left(\dfrac{0.062}{0.145}\right)^{0.5}\times100\%=65.4\%$

【例 8-8】 有一填料塔，内充填40 mm 陶瓷拉西环，当塔内上升的气量达到8000 kg·h^{-1}时，便在顶部开始液泛。为了提高产量，便将填料改换为50 mm 陶瓷矩鞍。问上升气量可提高到多少才含液泛？生产中若采用上升蒸汽量为12500 kg·h^{-1}，是否合适？

解 填料因子 φ：对40 mm 瓷拉西环 $\varphi=350\ \text{m}^{-1}$

对50 mm 陶瓷矩鞍 $\varphi'=130\ \text{m}^{-1}$

同时液泛时，有 $\dfrac{G'_F}{G_F}=(\underline{\varphi})^{0.5}$

$$G'_F=G_F\left(\frac{\varphi}{\varphi'}\right)^{0.5}=8000\times\left(\frac{350}{130}\right)^{0.5}=13127\ \text{kg}\cdot\text{h}^{-1}$$

若 $G'_F=12500\ \text{kg}\cdot\text{h}^{-1}$时，液泛% $=\dfrac{12500}{13127}=95\%$

上值虽不致于液泛，但安全系数过低(不符合在 0.6 ~0.8 范围内)，生产上不宜用。

【例 8-9】 在以 25 mm ×25 mm ×2.5 mm 瓷质拉西环(乱堆)为填料的塔内，用铵盐溶液吸收 8%(体积)的二氧化硫的炉气。已知气体流量为4000 m^3·h^{-1}，密度 $\rho_v=1.25\ \text{kg}\cdot\text{m}^{-3}$，溶液流量为15000 kg·h^{-1}，密度 $\rho_L=1230\ \text{kg}\cdot\text{m}^{-3}$，黏度 $\mu_L=2.5\ \text{mPa}\cdot\text{s}$。试求：

(1)合适的塔径；

(2)填料层高度为10 m，求气体通过填料层的压降。

解 (1)由题知：$W_L=15000\ \text{kg}\cdot\text{h}^{-1}$，$W_V=4000\times1.25=5000\ \text{kg}\cdot\text{h}^{-1}$，$\rho_V=1.25\ \text{kg}\cdot\text{m}^{-3}$

$$\rho_L=1230\ \text{kg}\cdot\text{m}^{-3},\ \mu_L=2.5\ \text{cP}$$

则 $\left(\dfrac{W_L}{W_V}\right)\left(\dfrac{\rho_V}{\rho_L}\right)^{0.5}=\left(\dfrac{15000}{5000}\right)\times\left(\dfrac{1.25}{1230}\right)^{0.5}=0.096$

查埃克物通用关联图，得：$u_F^2\varphi\psi\rho_V\cdot\dfrac{\mu_L^{0.2}}{g\rho_L}=0.14$

填料因子经查表得：$\varphi=450\ \text{m}^{-1}$，$\psi=\dfrac{1000}{1230}=0.813$

$$u_F=\left(\frac{0.14\times1230\times9.81}{450\times0.813\times1.25\times2.5^{0.2}}\right)^{0.5}=1.75\ \text{m}\cdot\text{s}^{-1}$$

取 $u = 0.7u_F = 0.7 \times 1.75 = 1.23\ \text{m} \cdot \text{s}^{-1}$

故 $D = \left(\dfrac{4V_s}{\pi u}\right)^{0.5} = \left(\dfrac{4 \times 4000}{3600 \times 3.14 \times 1.23}\right)^{0.5} = 1.07\ \text{m}$

直径 D 取整为 1 m，气速 $u' = u\left(\dfrac{D}{D'}\right)^2 = 1.23 \times (1.07)^2 = 1.41\ \text{m} \cdot \text{s}^{-1}$

(2)当气速 $u = 1.41\ \text{m} \cdot \text{s}^{-1}$时，$u^2\varphi\psi\rho_V \cdot \dfrac{\mu_L^{0.2}}{g\rho_L} = 0.14 \times \left(\dfrac{1.41}{1.75}\right)^2 = 0.09$

以上述值和气、液动能参数0.096，查埃克物通用关联图，得：

$$\frac{\Delta P}{z} = 120\ \text{mmH}_2\text{O}$$

故 $\Delta P = 120z = 120 \times 10 = 1200\ \text{mmH}_2\text{O}$

【例 8-10】 拟用清水吸收空气与丙酮混合气中的丙酮。混合气含丙酮 4.5%(体积)。操作条件：常压，25℃，塔底液相质量流速 $G_L = 6.34\ \text{kg} \cdot \text{s}^{-1} \cdot \text{m}^{-2}$，液相与气相质量流量之比为 2.50，取操作气速为泛点气速的 70%。试比较采用 25 mm×25 mm×2.5 mm 瓷质拉西环乱堆与采用 25 mm×3.3 mm 瓷之矩鞍形填料两种方案的空塔气速及每米填料层压降。按塔底条件计算，液相物性按水计。

解 液相按 25℃清水计，$\rho_L = 997\ \text{kg} \cdot \text{m}^{-3}$，$\mu_L = 0.8937\ \text{cP}$

气相：

$$\rho_V = \frac{1.013 \times 10^5 \times 30.3}{8314 \times 298} = 1.239\ \text{kg} \cdot \text{m}^{-3}$$

$$\left(\frac{G_L}{G_V}\right)\left(\frac{\rho_L}{\rho_V}\right)^{0.5} = 2.50\left(\frac{1.239}{997}\right)^{0.5} = 0.0881$$

查埃克物通用关联图，乱堆填料泛点线纵坐标为 0.15，即

$$\left(u_F^2\varphi\frac{\psi}{g}\right)\left(\frac{\rho_V}{\rho_L}\right)\mu_L^{0.2} = 0.15$$

(1)25 mm×25 mm×25 mm 瓷拉西环乱堆：$\varphi = 450\ \text{m}^{-1}$

$$\frac{u_F^2 \times 450 \times 1}{9.81} \times \left(\frac{1.239}{997}\right) \times (0.8937)^{0.2} = 0.15$$

$$u_F = 1.64\ \text{m} \cdot \text{s}^{-1}$$

(2)25 mm×3.3 mm 瓷矩鞍环填料乱堆：$\varphi = 320\ \text{m}^{-1}$

$$\frac{u_F^2 \times 320 \times 1}{9.81} \times \left(\frac{1.239}{997}\right) \times (0.8937)^{0.2} = 0.15$$

$$u_F = 1.945\ \text{m} \cdot \text{s}^{-1}$$

两方案计算压降方法相同。在埃克物通用关联图上纵坐标为$0.7^2 \times 0.15 = 0.0735$，横坐标为 0.0881，由等压线查得压降 90 $\text{mmH}_2\text{O} \cdot \text{m}^{-1}$填料。

【例 8-11】 拟用清水吸收空气与丙酮混合气中的丙酮。混合气含丙酮 4.5%(体积)。操作条件：常压，25℃，塔底液相质量流速 $G_L = 6.34\ \text{kg} \cdot \text{s}^{-1} \cdot \text{m}^{-2}$，液相与气相质量流量之比为 2.50，取操作气速为泛点气速的 70%。按塔底条件计算，液相物性按水计。试计算采用瓷矩鞍形填料时的 k_La，该填料的名义尺寸为

25 mm。

解　25℃清水，$\sigma = 71.49 \times 10^{-3}\ \mathrm{N \cdot m^{-1}}$，

查得 $\sigma_C = \dfrac{61\ dyn}{cm} = 61 \times 10^{-3}\ \mathrm{N \cdot m^{-1}}$

$\alpha = 258\ \mathrm{m^2 \cdot m^{-3}}$

(1)计算 α_W

$$\frac{\alpha_w}{\alpha} = 1 - \exp\left[-1.45\left(\frac{\sigma_C}{\sigma}\right)^{0.75}\left(\frac{G_L}{\alpha\mu_L}\right)^{0.1}\left(\frac{G_L^2\alpha}{\rho_L^2 g}\right)^{-0.05}\left(\frac{G_L^2}{\rho_L\sigma\alpha}\right)^{0.2}\right]$$

$$= 1 - \exp\left[\begin{array}{l} -1.45\left(\dfrac{61}{71.94}\right)^{0.75}\left(\dfrac{6.34 \times 10^3}{258 \times 0.8937}\right)^{0.1} \times \\ \left(\dfrac{6.34^2 \times 258}{997^2 \times 9.81}\right)^{-0.05}\left(\dfrac{6.34^2}{997 \times 71.94 \times 10^{-3} \times 258}\right)^{0.2}\end{array}\right]$$

$$= 0.5216$$

$\alpha_w = 0.5216\alpha = 0.5216 \times 258 = 134.6\ \mathrm{m^2 \cdot m^{-3}}$

(2)计算 k_L 与 k_{La}

计算丙酮在水中的分子扩散系数 D_L：

摩尔体积 $V_A = (14.8 \times 3) + (3.7 \times 6) + 7.4 = 74$

$$D_L = \frac{7.4 \times 10^{-8}(2.6 \times 18)^{0.5}(273.2 + 25)}{0.8937 \times 74^{0.6}} = 1.277 \times 10^{-5}\ \mathrm{cm^2 \cdot s^{-1}}$$

$$= 1.277 \times 10^{-9}\ \mathrm{m^2 \cdot s^{-1}}$$

$$k_L\left(\frac{\rho_L}{\mu_L g}\right)^{1/3} = 0.0051\left(\frac{G_L}{\alpha_W\mu_L}\right)^{2/3}\left(\frac{\mu_L}{\rho_L D_L}\right)^{-1/2}(\alpha dp)^{0.4}$$

即　$k_L\left(\dfrac{997 \times 10^3}{0.8937 \times 9.81}\right)^{1/3} = 0.0051 \times \left(\dfrac{6.34 \times 10^3}{134.6 \times 0.8937}\right)^{2/3} \times \left(\dfrac{0.8937 \times 10^{-3}}{997 \times 1.277 \times 10^{-9}}\right)^{-0.5} \times$

$(258 \times 25 \times 10^{-3})^{0.4}$

$$k_L = 1.177 \times 10^{-4}\ \mathrm{kmol \cdot s^{-1} \cdot m^{-2} \cdot kmol^{-1} \cdot m^3}$$

$$k_L a = k_L \times \alpha_W = 1.177 \times 10^{-4} \times 134.6 = 0.0158\ \mathrm{kmol \cdot s^{-1} \cdot m^{-2} \cdot kmol^{-1} \cdot m^3}$$

【例 8-12】　拟用清水吸收空气与丙酮混合气中的丙酮。混合气含丙酮 4.5%(体积)。操作条件：常压，25℃，塔底液相质量流速 $G_L = 6.34\ \mathrm{kg \cdot s^{-1} \cdot m^{-2}}$，液相与气相质量流量之比为 2.50，取操作气速为泛点气速的 70%。按塔底条件计算，液相物性按水计。试计算采用瓷矩鞍形填料时的 $k_G a$，该填料的名义尺寸为 25 mm。

解　$\dfrac{k_G RT}{\alpha D_G} = 5.23\left(\dfrac{G_V}{\alpha\mu_G}\right)^{0.7}\left(\dfrac{\mu_G}{\rho_G D_G}\right)^{1/3}(\alpha dp)^{-2}$

$G_V = \dfrac{G_L}{2.50} = \dfrac{6.34}{2.50} = 2.536\ \mathrm{kg \cdot s \cdot m^2}$，$\alpha = 258\ \mathrm{m^2 \cdot m^3}$

气相物性数据按 1 atm，25℃空气计：

$\rho_G = 1.185\ \mathrm{kg \cdot m^{-3}}$

$\mu_G = 1.835 \times 10^{-5}\ \mathrm{Pa \cdot s}$

$$D_G=\frac{4.36\times10^{-5}T^{1.5}(1/M_A+1/M_B)^{\frac{1}{2}}}{P(V_A^{\frac{1}{3}}+V_B^{\frac{1}{3}})^2}$$

$$=\frac{4.36\times10^{-5}(298.2)^{1.5}\left(\frac{1}{58}+\frac{1}{29}\right)^{\frac{1}{2}}}{101.3\times(74^{\frac{1}{3}}+29.9^{\frac{1}{3}})^2}=9.453\times10^{-6}\ \mathrm{m^2\cdot s^{-1}}$$

则 $\frac{k_G\times8.314\times298.2}{258\times9.453\times10^{-6}}=5.23\times\left(\frac{2.536}{258\times1.835\times10^{-5}}\right)^{0.7}\times\left(\frac{1.835\times10^{-5}}{1.185\times9.453\times10^{-6}}\right)^{1/3}\times\left(\frac{258\times25}{100}\right)^{-2}$

解得 $k_G=1.186\times10^{-5}\ \mathrm{kmol\cdot s^{-1}\cdot m^{-2}\cdot kPa}$

$k_Ga=k_G\cdot\alpha_W=1.186\times10^{-5}\times134.6=1.596\times10^{-3}\ \mathrm{kmol\cdot s^{-1}\cdot m^{-2}\cdot kPa}$

五、思考题

【例 8-13】 单板效率是否有可能超过 100%？

答 就单板效率式 $E_{mV}=\frac{(y_n-y_{n+1})}{(y_n^*-y_{n+1})}$来说，$y_n$ 是和χ_{n-1}和χ_n 混合呈现的汽、液关系，在第 n 板经过传质后，χ_n 是最低的液相组成，与之平衡的 y_n^* 未必大于 y_n，导致单板效率可能超过100%。

【例 8-14】 讨论雾沫夹带常产生的原因及防止方法。

答 雾沫夹带产生的原因较多，最主要的是空塔气速和塔板间距。前者需控制泛点率($\frac{u}{u_F}\times100\%$)，具体地讲，$e_v<0.1$ kg 液 · kd^{-1}气时，对泛点率的要求为：大塔 <80%；直径0.9 m 以下塔 <70%；减压塔 <75%。后者的取值与生产能力、操作弹性、塔板效率及塔径等有关，有时还要根据系统和条件特点予以综合考虑，但间距大，雾沫夹带量便小。

【例 8-15】 讨论淹塔现象产生的原因及其防止方法。

答 板式塔中，降液管中液沫总高度相当于清液柱高度，即 $H_d\geqslant\varphi(H_T+h_w)$时，便产生淹塔(液泛)。填料塔中，填料特性、流体物性、液气比均影响泛点气速。若气速过高，为 $u>0.85u_F$，也会导致淹塔。设计时，应使 $H_d\leqslant\varphi(H_T+h_w)$或 $u=(0.6\sim0.8)u_F$，对易起泡沫的物系，气速还要降低一些。

【例 8-16】 讨论塔的泄漏现象产生的原因及其防止方法。

答 当气体通过阀孔(或筛孔)的动压不足以阻止板上液体经阀孔(或筛孔)流下时，便产生塔的泄漏。经验证得，当阀孔动能因素 $F_0=5\sim6$ 时，泄漏是尚属正常，常取 $F_0=8\sim10$。当塔的操作处在减压或加压时，F_0 可对应地适当加或减些。

【例 8-17】 讨论液流长度对分离效果的影响。

答 液流长度是液体流经板上的有效距离，也是气、液接触并进行传质的区间。液流长度短，液面落差小，利于气体均匀通过板上液层，但塔板面积利用率低，传质不充分或气、液来不及分离，以致返混，分离效果不一定好；若液流长度过大，影响板上气、液均匀接触，甚至造成气体短路冲行，分离效果便差。

【例 8-18】 讨论填料因子 φ 值对流体力学性能的影响。

答 填料因子 φ 集中体现了填料的特性，如比表面、空隙率及几何形状等因素的影响。对同类、同质填料，其因子 φ 值随尺寸变大而减小，亦随几何形状而异。φ 值小，流体通过填料的阻力便小，发生液泛时的气速大，能提高处理量，但传质效率随填料尺寸加大而明显降低。

【例 8-19】 若浮阀塔的操作点不在负荷性能图的适宜位置，如何调整。

答 当物料性质、塔板结构尺寸拟定后，调整操作点主要是调整气、液负荷量，使之位于负荷性能图中的适宜位置。

【例 8-20】 塔内纵向返混的生产，后果及其防止方法。

答 塔内纵向返混，无非是气体夹带大量泡沫上升或液体携带大量气泡下降，使板间传质浓度差降低，板效率低，甚至多层塔板抵不了一层正常塔板的作用，使分离效果恶化。能克服雾沫夹带或淹塔现象发生的措施（为上述）即为其防治办法。

【例 8-21】 填料塔发生液泛的原因及其防治方法。

答 当气速增大至使填料中充满的液体不能及时流下，进而发生气流脉动，液体被气流大量带出塔顶，使发生了填料塔的液泛，此时空塔气速谓之泛点气速。影响填料塔泛点气速的主要因素是填料特性、流体物性、液气比等。同样的操作条件，由于填料特性不同或同样物料与填料，因操作条件不相同，发生的泛点气速大小不一。无论在何种情况下，只要控制其气速低于该状况下的泛点气速，操作便安全可靠。多数情况下的泛点率宜取为 60% ~80% 。

六、符号表

符号	符号说明	单位
N_T	塔内所需的理论板数	—
H_T	塔板间距	m
E_T	总板效率	—
V_S	塔内气体流量	$m^3 \cdot s^{-1}$
u	空塔气速	$m \cdot s^{-1}$
c	负荷系数	—
U_{max}	极限空塔气速	$m^3 \cdot s^{-1}$
σ	操作物系的液体表面张力	$Dynm^{-1}$
D	塔径	m
h_p	气体通过一层浮阀塔板的压强	m 液柱
hc	气体通过于板产生的压强降	m 液柱
h_l	气流克服板上充气液层的静压力产生的压降	m 液柱
$h\sigma$	气流克服液体表面张力产生的压降	m 液柱
ρ_L，ρ_V	分别为液体及气体的密度	$kg \cdot m^{-3}$
ε_0	充气因数	—
hd	液体流过降液管的压头损失	—

（续）

符号	符号说明	单位
φ	系数	—
h_L	板上液层高度	m
h_{ow}	堰上液层高度，由弗朗西斯经验式计算	m
E	液流收缩系数，一般取值 1	—
L_h	塔内液体流量	$m^3 \cdot s^{-1}$
L_s	塔内液体流量	$m^3 \cdot s^{-1}$
U_0	液体通过降液管底隙时的流速	$m \cdot s^{-1}$
N	浮阀数目	—
d_0	阀孔直径	m
u_0	阀孔气速	$m \cdot s^{-1}$
A_0	阀孔总面积	m^2
h_{ow}	堰上液高	m
W_c	为无效区宽度	m
t	相邻两排阀孔中心距	m
K	物性系数	—
C_F	泛点负荷系数	—

第九章　萃　取

一、教学基本要求

本章主要涉及液液萃取的操作原理、相平衡关系、物料衡算、萃取设备的结构和特点。通过学习，能根据生产工艺要求，合理地选择和正确使用萃取机械。

本章应掌握液－液相平衡在三角形相图上的表示方法，使用三角形相图分析液液萃取过程中相及组成的变化；能熟练应用三角形相图对萃取过程进行分析、计算；了解萃取设备的类型及结构特点。重点是液－液相平衡在三角形相图上的表示，难点是应用三角形相图对萃取过程进行分析。主要内容包括以下几个方面：

- 萃取的目的、原理和操作方法；
- 三元物系的相平衡关系，三角形相图中的杠杆定律，分配系数与选择性系数；
- 萃取过程的流程和计算，单级萃取和多级萃取的图解法计算；
- 萃取设备的结构特点。

二、重点内容

(一)萃取基本概念

1. 萃取原理

在液体混合物(原料液)中加入一个与其基本不相混的液体作为溶剂，造成第二相，利用原料液中各组分在两个液相中的溶解度不同而使原料液混合物得以分离的单元操作。

萃取是分离液体混合物的单元操作。选用的溶剂称为萃取剂，以 S 表示；原料液中易溶于 S 的组分，称为溶质，以 A 表示；难溶于 S 的组分称为原溶剂(或稀释剂)，以 B 表示。

2. 萃取的分类

(1)按组分数目分

多组元体系：原料液中有两个以上组分或溶剂为两种不互溶的溶剂。

三元体系：原料液中含有两个组分，溶剂为单溶剂。

(2)按有无化学反应分

物理萃取：萃取过程中，萃取剂与原料液中的有关组分不发生化学反应。

化学萃取：萃取过程中，萃取剂与原料液中的有关组分发生了化学反应。

本章主要讨论三元体系的物理萃取。

3. 萃取过程

萃取操作的基本过程为将一定量萃取剂加入原料液中，然后加以搅拌使原料液与萃取剂充分混合，溶质通过相界面由原料液向萃取剂中扩散。萃取操作与精馏、吸收等过程一样，也属于两相间的传质过程。

4. 萃取操作的应用

对于一种液体混合物，究竟是采用蒸馏还是萃取加以分离，主要取决于技术上的可行性和经济上的合理性。一般地，在下列情况下采用萃取方法更为有利。

①原料液中各组分间的相对挥发度接近或形成恒沸物，若采用蒸馏方法不能分离或很不经济。

②原料液中需分离的组分含量很低且为难挥发组分，若采用蒸馏方法须将大量稀释剂汽化，能耗较大。

③原料液中需分离的组分是热敏性物质，蒸馏时易于分解、聚合或发生其他变化。

④其他，如多种金属物质的分离，核工业材料的制取，治理环境污染等。

(二)主要计算要点

1. 三角形坐标图

三角形坐标图通常有等边三角形坐标图、等腰直角三角形坐标图和非等腰直角三角形坐标图，如图 9-1 所示，其中以等腰直角三角形坐标图最为常用。

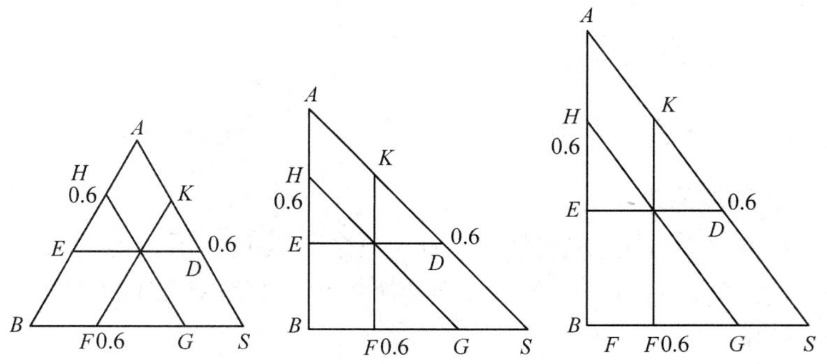

图 9-1 三角形坐标图

2. 分配系数 k_A

$$k_A=\frac{\text{溶质 A 在萃取相 E 中的组成}}{\text{溶质 A 在萃余相 R 中的组成}}=\frac{y_{AE}}{X_{AR}}$$

3. 杠杆规则

$$\frac{R}{E}=\frac{\overline{ME}}{\overline{RM}}=\frac{(x_{AE}-x_{AM})}{(x_{AM}-x_{AR})}$$

4. 选择性系数 β

$$\beta=\frac{\dfrac{y_{AE}}{x_{AR}}}{\dfrac{y_{BE}}{x_{BR}}}=\frac{k_A}{k_B}$$

5. 多级萃取计算(逆流接触)

(1)稀释剂 B 和萃取剂 S 部分互溶时

①直角三角形坐标图上图解理论级数

a. 根据平衡数据，在三角形坐标图上绘出溶解度曲线，必要时还应绘出辅助曲线或分配曲线。

b. 依液料 F 的组成 x_F，最终萃余相的组成 x_n，在相图上可确定点 F 及点 R；依萃取剂的组成亦可确定其位置，若采用纯溶剂，其组成点为三角形的顶点 S_0 联 SF 线，并依 S 与 F 的用量按杠杆规则求出和点 M 的位置，联直线 R_xM 并延长与溶解度曲线右侧交于点 E_1，E_1 即为最终萃取相的组成点。

c. 依多级逆流萃取操作的操作线方程式：$F-E_1=R_1-E_2=R_2-E_3=\cdots=R_n-S=\Delta$（常数），联 E_1F 与 SR_n 直线，两延长线的交点即为操作点 Δ。

d. 从最终萃取相组成点 E_1 做连接线，与溶解度曲线的交点 R_1 即为离开第一级的萃余相组成点。联 ΔR_1 并延长与溶解度曲线相交于组成点 E_2。从点 E_2 再做连接线 E_2R_2，联 ΔR_2 并延长与溶解度曲线相交于组成点 E_3。依此类推，直至某连接线所指示的萃余相中溶质 A 的组成等于或小于 x_n 为止。相图上所做的联结线数目即为多级逆流萃取所需的理论级数。

②$x-y$ 直角坐标图上图解理论级数　依平衡数据在 $x-y$ 上绘出分配曲线。

依物料衡算的操作线方程：

$$y_m=\frac{R_{m-1}}{E_m}x_{m-1}+\frac{S_s}{E_m}y_s-\frac{R_n}{E_m}x_n$$

在图上做操作曲线。从点(x_F，y_1)开始在分配曲线与操作线间画三角形梯级，犹如蒸馏图解法求理论板数。

(2)稀释剂 B 和萃取剂 S 完全不互溶时

除了可用直角三角形及 $x-y$ 直角坐标图图解外，尚可在 $\bar{x}-\bar{y}$ 直角坐标图上进行图解。操作线方程为 $\bar{y}_m=\dfrac{B}{S}Z_{m-1}+(\bar{y}_s-\dfrac{B}{S}Z_n)$，系一直线斜率为 $\dfrac{B}{S}$(常数)，读者可比照自解。

(三)萃取设备

工业上使用的萃取设备种类很多，常见的主要有混合澄清器、萃取塔和离心萃取器等类型。萃取设备为两相传质设备，其强化基本方向与吸收、蒸馏塔设备无本质区别。由于液－液两相间的密度差比气(汽)－液相间密度差小得多，使得对萃取设备在结构与操作上有许多特殊要求，这是在萃取设备的设计与选型中必须予以充分考虑的问题。常用萃取设备有：

(1)混合澄清器

混合澄清器是运用最早、使用较广泛的一种萃取设备，它主要由混合器与澄清器两部分构成。混合澄清器结构简单，操作方便，适用于多种物系的萃取操作。混合澄清器易实现多级连续操作，处理量较大，传质效率高；但占地面积大，溶剂储量大，设备费和操作费较高。

(2)填料萃取塔

填料萃取塔的构造与前面介绍的精馏或吸收所用的填料塔基本相同，塔内装有适宜的填料，轻液相由塔底进入，从塔顶排出；重液相由塔顶进入，由塔底排出。

(3)筛板萃取塔

筛板萃取塔的构造与精馏或吸收所用的筛板塔基本相同。萃取时，轻液相由塔底通过筛孔被分散成细小液滴，并与筛板上的连续相接触传质；穿过连续相的轻相液滴逐渐凝聚，聚集于塔板的下侧，待两相分层后，借助压强差的推动，再经筛孔分散。反复分散、凝聚交替进行，直至塔顶澄清、分层、排出。

(4)转盘萃取塔

转盘萃取塔在塔体内壁的面上按一定间距，安装有若干个环形挡板(固定环)，固定环将塔内分成若干个小空间。两个固定环之间安装一转盘，转盘固定在中心轴上，转轴由塔顶电机启动。

(5)离心萃取塔

离心萃取器是利用离心力的作用，使两液相快速混合、快速分离的一类萃取装置。

三、知识点关联图

分离液体混合物的单元操作
萃取剂为选用的溶剂，以 S 表示；
溶质为原料液中易溶于 S 的组分，以 A 表示；
原溶剂（或稀释剂）为难溶于 S 的组分，以 B 表示。

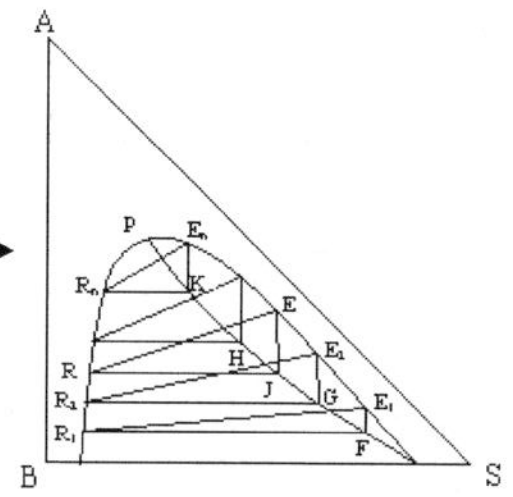

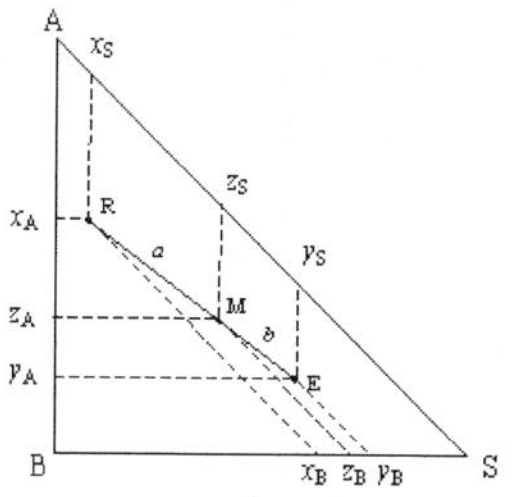

三角形坐标图分类：
- 等边三角形坐标图
- 等腰直角三角形坐标图
- 非等腰直角三角形坐标图

杠杆规则的应用
辅助曲线：RE
临界混溶点:p

萃取的分类
(1)按组分数目分
多组元体系：原料液中有两个以上组分或溶剂为两种不互溶的溶剂
三元体系：原料液中含有两个组分，溶剂为单溶剂
(2)按有无化学反应分
- 物理萃取
- 化学萃取

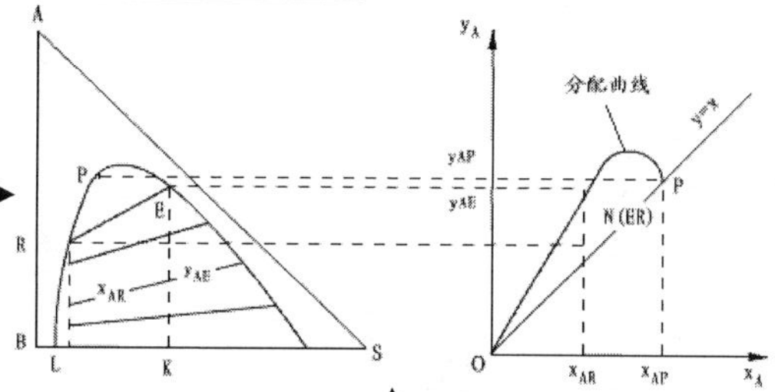

分配系数
溶质 A 分配系数 $k_A = \dfrac{y_A}{x_A}$
分配曲线
温度、压力一定时，溶质在两平衡液相间的平衡关系可表示为 $y_A = f(x_A)$

根据萃取操作中各组分的互溶性，可将三元物系分为以下3种情况：
①溶质 A 可完全溶于 B 及 S，但 B 与 S 不互溶；
②溶质 A 可完全溶于 B 及 S，但 B 与 S 部分互溶；
③溶质 A 可完全溶于 B，但 A 与 S 及 B 与 S 部分互溶。
将①、②两种情况的物系称为第Ⅰ类物系，而将③情况的物系称为第Ⅱ类物系。
第Ⅰ类物系有丙酮(A)–水(B)–甲基异丁基酮(S)、乙酸(A)–水(B)–苯(S)及丙酮(A)–氯仿(B)–水(S)等；
第Ⅱ类物系有甲基环己烷(A)–正庚烷(B)–苯胺(S)、苯乙烯(A)–乙苯(B)–二甘醇(S)等。

萃取操作的基本过程
萃取相:以溶剂 S 为主，并溶有较多的溶质，以 E 表示；
萃余相以原溶剂（稀释剂）B 为主，且含有未被萃取完的溶质，以 R 表示。
脱除溶剂后的萃取相和萃余相分别称为萃取液和萃余液，以 E' 和 R' 表示

四、习题解答

【例 9-1】 求出表 9-1 中序号 1、4、7 的选择性系数。

表 9-1 丙酮(A)-水(B)-三氯乙烷(S)在 25℃下的平衡数据(质量%)

序号	水相			三氯乙烷相		
	%A	%B	%S	%A	%B	%S
1	5.96	93.52	0.52	8.75	0.32	90.93
2	10.00	89.40	0.60	15.00	0.60	84.40
3	13.97	85.35	0.68	20.78	0.90	78.32
4	19.05	80.16	0.79	27.66	1.33	71.01
5	27.63	71.33	1.04	39.39	2.40	58.21
6	35.73	62.67	1.60	48.21	4.26	47.53
7	46.05	50.20	3.75	57.40	8.90	33.70

解 序号 1 $\beta=\dfrac{\dfrac{y_A}{x_A}}{\dfrac{y_B}{x_B}}=\dfrac{\dfrac{8.75}{5.96}}{\dfrac{0.32}{93.52}}=429.06$

序号 4 $\beta=\dfrac{\dfrac{y_A}{x_A}}{\dfrac{y_B}{x_B}}=\dfrac{\dfrac{27.66}{19.05}}{\dfrac{1.33}{80.16}}=87.51$

序号 7 $\beta=\dfrac{\dfrac{y_A}{x_A}}{\dfrac{y_B}{x_B}}=\dfrac{\dfrac{57.40}{46.05}}{\dfrac{8.90}{50.20}}=7.03$

【例 9-2】 现有含 15 %(质量)乙酸的水溶液 30 kg，用 60 kg 纯乙醚在 25℃下做单级萃取，试求：

(1)萃取相、萃余相的量及组成；

(2)平衡两相中乙酸的分配系数，溶剂的选择性系数。

表 9-2 在 25℃下，水(B)-乙酸(A)-乙醚(S)系统的平衡数据(质量%)

水层			乙醚层		
%B	%A	%S	%B	%A	%S
93.2	0	6.7	2.3	0	97.7
88.0	5.1	6.9	3.6	3.8	92.6
84.0	8.8	7.2	5.0	7.3	87.7
78.2	13.8	8.0	7.2	12.5	80.3
72.1	18.4	9.5	10.4	18.1	71.5
65.0	23.1	11.9	15.1	23.6	61.3
55.7	27.9	16.4	23.6	28.7	47.7

解

(1) a. 作溶解平衡曲线，并作几条联结线。

b. 作 F 点，连接 FS，测量其长度。

c. 求作 M 点，$F+S=M$，$\frac{\overline{MF}}{\overline{MS}}=\frac{S}{F}=\frac{60}{30}=2$，故 M 三等分 FS，且靠近 S。

d. 过 M 点作平衡联结线，得萃取相 E 和萃余相 R 的组成点。

e. 量出线段 RE、ME 长度。

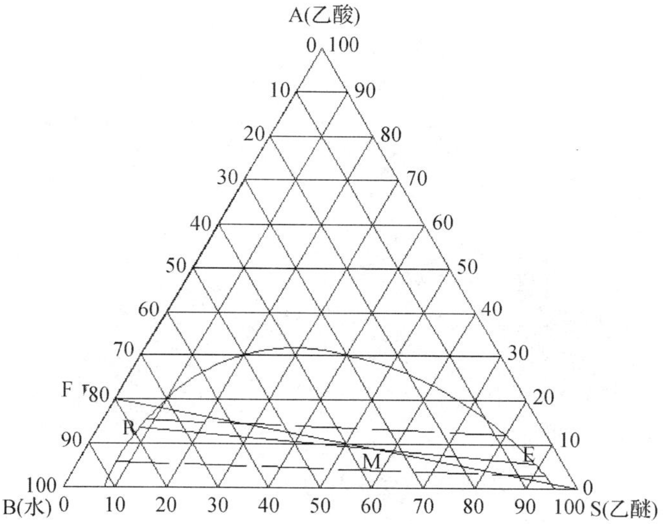

例 9-2 附图

$$\frac{R}{E}=\frac{\overline{ME}}{\overline{MR}},\ R=\frac{\overline{MR}}{\overline{RE}}=26.4\ \text{kg},\ E=M-R=63.6\ \text{kg}$$

f. 从附图上读出：

萃取相 E $y_A=0.048$，$y_B=0.040$，$y_S=0.912$

萃余相 R $x_A=0.063$，$x_B=0.860$，$x_S=0.077$

(2) $k_A=\frac{y_A}{x_A}=\frac{0.048}{0.063}=0.762$

$$\beta=\frac{\frac{y_A}{x_A}}{\frac{y_B}{x_B}}=\frac{\frac{0.048}{0.063}}{\frac{0.040}{0.860}}=16.381$$

【例 9-3】 乙酸水溶液 100 kg，在 25℃下用纯乙醚为溶剂做单级萃取，原料液含乙酸 $\chi_f=0.20$，欲使萃余相中中乙酸 $\chi_A=0.1$（均为质量分率）。试求：

(1) 萃余相及萃取相的量和组成；

(2) 溶剂用量 S。

已知 25℃下物系的平衡关系为 $y_A=1.356\chi_A^{1.201}$

$$y_S=1.618-0.6399e^{1.96y_A}$$

$$\chi_S = 0.067 + 1.43\chi_A^{2.273}$$

式中：y_A——与萃余相乙酸浓度χ_A成平衡的萃取相乙酸浓度；

y_S——萃取相中溶剂的浓度；

χ_S——萃余相中溶剂的浓度；

y_A，y_S，χ_S均为质量分数。

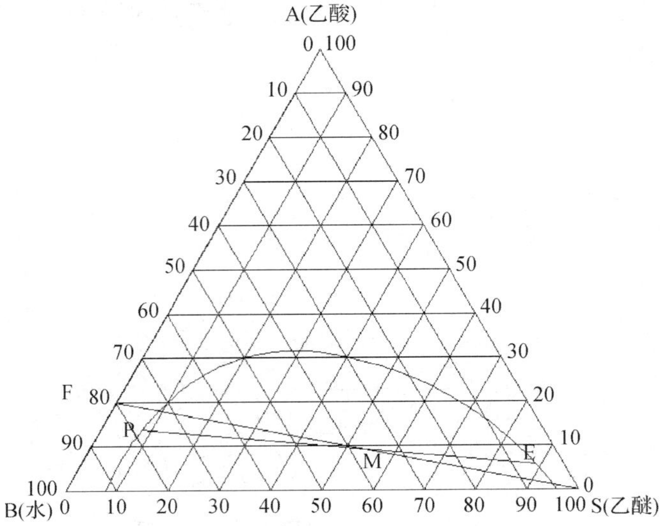

例 9-3 附图

解 a. $\chi_A = 0.1$，$y_A = 1.356\chi_A^{1.201} = 0.085$

$y_S = 1.618 - 0.6399e^{1.96y_A} = 0.0892$，$\chi_S = 0.067 + 1.43\chi_A^{2.273} = 0.075$

b. 作溶解度平衡曲线，找出萃余相萃取相的组成点 R、E。

c. 连接 RE，与 FS 交于点 M，测量 ME、MR、MS、MF 的长度。

d. 解方程组

$$\frac{R}{E} = \frac{\overline{ME}}{\overline{MR}}$$

$$\frac{F}{S} = \frac{\overline{MS}}{\overline{MF}}$$

$$R + E = F + S$$

代入即 $R = 0.6266E$，$R + E = 100 + S$，$\dfrac{100}{S} = 0.7930$

解得 $R = 87$ kg，$E = 139$ kg，$S = 126$ kg

e. 故萃余相的量是 $R = 87$ kg，其组成为$\chi_A = 0.1$，$\chi_B = 0.825$，$\chi_S = 0.075$

萃取相的量是 $E = 139$ kg，其组成为 $y_A = 0.085$，$y_B = 0.053$，$y_S = 0.0862$

溶剂用量 $S = 126$ kg

【例 9-4】 将例 9-2 中的萃取剂分为两等分，即每次 0.75 kg 水/kg 原料液，进行两级错流萃取，将所得结果与例 9-2 对比。

解 a. 作 F 点，连接 FS 测量其长度。

b. 作 M_1 点　$\frac{S_1}{F}=\frac{M_1F}{M_1S}=0.75$，$M_1F=\left(\frac{0.75}{1.75}\right)=0.429$

c. 过 M_1 点作平衡联结线，得离开第一级萃取器的萃余相组成 R_1 和萃取相组成 E_1，并测量 M_1E_1，M_1R_1

d. 萃余相 $R_1=M_1\times(\frac{\overline{M_1E_1}}{\overline{R_1E_1}})=0.81F$

e. 进入第二级萃取器总物料流量　$M_2=R_1+S_2=0.81F+0.75F=1.56F$

f. 连接 R_1S，测量其长度。

g. 作 M_2　$SM_2=\frac{R_1}{M_2}\times\overline{R_1S}=\frac{(0.81F)}{(1.56F)}\times\overline{R_1S}=0.519\,\overline{R_1S}$

h. 过 M_2 作平衡联结线，得第二级萃余相组成 R_2 和萃取相组成 E_2。

i. 连接 SR_2 并延长交 AB 于 R'，连接 SE_2 并延长交 AB 于 E'。

j. 由附图可知，$y'=0.63$，$x'=0.13$

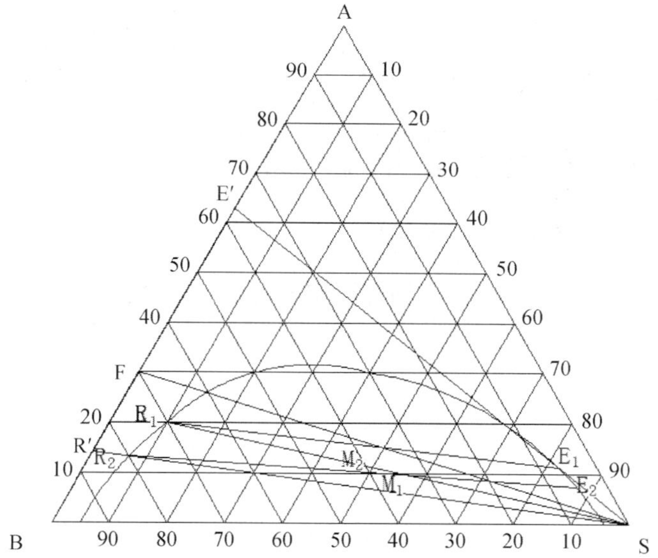

例 9-4　附图

$$\frac{E'}{R'}=\frac{\overline{FR'}}{\overline{FE'}}=\frac{(x_f-x')}{(y'-x_f)}=\frac{(0.30-0.13)}{(0.63-0.30)}=0.5$$

$$E'+R'=F$$

所以，$\frac{E'}{F}=\frac{1}{3}$，$\frac{R'}{F}=\frac{2}{3}$

【例 9-5】　以二异丙醚在逆流萃取器中使乙酸水溶液的乙酸含量由 30% 降到 5%（质量分数），萃取剂可以认为是纯态，其流量为原料液的 2 倍，应用三角形图解法求出所需的理论级数。操作温度为 20℃，此温度下的平衡数据如表 9-3 所示。

表 9-3 乙酸(A)-水(B)-二异丙醚(S)在20℃下的平衡数据(质量%)

序号	水相			异丙醚相		
	%A	%B	%S	%A	%B	%S
1	0.69	98.1	1.2	0.18	0.5	99.3
2	1.4	97.1	1.5	0.37	0.7	98.9
3	2.7	95.7	1.6	0.79	0.8	98.4
4	6.4	91.7	1.9	1.9	1.0	97.1
5	13.30	84.4	2.3	4.8	1.9	93.3
6	25.50	71.1	3.4	11.40	3.9	84.7
7	37.00	58.6	4.4	21.60	6.9	71.5
8	44.30	45.1	10.6	31.10	10.8	58.1
9	46.40	37.1	16.5	36.20	15.1	48.7

解 a. $x_f=0.30$ 在相图上定出 F 点，连接 FS，测其长度。

b. 求作 M 点，$\frac{\overline{MF}}{\overline{MS}}=\frac{S}{F}=2$，故 M 三等分 FS，且靠近 S。

c. 按末级 $x_N=0.05$，在溶解度曲线上找出 R_N点，连接 R_NM 并延长与溶解度曲线相交，得离开第一级的萃取相浓度点 E_1。

d. 连接 FE_1并延长，连接 R_NS 并延长，交于点 D。

e. 过 E_1点作平衡联结线，得 R_1，此为第一级。

f. 连接 R_1D，与溶解度曲线交于点 E_2，过 E_2作平衡联结线 R_2E_2，此为第二级。

g. 继续作图直至 R_6时，萃余相的溶质浓度 $x_6=0.05$。

h. 故所需要理论级数为 6 级。

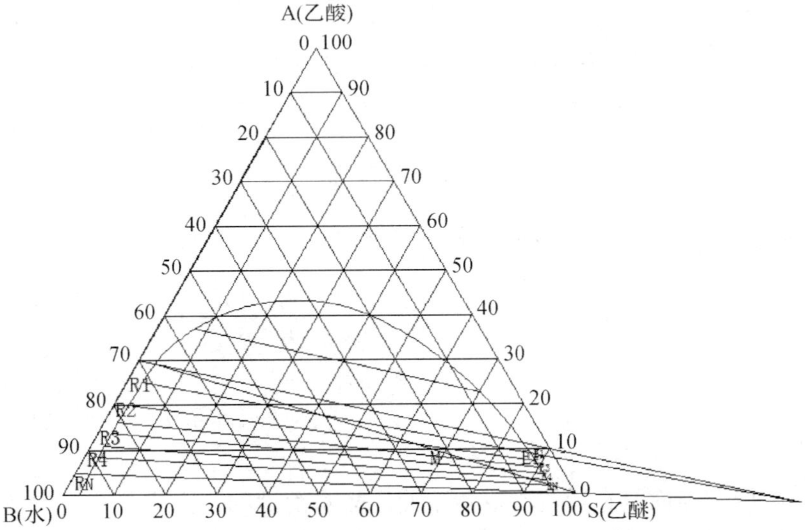

例 9-5 附图

【**例 9-6**】 表 9-4 所示的乙酸-苯-水三元物系在 25℃条件下的相平衡数据。在正三角形坐标上绘出：

(1)溶解度曲线；

(2)绘出表中实验各组数据对应的联结线；

(3)临界混溶点。

表 9-4　平衡数据

实验序号	苯相(质量%)			水相(质量%)		
	乙酸(A)	苯(B)	水(S)	乙酸(A)	苯(B)	水(S)
1	0.15	99.85	0.001	4.56	0.04	95.4
2	1.4	98.56	0.04	17.7	0.20	82.0
3	3.27	96.62	0.11	29.0	0.40	70.6
4	13.3	86.3	0.4	56.9	3.3	39.8
5	15.0	84.5	0.5	59.2	4.0	36.8
6	19.1	80.2	0.7	63.9	6.5	29.6
7	22.8	76.35	0.85	64.8	7.7	27.5
8	31.0	67.1	1.9	65.8	18.1	16.1
9	35.3	62.2	2.5	64.5	21.1	14.4
10	37.8	59.2	3.0	63.4	23.4	13.2
11	44.7	50.7	4.6	59.3	30.0	10.7
12	52.3	40.5	7.2	52.3	40.5	7.2

解　(1)溶解度曲线

依表 9-4 列平衡数据，在正三角形中绘出各点，并用弧线连结各点，即成该物系的溶解度曲线。

(2)作出实验各组数据对应的联结线，如附图所示。

(3)找出临界混溶点 P。

从实验数据看出：组 12 的两相组成相同，可知其为临界混溶点。即附图中 P 点：含乙酸 52.3%、苯 40.5%、水 7.2%。

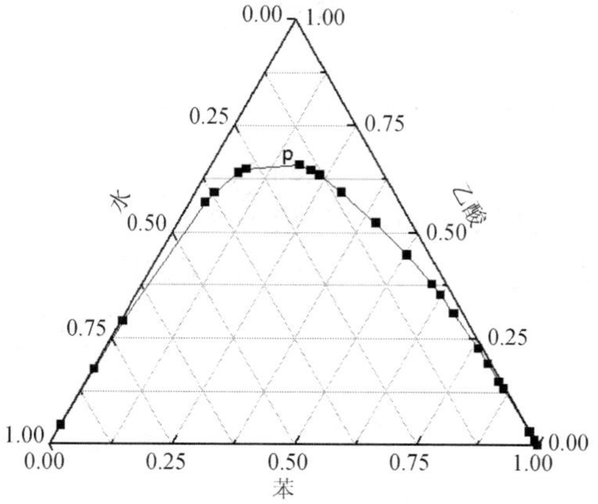

例 9-6　附图

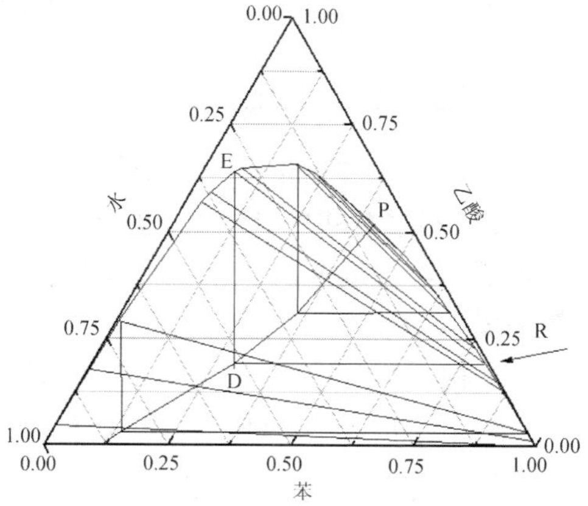

例 9-7　附图

【例 9-7】　在例 9-6 中，25℃时，乙酸、苯和水经充分混合后静置分为互成平衡的两个液层，已知其中一个液层的组成，乙酸 19.1%，水 0.7 分数，其余为苯(均为质量分数)。相平衡数据见表 9-3。试求：

(1)辅助曲线；

(2)图解求出与乙酸19.1%、水0.7%，其余为苯相相平衡的另一液相组成，并绘出联结线；

(3)计算在本题条件下，乙酸在两液相中的分配系数k_A的数值。

解 (1)依图示各平衡点分别作AB边及BS边的平行线各相交于点p、D。连临界点p各交点及各分层点D的曲线PD即为辅助曲线。

(2)找出含乙酸19.1%、水0.7%、苯80.2%的点R，过R作BS边的平行线交辅助曲线上于D点。过D点作AB边的平行线交溶解度曲线于E，E点的组成为63.9% A、6.5% B、29.6% S即为R的平衡的另一液相组成。连RE得联结线。如附图RE虚线所示。

(3)分配系数k_A：$k_A=\dfrac{y_{AE}}{x_{AR}}=\dfrac{63.9}{19.1}=3.35$

【例9-8】 在单级接触式萃取器中，以三氯乙烷为萃取剂，从含有40%丙酮的水溶液中萃取丙酮。已知处理500 kg丙酮水溶液的萃取剂用量为1000 kg，试求：

(1)萃取相及萃余相的量与组成；

(2)脱除溶剂后萃取液的量及组成；

(3)两平衡液层的分配系数。

表9-5 25℃时丙酮(A)－水(B)－三氯乙烷(S)系统的液－液相平衡数据(质量%)

水相			%S		
%B	水	%A	%S	%B	%A
0.52	93.52	5.96	90.93	0.32	8.75
0.60	89.40	10.00	84.40	0.60	15.00
0.68	85.35	13.97	78.32	0.90	20.78
0.79	80.16	19.05	71.01	1.33	27.66
1.04	71.33	27.63	58.21	2.40	39.39
1.60	62.67	35.73	47.53	4.26	48.21
3.75	50.20	46.05	33.70	8.90	57.40

解 依题意数据在正三角形中作出溶解度曲线与辅助曲线，如附图。

(1)料液含40%A，在AB边定出F点连结SF，和点M(依S:F=2:1定之)。利用所作的辅助曲线，用试差法作图，找出过M点的联结线RE，由附图可知，两相E与R的组成为：

E相 14.6%A、1%B、84.4%S

R相 9.5%A、89.9%B、0.6%S

依杠杆规则知：$\dfrac{E}{R}=\dfrac{\overline{MR}}{\overline{ER}}=\dfrac{\overline{33}}{42}$

有$E=1179$ kg，$R=1500-1179=321$ kg

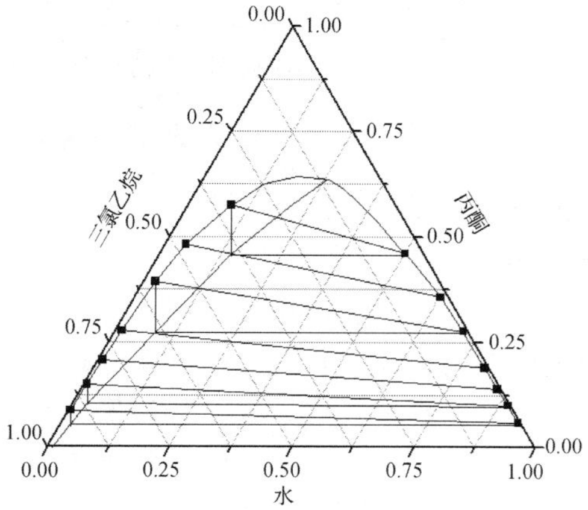

例 9-8 附图 a

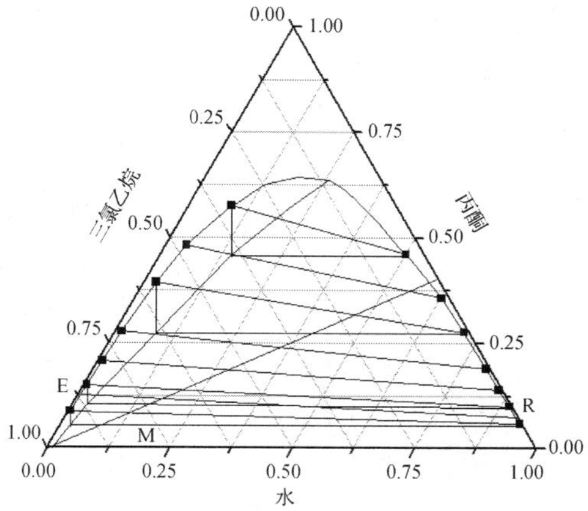

例 9-8 附图 b

(2)回收溶剂后，组成沿 SE 延长线变化，直至 E'点，S 消失，此时 E'相含 91%A、9%B。

同理，R'相含有 9.4%A、90.6%B。

物料衡算 $E' + R' = 500$

$$0.91E' + 0.094R' = 0.4 \times 500$$

解得 $E' = 188$ g

(3)分配系数 k_A

依平衡两相 E 与 R 中 A 的含量计 $k_A = \dfrac{y_{AE}}{x_{AR}} = \dfrac{14.6}{9.5} = 1.54$

【例 9-9】 在多级逆流萃取中，用三氯乙烷萃取丙酮水溶液中的丙酮。原料液中含丙酮 33%，原料液量为 1000 kg·h^{-1}，三氯乙烷用量为 320 kg·h^{-1}，要求最终萃余液含丙酮 9%(均为质量分数)。试求所需理论级数。操作温度下物系的平衡数据见例 9-8。

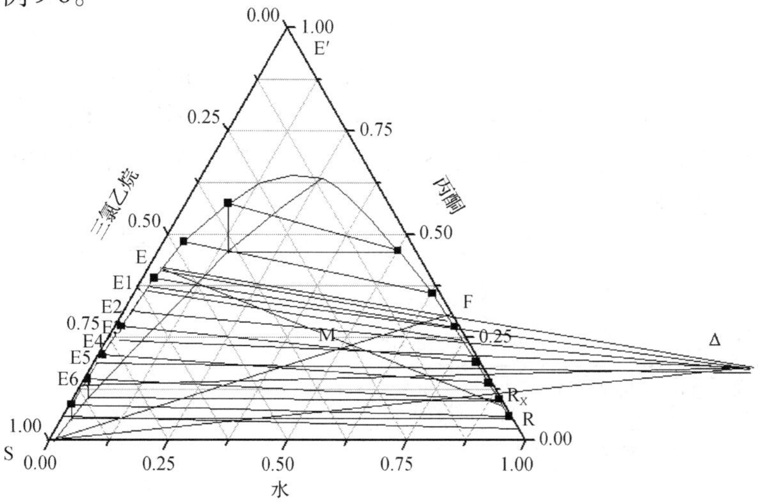

例 9-9 附图

解 (1)依例9-8平衡数据，在正三角形坐标图上绘出溶解度曲线及辅助曲线。

(2)依A含量33%，在AB边上确定F点。$X_{R_x}=9\%$在溶解度曲线上定R_x点。连SF，依$\frac{S}{F}=\frac{320}{1000}$在$SF$线上确定和点$M$(杠杆规则)。连直线$R_xM$并延长与溶解度曲线右侧交于点$E_1$，$E_1$即为最终组成点(萃取相)。

(3)连E、F、S、R_x并各自延长相交于操作点Δ。

(4)利用辅助曲线找E_1的平衡点R_1，连ΔR_1并延长交溶解度曲线于E_2；又作图求E_2的平衡点R_2；连ΔR_2并延长交溶解度曲线于E_3；依此类推，直至$X_{AR}<X_{R_x}$为止。相图上所作的联结点数，即为萃取所需的理论级数。本解为7级。

【例9-10】 由A、B两组分组成的混合液中，A的含量为25%(质量分数)。原料液量为12 t·h^{-1}，原溶剂B与溶剂S不互溶。若用三级错流萃取，每一级中均加入纯溶剂S，加入量为5 t·h^{-1}。试求离开第三级的萃余相量及其组成。

表9-6 操作条件下的平衡数据

萃取相组成$\bar{y}$ /kgA·kgS^{-1}	萃余相组成Z /kgA·kgB^{-1}	萃取相组成$\bar{y}$ /kgA·kgS^{-1}	萃余相组成Z /kgA·kgB^{-1}
0	0	0.203	0.25
0.05	0.05	0.232	0.30
0.096	0.10	0.256	0.35
0.135	0.15	0.275	0.40
0.170	0.20	0.280	0.45

解 (1)依题给数据表，在直角坐标系中作平衡线OE。料液中原溶剂B量

$$B=F(1-x_F)=12\times10^3(1-0.25)=9000\ \text{kg·h}^{-1}$$

(2)在Z轴上定出料液比组成(0.25)点$F(0.25,0)$，过F点作斜率$=\frac{-9000}{5000}=-1.8$的操作线FE_1，E'的平衡点R_1是过E_1的垂线与Z轴的交点；再作斜率为-1.8的直线交OE于E_2，依此类推至第三级的萃余相R_3，从图中续得$Z_3=0.04$ kg$A$·kgB^{-1}

故 $R_3=B(1+Z_3)=9000\times(1+0.04)=9360$ kg·h^{-1}

【例9-11】 每小时处理1500 kg乙酸水溶液，其中乙酸浓度为30%，用异丙醚为萃取剂进行多级逆流萃取。要求最终萃余液中乙酸浓度降为2%，试求：

(1)最少溶剂用量S_{min}；

(2)若实际溶剂用量为最少溶剂用量的1.53倍，求最终萃取相E_1中乙酸的组成，以及最终萃余相R_n的流量。

表9-7 操作条件下，乙酸(A)－水(B)－异丙醚(S)的相平衡数据(质量%)

水层			异丙醚层		
乙酸(A)	水(B)	异丙醚(S)	乙酸(A)	水(B)	异丙醚(S)
0.69	98.1	1.2	0.18	0.5	99.3
1.41	97.1	1.5	0.37	0.7	98.9
2.89	95.5	1.6	0.79	0.8	98.4

（续）

水层			异丙醚层		
乙酸(A)	水(B)	异丙醚(S)	乙酸(A)	水(B)	异丙醚(S)
6.42	91.7	1.9	1.93	1.0	97.1
13.30	84.4	2.3	4.82	1.9	93.3
25.50	71.1	3.4	11.40	3.9	84.7
36.70	58.9	4.4	21.6	6.9	71.5
44.30	45.1	10.6	31.10	10.8	58.1
46.40	37.1	10.5	36.20	15.1	48.7

解 (1)从水层和异丙醚层的前7对平衡组成，可以认为两者基本互不相溶，并把两层组成换算为 Z，$\bar{y}$。

Z	0.0069	0.0145	0.03	0.07	0.158	0.359	0.623
$\bar{y}$	0.0018	0.0037	0.008	0.02	0.052	0.135	0.302

据上数据在直角坐标系作图，得平衡曲线 OE，当操作线与 OE 相切时，其斜率为最大，如附图。

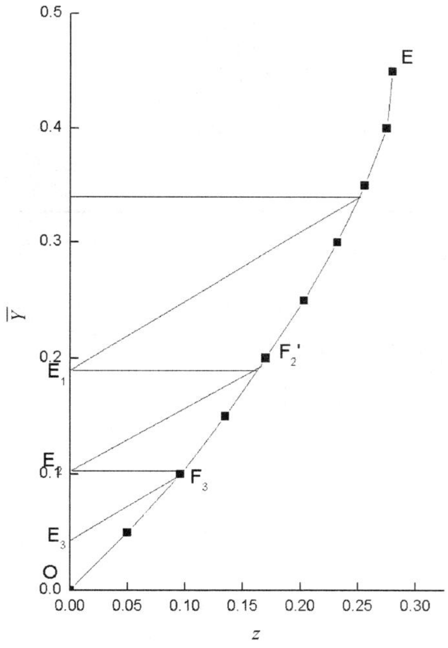

例 9-10 附图

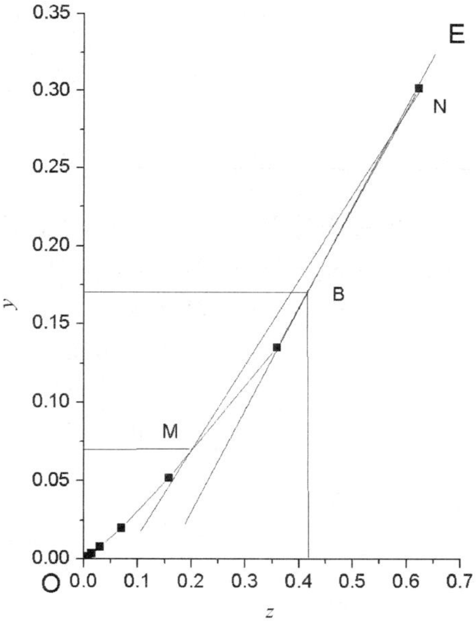

例 9-11 附图

$$\frac{B}{S_{\min}}=\frac{0.17}{(0.428-0.002)}=0.4$$

$$S_{\min}=\frac{B}{0.4}=1500\times\frac{(1-0.3)}{0.4}=2625\ \text{kg}\cdot\text{h}^{-1}$$

(2)实际操作线的斜率 ε

$$\varepsilon=\frac{1}{1.53\times0.4}=0.26$$

作图如 NM 线，由 M 点引 Z 轴平行线交 OE 于 E_1 点，读得 $\bar{y}_{AE_1}=0.07$，即 $y_{AE_1}=0.07$

对溶质水总量进行物料衡算：

$$0.07E_1+0.02R_N=1500\times 0.3 \tag{a}$$

$$E_1+R_N=1500+2625\times 1.53 \tag{b}$$

由(a)、(b)得：

$$R_N=1277.3\ \text{kg}\cdot\text{h}^{-1}$$

【例 9-12】 25℃时水(B)-乙酸(A)-乙醚(S)物系的相平衡数据如表 9-8(均为质量分数)。在 25℃时，用乙醚对含 40% 乙酸的水溶液进行逆流萃取。料液量为 1000 kg·h^{-1}，要求萃取液含乙酸 60%，萃余液乙酸含量不大于 2%，试求所需的乙醚量和理论级数。

表 9-8 水(B)-乙酸(A)-乙醚(S)物系的相平衡数据(质量%)

水层			乙醚层		
水	乙酸	乙醚	水	乙酸	乙醚
93.3	0	6.7	2.3	0	97.7
88.0	5.0	6.9	3.6	3.8	92.6
84.0	8.8	7.2	5.0	7.3	87.7
78.2	13.8	8.0	7.2	12.5	80.3
72.1	18.4	9.5	10.4	18.1	71.5
65.0	23.1	11.9	15.1	23.6	61.3
55.7	27.9	16.4	23.6	28.7	47.7

解 (1)依题给数据，在正三角形中做溶解度曲线。

(2)假定脱溶剂基的乙酸水溶液含乙酸 60%，点 E' 如附图所示。那么乙醚层的组成(萃取液组成)点必落在 SE' 与溶解度曲线的交点 E_1。

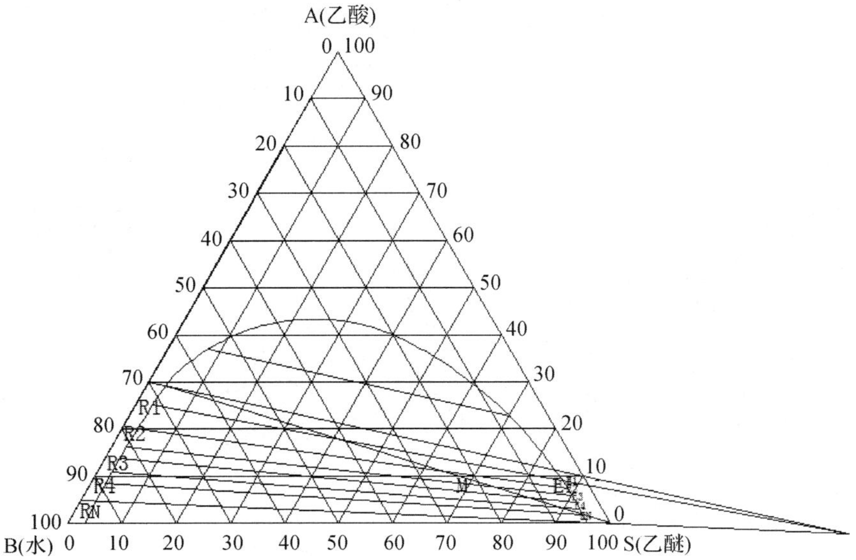

例 9-12 附图

(3)依 $x_{R_n} \ngtr 0.02$，定 R_N，连 E_1R_N 及 SF 即得交点 M(和点)。S 的量按杠杆规则定：

$$S = F \cdot \frac{\overline{FM}}{\overline{MS}} = 1000 \times \frac{20.5}{33} = 621\ \mathrm{kg \cdot h^{-1}}$$

(4)连 FE_1 并延长与连 R_NS 并延长相交于 Δ(操作点)。

(5)过 E_1 的联结线，得平衡点 R_1，连 $R_1\Delta$ 交溶解度曲线于 E_2，从 E_2 找平衡点 R_2，又连 $R_2\Delta$ 再交溶解度曲线于 E_3，依此类推，直至 $R_n \leq R_N$ 时，联结线数目即为理论级数，如附图，本解 $N=6$。

【例 9-13】 以含苯甲酸 $0.2\ \mathrm{kg \cdot m^{-3}}$ 的苯液对苯甲酸水溶液进行错流萃取，使水中苯甲酸浓度由 $1.5\ \mathrm{kg \cdot m^{-3}}$ 降到 $0.2\ \mathrm{kg \cdot m^{-3}}$，每级所用的苯液体积皆为初始水液的1/2，求理论级数和每级萃余液浓度，物系的平衡数据如表9-9。

表 9-9

苯甲酸在水中浓度/$\mathrm{kg \cdot m^{-3}}$	0.104	0.456	0.707	1.32	1.56
苯甲酸在苯中浓度/$\mathrm{kg \cdot m^{-3}}$	0.182	2.45	6.12	18.2	24.5

解　因给定的体积比是 $\frac{水}{苯}=2$，现将以体积浓度表示的平衡数据直接描绘在直角坐标上，得平衡曲线 OE。由题知，苯液初始浓度 $C_{\bar{y}} = 0.2\ \mathrm{kg \cdot m^{-3}}$，所以各级的纵坐标皆为 $0.2\ \mathrm{kg \cdot m^{-3}}$。

对第一级 $C_{RF} = 1.5\ \mathrm{kg \cdot m^{-3}}$ 在图中定出点 $F_1(1.5, 0.2)$ 通过 F_1 作斜率 $\frac{B_1}{S} = -2$ 的操作线与 OE 交于 E_1，通过 E_1 作垂线，交水平线 $C_{\bar{y}} = 0.2$ 于点 F_2；又通过 F_2 作斜率为 -2 的第二级操作线。依此类推，得知到第三级萃取时，$C_{R_3} = 0.15 < 0.2\ \mathrm{kg \cdot m^{-3}}$，故理论级为3。各级萃余相浓度分别是：

$C_{R_1} = 0.44\ \mathrm{kg \cdot m^{-3}}$，$C_{R_2} = 0.22\ \mathrm{kg \cdot m^{-3}}$，$C_{R_3} = 0.15\ \mathrm{kg \cdot m^{-3}}$。

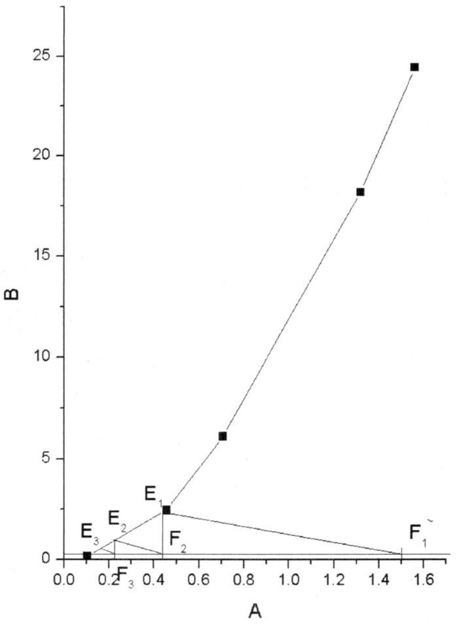

例 9-13　附图

五、思考题

【例 9-14】 液－液萃取操作得以实现的必要条件是什么？与用蒸馏方法进行组分的分离过程有何不同？

答　液－液萃取操作能够实现的必要条件是溶剂对混合液中欲分离的组分有显著的溶解能力，而对余下的组分应是完全不互溶或仅部分互溶。蒸馏则是利用混合液组分间的挥发度差异靠加热把其组分变为组成不相同的气液两相，但两相的化学性质是相似的。萃取分成的两相化学性质却有很大差别。

【例 9-15】 温度条件对萃取操作有何影响？温度升高时，其分配曲线的变化趋势将为何？

答 温度影响了溶剂对稀释剂的互溶度。温度升高，互溶度增大，三角形相同的两相区范围缩小。由此相应确定的分配曲线将趋向 Z 轴。

【例 9-16】 临界混溶点的物理意义是什么？

答 临界混溶点是溶解度曲线分为左右两支，右支上任一点与左支任上某一点成平衡关系，可连成联结线。临界混溶点表明两相在此合二为一（成均相），它一般不处在溶解度曲线的最高点。

【例 9-17】 何谓分配系数？各种物系的分配系数是否均为大于 1 的数值？

答 组分在两个平衡液层中组成的此值，称为该组分的分配系数。一般指溶质 k_A，即 $k_A=\dfrac{y_A}{x_A}$。显然，k 未必大于 1，即使对 k_A 也是一样的。

【例 9-18】 何谓选择性系数 β，β 值的大小说明什么？

答 选择性系数 β 的定义式：$\beta=\dfrac{\left(\dfrac{y_A}{y_B}\right)}{\left(\dfrac{x_A}{x_B}\right)}=\dfrac{k_A}{k_B}$。$\beta$ 值的大小说明萃取剂的选择性优劣，β 值越大，越有利于组分的分离，它相当于精馏操作中的相对挥发度 α。

【例 9-19】 萃取操作中，液体流速的大小对操作有何影响？

答 萃取塔操作时，由于液体流速各自增大，虽可增强相向湍动程度，但萃取的效果还决定液滴内的传质。它和液流速度关系不大，况且流速的加大，相接触时间降低，导致效率下降，阻力上升，甚至发生液泛；液流速度过小，则不能造成较大的相对接触面，亦不利于传质。

【例 9-20】 萃取剂用量过多或过少，各有何影响？

答 萃取剂用量过多，虽可减少萃取级数，但数量有限，反而大幅度增加回收溶剂的能耗，增加操作费用；反之，分离任务相同时，萃取级数增加，设备费用提高，萃取剂合适用量以经济合算为准。

【例 9-21】 当物系及萃取剂确定之后，为提高萃取效率，还应考虑什么因素？

答 此时，凡影响萃取效果的因素，原则上都应考虑，尤其流速、溶剂比、流程、设备型式等。操作温度也应该很好选择。

【例 9-22】 萃取塔内的纵向混合时对萃取过程有何影响？

答 纵向混合致使相向的浓度梯度降低，传质推动力减少，从而降低传质速率。

【例 9-23】 脉动萃取塔的振幅与脉动频率是否可以任意选定？

答 不可以，脉动塔的效率是和振幅与频率密切相关，但脉动过分激烈，导致轴向混合。

六、符号表

符号	符号说明	单位
R	R 相的质量	kg
E	E 相的质量	kg
$\overline{ME}$	线段 ME 长度	m
$\overline{RM}$	线段 RM 长度;	m
x_{AM}	溶质 A 在混合液 M 中质量分率	%

第十章　干　燥

一、教学基本要求

本章主要讨论干燥过程中所遵循的基本规律和干燥过程工艺计算。通过学习，能了解干燥原理、干燥过程工艺计算、干燥器的构造、化工产品干燥实例。

本章应掌握干燥器的物料衡算和能量衡算以及湿空气的性质，t－H 图及其应用，恒定干燥条件下的干燥速度和干燥时间计算，干燥机理分析。重点是干燥速度和干燥时间计算，难点是干燥机理分析。主要内容包括以下几个方面：

- 干燥静力学，湿空气的状态参数及其计算，t－H 图及其应用；
- 干燥动力学，水分在气固两相间的平衡，恒定干燥条件下物料的干燥速度和干燥时间；
- 干燥过程计算，干燥过程的物料衡算和热量衡算；
- 常用干燥设备的主要结构及特性。

二、重点内容

（一）湿空气的性质

湿空气是干空气和水汽的混合物。在干燥过程中，湿空气的水汽含量不断增加，干空气作为载体，其质量流量是不变的。湿空气的许多物理性质是以单位质量的干空气为基准来表示，湿空气可以视为理想气体。

1. 湿空气中湿含量的表示方法

（1）水蒸气分压 p_w

作为干燥介质的湿空气是不饱和空气。湿空气中水汽分压 p_w 越大，水汽含量就越高，p_w 大小等于湿空气的总压 p 与干空气的分压 p_a 之差。

$$\text{湿空气中水汽含量}\ y=\frac{\text{水汽分压}}{\text{湿空气总压}}=\frac{p_w}{p}\text{（摩尔分率）} \tag{10-1}$$

$$p_w=yp$$

当水汽分压 p_w 等于该空气温度下的饱和蒸汽压 p_s 时，表明湿空气被水汽所饱和，就不再具有干燥能力。

（2）空气的湿含量（简称湿度）以 H 表示

湿度，指单位质量干空气中所含水汽的质量（亦称绝对湿度）。

即 $$H=\frac{\text{湿空气中水汽的质量}\ m_W}{\text{湿空气中干空气的质量}\ m_a}=\frac{\text{水汽的摩尔数}}{\text{干空气的摩尔数}}\cdot\frac{M_W}{M_a}$$

$$= \frac{p_w}{p - p_w}\frac{18}{29} = 0.622\frac{p_w}{p - p_w} \qquad (10\text{-}2)$$

(3)湿空气的相对湿度

在总压 p 一定的情况下，对应于一定的空气温度 t，有一个饱和水蒸气压 p_s，即 $p_s = f(t)$，p_s就是此状态下水汽在空气中的最大分压。只有 $p_w < p_s$时，湿空气才可能接受湿物料汽化的水分。

$$\varphi = \frac{湿空气中水汽分压\ p_w}{水汽的饱和蒸汽压\ p_s} = \frac{p_w}{p_s} \times 100\% \qquad (10\text{-}3)$$

湿空气的相对湿度 ψ 表示此湿空气距离饱和状态的程度，ψ 越大，湿空气越趋近于饱和状态。

当 t 一定时，ψ 随 p_w 的增大而增大。

当 $p_w = 0$ 时，$\psi = 0$，干空气；当 $p_w < p_s$ 时，$\psi < 1$，未饱和空气；当 $p_w = p_s$ 时，$\psi = 1$，饱和湿空气，不可作为载湿体。

由 $\varphi = \frac{p_w}{p_s} \rightarrow p_w = \varphi p_s$，代入式(10-2)得

$$H = 0.622 \cdot \frac{\varphi p_s}{p - \varphi p_s} \qquad (10\text{-}4)$$

那么，空气达到饱和时的湿度 $H_s = 0.622 \cdot \frac{p_s}{p - p_s}$(因为 $p_w = p_s$)　　(10-5)

2. 湿空气的焓(I)和质量热容(c_H)

作为干燥介质的湿空气与湿物料既有热量的传递，又有湿分的转移。湿空气的焓是指 1 kg 干空气的焓与其所带水汽的焓之和。

以 1 kg 的干空气为基准，并以0℃作为基准温度，I 表示为：

$$I = I_a + Hi_w \qquad (10\text{-}6)$$

式中：I_a——干空气焓，$I_a = c_a \cdot (t - 0) = c_a t = 1.01 \cdot t$ kJ · kg^{-1}；

$c_a = 1.01$ kJ · kg^{-1} · K^{-1}，干空气的比热或质量热容；

$i_w = c_w t + r_0$。

代入式(10-6)得

$$I = c_a t + (c_w t + r_0) \cdot H = (c_a + c_w H) \cdot t + r_0 H \qquad (10\text{-}6a)$$

式中：$c_w = 1.88$ kJ · kg^{-1} · K^{-1}(水的比热或热容)；

$r_0 = 2492$ kJ · kg^{-1}(H_2O 在0℃时的汽化潜热)。

代入式(10-6a)得

$$I = (1.01 + 1.88H) \cdot t + 2492H = c_H t + 2492H \qquad (10\text{-}6b)$$

式中：c_H——湿空气的质量热容，kJ · kg^{-1} · K^{-1}，即以 1 kg 干空气为基准，湿度为 H 的湿空气，温度升高(或降低)1 K 所需吸收(或放出)的热量。

3. 湿空气的比容 V_H(简称湿比容)

$$V_H = \frac{湿空气的体积}{干空气的质量}(m^3湿空气 \cdot kg^{-1}干空气) \qquad (10\text{-}7)$$

以 1 kg 干空气为基准，湿度为 H 的湿空气，在总压 $p=101.3$ kPa，温度为 t 下的湿比容 V_H 为：

$$V_H = V_a + H \cdot V_w \tag{10-7a}$$

式中：$V_a = \frac{1}{29} \times 22.4 \times \frac{273+t}{273}$

$V_w = \frac{1}{18} \times 22.4 \times \frac{273+t}{273}$

将式(10-2)代入式(10-7a)，得

$$V_H = \left(\frac{22.4}{29} + \frac{22.4}{18} \times \frac{18}{29} \cdot \frac{p_w}{p-p_w}\right) \times \frac{273+t}{273}$$

$$= 0.773\left(\frac{p_w}{p-p_w}\right) \cdot \frac{273+t}{273} (m^3 湿空气 \cdot kg^{-1} 干空气) \tag{10-7b}$$

4. 绝热过程(冷却)和绝热饱和温度

在干燥过程中，作为干燥介质的湿空气，其湿度 H 越大，温度 t 越低。以下用空气绝热冷却过程来模拟湿空气在干燥过程中的 H、t 的变化情况，空气增湿塔中初始空气状态为 H_1、t_1、c_{H1}(未饱和)，塔进行绝热操作，气、液两相在塔内充分接触。

开始时，由于水滴表面的水气分压高于空气中的水气分压，水向空气中汽化，水温开始降低，与空气之间产生温度差，则有热量由空气向水传递，直到水温降低到一个稳定值 t_{as}。同时，空气的温度也下降到 t_{as}，空气的湿度由 H_1 增大到 t_{as} 下的饱和湿度 H_{as}，即可认为空气和水在塔顶达到平衡(饱和)状态，此温度称为绝热饱和温度。

当这一绝热冷却过程达到稳定的平衡状态时，可以对其做能量衡算。取塔内任一截面 $A-A$，空气的状态为 H、t、c_{H1}。在截面 $A-A$ 和塔顶之间列热量衡算式，即在稳定的情况下，空气释出的显热等于水分汽化后带回空气的潜热，可得：

$$c_H \cdot (t - t_{as}) = (H_{as} - H) \cdot r_{as} \tag{10-8}$$

即

$$\frac{H_{as} - H}{t_{as} - t} = -\frac{c_H}{r_{as}} = -\frac{1.01 + 1.88H}{r_{as}} \tag{10-8a}$$

即

$$t_{as} = t - \frac{r_{as}}{c_H} \cdot (H_{as} - H) \tag{10-8b}$$

式中：r_{as}——水在 t_{as} 下的汽化潜热，$kJ \cdot kg^{-1}$；

c_H——湿空气在 H_{as} 时的比热容，$kJ \cdot kg^{-1}$ 干空气 $\cdot K^{-1}$。

式(10-8b)中 H_{as} 和 r_{as} 不是独立变量，都是 t_{as} 的函数，$c_H = f(H)$，$t_{as} = f(t, H)$。

(二)湿空气温度

1. 干球温度 t

湿空气的真实温度是用普通温度计测定的温度。

2. 湿球温度 t_w

湿空气的湿球温度可以用湿球温度计测定，温度计的感温球用湿纱布包裹，

纱布的下端浸没在水中，由于毛细管的作用，可以保持湿纱布湿润，这就成为湿球温度计。

湿纱布表面的空气湿度 H_w 比空气主流中的湿度 H 为大，于是纱布表面的水分汽化，通过纱布表面的气膜向空气主流扩散，则纱布的温度开始下降(湿球温度计的读数随之下降)，使得气流与纱布间产生温度差，引起对流传热。纱布上水分汽化所需的热量由空气传递给纱布，当达到一稳定状态时，空气向纱布传递显热的速率等于水分汽化耗热的速率，这时湿球温度计指示的温度维持恒定，其读数的大小就是空气的湿球温度。未饱和湿空气的湿球温度恒低于其干球温度，而对于饱和湿空气则湿球温度 t_w 等于干球温度 t。

牛顿冷却公式得到单位时间内空气向湿纱布表面传递显热的速率 Q_1 为：

$$Q_1 = \alpha A \cdot (t - t_w)$$

根据传质速率方程得到以湿度差为推动力的湿纱布表面水分汽化速率 G_w：

$$G_w = k_H A \cdot (H_w - H)$$

水分汽化所需的潜热为 Q_2：

$$Q_2 = G_w r_w = k_H A \cdot (H_w - H) \cdot r_w$$

当传热达到稳定时，$Q_1 = Q_2$

即

$$\alpha A \cdot (t - t_w) = k_H A \cdot (H_w - H) \cdot r_w$$

整理得

$$t_w = t - \frac{k_H r_w}{\alpha} \cdot (H_w - H) \tag{10-9}$$

对于空气 - 水系统，在绝热条件下，$\dfrac{\alpha}{k_H} = c_H$(湿空气的质量热容)

则(10-9)式可写成

$$\frac{H_w - H}{t_w - t} = -\frac{c_H}{r_w} \tag{10-9a}$$

与式(10-8a)比较，在湿空气的 H 和 t 确定的情况下，湿球温度 t_w 绝热饱和温度 t_{as} 可以相等，即 $t_w = t_{as}$。

3. 露点温度 t_d

空气在湿含量 H 不变的情况下冷却，达到饱和状态时的空气温度称为露点 t_d($t \to t_{as}$)，此时开始有水珠冷凝出来。可见，$t_d = t_w = t_{as}$(饱和湿空气)。

如果已知湿空气的露点 t_d，查湿空气的饱和蒸汽压 P_d，即可求露点下湿空气的饱和湿度。

$H_S = 0.622\dfrac{p_d}{p - p_d}$，又 $H = 0.622\dfrac{\varphi p_S}{P - \varphi p_S}$，得 $p_d = \varphi p_S$，$p_w = \varphi p_S$

此过程：H、t、$p_w \longrightarrow H_S$、t_d、$p_d \longrightarrow H = H_S$，$t > t_S$，$p_w = p_d$

$$\text{所以，} H = 0.622\frac{p_d}{P - p_d} \longrightarrow P_d = \frac{HP}{0.622 + H} \tag{10-10}$$

可见，在 P 一定的情况下，已知 H，则 p_d 和露点温度 t_d 可以确定：$t_d = f(p_d)$

反之，t_d 和总压 P 一定，空气的湿含量 H 也就被确定，露点 t_d 也是表示湿空气性质的一个参数。

(三)空气的湿度图

上述介绍了湿空气的物理性质参数有：p_w，φ，H，H_S，I，C_H，V_H，t_{as}，t，t_d，t_w，在总压已知的情况下只要知道其中的任意两个独立的参数，应用上述的关系式可以求得其他的各参数。工程上为了方便起见，把湿空气的参数间的关系标绘在坐标图上，只要知道其中的任意两个独立的参数，就可以在图中迅速地查到其他各参数。根据总压 $P=101.3$ kPa 标绘的，称为 $t-H$ 图。以 t 为横坐标，H 为纵坐标，图中包括 5 种线。

(1)等干球温度线

即等 t 线，与纵坐标平行的线都是等 t 线。

(2)等湿度线

即等 H 线，与横坐标平行的线都是等 H 线。

(3)等相对湿度线

即等 φ 线，由 $H=0.622\dfrac{\varphi p_S}{P-\varphi p_S}$标绘。

当 φ 一定时，由于 $p_s=f(t)$，所以 $H=f(t)$。

当 $\varphi=1$ 时的等 φ 线称为饱和线，线上各点代表的空气为水蒸气所饱和。线以下($\varphi<1$)为未饱和区域，线以上部分($\varphi>1$)为过饱和区域，注意过饱和空气中含有雾状水滴，不能用于作为干燥介质。

(4)湿质量热容线

由式 $c_H=1.01+1.88H$，即 $c_H=f(H)$绘制。

(5)绝热冷却线

由式$\dfrac{H_{as}-H}{t_{as}-t}=-\dfrac{c_H}{r_{as}}$ 得 $t_{as}=t-\dfrac{r_{as}}{c_H}(H_{as}-H)$

初始状态(t，H)⟶终状态(t_{as}，H_{as})

(四)对流干燥的传热与传质过程

湿物料的对流干燥过程是传热与传质并存的过程。在干燥过程中，热空气与湿物料直接接触，向湿物料传递热量 Q，传热的推动力是空气的干球温度 t 与物料表面温度 θ 的温度差 $\Delta t=t-\theta$；与此同时，物料表面的水气也向空气主体传递，并被空气带走，其传质的推动力是：物料表面的水汽分压 p'_w 与空气主体的水汽分压 p_w 的分压差 $\Delta p=p'_w-p_w(\Delta H=H_w-H)$，在干燥过程中，空气既要为物料汽化水分提供热量，又要带走所汽化的水分，以保证干燥过程的正常进行。

(五)空气干燥器的物料衡算

干燥过程的计算的目的是要算出湿物料中水分的蒸发量，空气的用量以及所需的热量。必须通过物料衡算和能量衡算来计算。

通过物料衡算可以解决的问题：

①计算湿物料干燥到指定的含水率所需除去的水分量。

②计算空气的用量。

1. 物料含水率

①湿基含水率：以 w 表示湿物料为基准的含水率，也称相对含水率。

$$w=\frac{\text{湿物料中水分的质量}}{\text{湿物料的总质量}}\ \mathrm{kgH_2O\cdot kg^{-1}}\text{湿物料}$$

②干基含水率：以 X 表示绝干物料为基准的含水率，也称绝对含水率。

$$X=\frac{\text{湿物料中水分的质量}}{\text{湿物料中绝干物料的质量}}\ \mathrm{kgH_2O\cdot kg^{-1}}\text{干物料}$$

在工业生产中，一般是以湿基含水率来表示物料中含水量的大小，而在干燥的计算和干燥器的设计中，因为在干燥的过程中，绝干物料的质量不变，通常以干基含水率来表示较为方便。

湿物料的总质量 = 水分质量 + 物料的绝干质量

即
$$w=\frac{\text{水分质量}}{\text{水分质量}+\text{绝干物料质量}}=\frac{X}{1+X}$$
$$X=\frac{\text{水分质量}}{\text{总质量}-\text{水分质量}}=\frac{w}{1-w}$$

2. 干燥的水分蒸发质量 W

总物料衡算：干燥前物料总质量 w_1 = 干燥后物料总质量 w_2 + 水分质量 W

对绝干物料衡算得　$G_c=G_1(1-w_1)=G_2(1-w_2)$

即
$$G_1=\frac{G_c}{1-w_1},\quad G_2=\frac{G_c}{1-w_2},\quad G_2=\frac{1-w_1}{1-w_2}\cdot G_1$$

干燥器中被干燥的水分量为 $W=G_c(X_1-X_2)$

因为
$$W=G_1-G_2=\frac{G_c}{1-w_1}-\frac{G_c}{1-w_2}=G_c\cdot\left(\frac{1}{1-w_1}-\frac{1}{1-w_2}\right)$$
$$=G_c\cdot(X_1+1-X_2-1)=G_c\cdot(X_1-X_2)\qquad(10\text{-}11)$$

3. 空气用量的计算

以干空气作为衡算基准，对水分作物料衡算得：$W=L\cdot(H_2-H_1)$，所以干空气的用量 $L=\dfrac{W}{H_2-H_1}$。

令单位空气消耗量为 $l=\dfrac{L}{W}$，又称湿空气的比用量，即从湿物料中汽化 1 kg 水分所需的干空气量。所以

$$l=\frac{1}{(H_2-H_1)}=\frac{1}{(H_2-H_0)}$$

（六）空气干燥器的热量衡算

物料进行干燥所需热量的多少，可以通过热量衡算计算。通过热量衡算还可以求出干燥后的湿空气的湿度 H_2 和湿空气的焓 I_2 等一些空气状态参数。

取汽化 1 kg 水分作为衡算基准，以 0℃为基准温度，并以干空气的质量流量为基准。

汽化每千克水分所需的热量 $q=\dfrac{Q}{W}$

式中：$Q=Q_p+Q_d$

即 $q=\dfrac{Q_p+Q_d}{W}=q_p+q_d$

1. 输入热量

(1)湿物料带入的热量

$$Q_1=Q_2+W\ (\text{因为 } G_1=G_2+W)$$

即 $Q_1=\dfrac{G_2c_Mt_{M1}}{W}+\dfrac{Wc_1t_{M1}}{W}=\dfrac{G_2c_Mt_{M1}}{W}+c_1t_{M1}$

(2)湿空气带入的热量

$$\frac{LI_0}{W}=lI_0$$

(3)预热器内加入的热量

$$q_p=\frac{L\cdot(I_1-I_0)}{W}=l\cdot(I_1-I_0)$$

(4)干燥室内补充的热量为 q_d

2. 输出热量

(1)干燥后物料带走的热量

$$Q_2=\frac{G_2c_Mt_{M2}}{W}$$

(2)随废气带出的热量

$$\frac{LI_2}{W}=lI_2$$

(3)损失于周围的热量 q_l

由输入热量 = 输出热量，列衡算式得：

$$\frac{G_2c_Mt_{M1}}{W}+c_1t_{M1}+l\cdot I_0+q_p+q_d=\frac{G_2c_Mt_{M1}}{W}+lI_2+q_l$$

即 $q=q_p+q_d=l\cdot(I_2-I_0)+\dfrac{G_2c_M}{W}\cdot(t_{M2}-t_{M1})+q_l-c_1t_{M1}$

令 $q_M=\dfrac{G_2C_M}{W}\cdot(t_{M2}-t_{M1})$

$$\sum q=q_M+q_l$$

所以 $q=q_p+q_d=l(I_2-I_0)+\sum q-c_1t_{M1}$

蒸发 1 kg 水所需的外加热量

$$q=q_p+q_d=l\cdot(I_2-I_0)+\sum q-c_1t_{M1} \qquad (10\text{-}12)$$

（七）干燥过程的计算及图示

1. 绝热干燥过程

如果空气在进、出干燥室时，与外界没有热量交换，那么干燥介质所经历的状态变化可以认为绝热冷却过程，此过程就称为绝热干燥过程。

2. 实际干燥过程

实际干燥过程往往与绝热干燥过程相差很大（干燥器中有补充热量并有热损失）。根据干燥过程的热量衡算式（10-12）：

由　$q_p = l \cdot (I_1 - I_0)$ 代入（10-12）式得

$$l \cdot (I_2 - I_1) = (q_d + c_1 t_{M1}) - \sum q \quad (10\text{-}13)$$

令　$\Delta = (q_d + c_1 t_{M1}) - \sum q$

又　$l = \dfrac{1}{H_2 - H_1}$

所以式（10-13）可以写成

$$\frac{I_2 - I_1}{H_2 - H_1} = \Delta \quad (10\text{-}13a)$$

式中

$$\sum q = q_1 + \frac{G_2 c_M}{W} \cdot (t_{M2} - t_{M1})$$

包括热损失及产品部分的物料在干燥器中获得的热量，把 $\sum q$ 简称为“损失的热量”。“$q_d + c_1 t_{M1}$”为补充给干燥室及物料中被汽化水分所带入的热量，称为“补充的热量”。

$\Delta = (q_d + c_1 t_{M1}) - \sum q$，表示“补充的热量与损失的热量”之差。

在点 $B(H_1, I_1)$ 和点 $C(H_2, I_2)$ 的连线上的一点 $P(H, I)$，必然符合下列关系式：

$$\Delta = \frac{I_2 - I_1}{H_2 - H_1} = \frac{I - I_1}{H - H_1} \quad (10\text{-}13b)$$

对式（10-13b）做以下变换：

$$\frac{(c_{H2} t_2 + r_0 H_2) - (c_{H1} t_1 + r_0 H_1)}{H_2 - H_1} = \frac{(c_H t + r_0 H) - (c_{H1} t_1 + r_0 H_1)}{H - H_1} = \Delta$$

$$(10\text{-}13c)$$

空气的湿质量热变化不大，则 $c_{H2} \approx c_H \approx c_{H1}$

整理化简式（10－13c）得：

$$\frac{t_2 - t_1}{H_2 - H_1} = \frac{t - t_1}{H - H_1} = \frac{(-r_0 + \Delta)}{c_{H1}} = \frac{(-2492 + \Delta)}{c_{H1}} \quad (10\text{-}14)$$

分析式（10-14），在干燥过程中，r_0，Δ，c_{H1} 为定值，则点 (t, H) 和点 (t_1, H_1) 的连线为一直线，其斜率为 $\dfrac{(-r_0 + \Delta)}{c_{H1}}$，算出斜率后，由点 (t_1, H_1) 可以做出直线。此线相当于绝热干燥过程中的绝热冷却线，结合另一空气出口的状态值，就可以确定空气的出口状态。

3. 实际干燥过程的计算

(1) 干燥空气的单位消耗量

$$l = \frac{L}{W} = \frac{1}{H_2 - H_1}$$

(2) 预热器内所需的比热消耗量

$$q_p = \frac{I_1 - I_0}{H_2 - H_1} = l \cdot (I_1 - I_0)$$

(3) 干燥器内补充的比热量

$$q_d = l \cdot (I_2 - I_1) + \sum q - C_1 t_{M1}$$

式中：$\sum q = q_M + q_l$

(4) 整个干燥器所需的比热量

$$q = q_p + q_d = l \cdot (I_2 - I_0) + \sum q - C_1 t_{M1} \quad (10\text{-}15)$$

(八) 干燥器的热效率

取汽化 1 kg 水分为基准，计算以汽化水分的热量 q' 与空气在干燥过程中获得的热量 q 之比表示干燥器的热效率。

即
$$\eta_h = \frac{q'}{q} = \frac{r_0 + c_W t_2 - c_1 t_{M1}}{l \cdot (I_2 - I_0) + \sum q - c_1 t_{M1}} \quad (10\text{-}16)$$

$$q = q_p + q_d = l \cdot (I_2 - I_0) + \sum q - c_1 t_{M1}$$

$$q' = (r_0 + c_W t_2 - c_1 t_{M1})$$

通过干燥过程的物料衡算和能量衡算，可以确定：

① 从湿物料中除去的水分量 W；

② 所需的空气量 L；

③ 所需的热量 $Q = Q_p + Q_d$，$q = q_p + q_d$。

干燥速度不仅取决于空气的性质和操作条件，还取决于水分在空气与物料间的平衡关系。

(九) 水分在空气与物料间的平衡关系

物料干燥至终点的含水率，称为该空气条件下的平衡含水率。不同的空气状态下，湿物料的平衡含水率是不一样的。以湿物料的平衡含水率 X^* 为横坐标，空气中水蒸气分压 p_w 为纵坐标做曲线，得到物料的平衡含水率曲线，即：

① 空气中水蒸气分压 p_w 与湿物料中的平衡含水率 X^* 的关系曲线（$p_w - X^*$ 线）。

② 湿物料中的平衡含水率 X 与空气中与之平衡的水蒸气分压 p_w^* 之间的关系曲线（$p_w^* - X$ 线）。

（十）恒定干燥条件下的干燥速率

恒定干燥条件：是指不饱和空气的湿度、温度、空气的速度以及与物料接触的状态都不变。

湿物料在未干燥前所含水分均匀地分布在物料的内部和表面。如果将含有自由水的湿物料与未饱和的热空气接触，则水分将不断汽化并通过表面上的气膜扩散至空气中；同时，空气则不断地把热量传给物料，以供给水分汽化所需的潜热，并不断把汽化的水分带走。

表面的水分汽化后，内部水分即向表面移动，使物料内部的水分逐渐减少。

1. 干燥曲线和干燥速度曲线

在干燥过程中，记录不同时间 θ 下湿物料的质量 G，直到物料的质量不再变化为止。干燥终点的含水率，即为物料的平衡含水率。

干燥过程中，物料的瞬间含水率：

$$X = \frac{G - G_c}{G_c} \tag{10-17}$$

以干燥时间 θ 为横坐标，物料的瞬间含水率 X 为纵坐标，可以通过实验标绘物料的干燥曲线，由图中可以直接读出在恒定条件下将物料干燥到某一含水率所需的时间。

物料含水率减少的速度，随着时间的延长是越来越慢。这可以用干燥速率来描述。干燥速度 U：是指单位时间内，在单位物料表面积上汽化的水分质量。

定义式　$U = -\frac{G_c dX}{A d\theta}$

以 X 作为横坐标，以 U 作为纵坐标，画成干燥速率与物料含水率 X 之间的关系曲线，称为干燥速率曲线。干燥过程有 3 个阶段：

① 初始阶段（预热阶段）；

② 恒速干燥阶段；

③ 降速干燥阶段。

2. 恒速干燥阶段

这一阶段，干燥速度恒定，整个物料表面呈湿润状态，表面充满非结合水分。物料表面的温度始终保持与空气的湿球温度相等，即 $\theta = t_w$，所以这个阶段空气向物料传热的推动力为 $(t - t_w)$，水分从物料表面向空气汽化的传质推动力 $(H_w - H)$ 保持恒定，所以水分的汽化速率为 $G_w = k_H A \cdot (H_w - H)$ 也保持恒定，即干燥速度 $U = \frac{G_w}{A} = k_H \cdot (H_w - H)$ 不变。

3. 降速干燥阶段

当物料的含水率降低到 C 点时，物料内部分水分向物料表面移动的速率开始小于物料表面的水分的汽化速率。这时，物料的表面开始出现不润湿点，当物料含水率下降到 D 点时，物料表面已完全不润湿，D 点是从第一降速阶段进入第二降速阶段的转折点，而点 C 是恒速干燥阶段进入降速干燥阶段的转折点，也称 C 点是恒速干燥阶段转到降速干燥阶段的临界点。C 点的物料含水率称为临界含水率 X_c。

进入第二降速干燥阶段后，水分汽化速率进一步降低，直到 E 点，物料的含水率降至平衡含水率 X^*。这时候，物料中的水汽压力与空气中的水汽分压相等，空气与物料间的传质推动力为0，降速干燥阶段终止。

这个阶段，水分汽化量逐渐减少，空气传给物料的热量部分用于水分汽化，部分用于物料的升温。当物料达到平衡含水率时，物料的温度 θ 等于空气的干球温度 $\theta = t$，则传热推动力为0，干燥结束，所以湿物料的平衡含水率是物料干燥的极限。与恒速干燥阶段相比，降速干燥阶段从物料逐出的水分通常比较少，但需要的时间往往比较长。

（十一）恒速干燥阶段的干燥时间的计算

由干燥速度的定义式：

$$U = -\frac{G_c \mathrm{d}X}{A\mathrm{d}\theta}$$

分离积分变量得：

$$\mathrm{d}\theta = -\frac{G_c}{AU}\mathrm{d}X \tag{10-18}$$

积分上限：当 $\theta = 0$ 时，$X = X_1$（X_1 为物料的初含水率）

积分下限：当 $\theta = \theta_1$ 时，$X = X_c$（X_c 为物料临界含水率）

恒速干燥阶段 $U = U_c$ 常数。

积分式(10-18)得：

$$\theta_1 = \int_0^{\theta_1}\mathrm{d}\theta = -\frac{G_c}{AU_c}\int_{X_1}^{X_c}\mathrm{d}X = \frac{G_c}{AU_c}\cdot(X_1 - X_c) \tag{10-19}$$

影响恒速干燥阶段速率的因素主要是湿空气的状态参数：① 空气温度 t；② 湿空气的湿度 H；③ 湿空气的流速；④ 空气与物料的接触方式等。

（十二）降速干燥阶段的干燥时间计算

降速干燥阶段的干燥时间：是指物料含水量由 X_c 下降到 X_2（最终含水量）所需要的时间 θ_2，此阶段，干燥速率 U 不断减少，则有

$$\theta_2 = \int_0^{\theta_2}\mathrm{d}\theta = -\frac{G_c}{A}\int_{X_c}^{X_2}\frac{\mathrm{d}X}{U}$$

当干燥速度 U 与物料含水率 X 不呈线性关系时，可以用图解法求 θ_2。

根据实验数据(θ,X)，可以求出 U，这样我们可以做出以 X 为横坐标，以 $\frac{1}{U}$ 为纵坐标的曲线，求出介于所得曲线与横轴两界限 $X_2 \sim X_c$ 间的面积，其数值就是所求的积分值，即 θ_2。

$$\theta_2 = -\frac{G_c}{A}\int_{X_c}^{X_2}\frac{\mathrm{d}X}{K_x\cdot(X - X^*)} = \frac{G_c\cdot(X_c - X^*)}{AU_c}\cdot\ln\frac{X_c - X^*}{X_2 - X^*} \tag{10-20}$$

故物料干燥所需的总时间 $\theta = \theta_1 + \theta_2 + \theta_3$，其中 θ_3 为装卸时间，适用于间歇操作。

三、知识点关联图

物料中水分性质

干基含水量 $X=\frac{\text{湿物料中水分的质量}}{\text{湿物料中绝干物料的质量}}$　　湿基含水量 $w=\frac{\text{湿物料中水分的质量}}{\text{湿物料的总质量}}$

两者关系 $w=\frac{\text{水分质量}}{\text{水分质量}+\text{绝干物料质量}}=\frac{X}{1+X}$　　$X=\frac{\text{水分质量}}{\text{总质量}-\text{水分质量}}=\frac{w}{1-w}$

平衡曲线：平衡含水量与空气相对湿度的关系曲线，由图可查平衡含水量和结合水量的大小

结合水分与非结合水分：分别按水分与基质的有无结合力区分

自由水分与平衡水分：分别在相对湿度为 1 和 0 时的极限水分区分

干燥过程物料衡算

气化水分量 $=G_c\cdot(X_1+1-X_2-1)=G_c\cdot(X_1-X_2)$　$kg\cdot s^{-1}$

空气消耗量

干空气 $L=\frac{W}{H_2-H_1}$　kg 干气·s^{-1}

湿空气的比用量为 $l=L\cdot(H_2-H_1)$

湿空气用量 $L'=L\cdot(1+H_0)$

干燥过程热量衡算

预热器加热量 $q_p=\frac{L\cdot(I_1-I_0)}{W}=l\cdot(I_1-I_0)$

干燥器加热量 $q_d=\frac{G_2C_M}{W}\cdot(t_{M2}-t_{M1})+q_l-C_lt_{M1}$

总加热量 $q=q_p+q_d$

干燥系统热效率 $\eta_h=\frac{q'}{q}=\frac{r_0+C_Wt_2-C_lt_{M1}}{l\cdot(I_2-I_0)+\Sigma q-C_lt_{M1}}$

湿空气性质

湿度 $H=0.622\frac{p_W}{p-p_W}$　kg 水气·kg^{-1} 干气

相对湿度 $\varphi=\frac{p_W}{p_S}\times100\%$

湿比热容 $C_H=C_a+C_W H=1.01+1.88H$　$kJ\cdot kg^{-1}$ 干气·K^{-1}

焓 $I=(1.01+1.88H)t+2492H$ $kJ\cdot kg^{-1}$ 干气

湿比容 $\nu_H=0.773(\frac{p_W}{p-p_W})\cdot\frac{273+t}{273}$ m^3 湿空气·kg^{-1} 干空气

干球温度　t

湿球温度　$t_w=t-\frac{k_Hr_w}{\alpha}(H_w-H)$

绝热饱和温度 $t_{as}=t-\frac{r_{as}}{C_H}(H_{as}-H)$

露点温度　$t_d=f(p_d)\leftarrow p_d=\frac{Hp}{0.622+H}$

对空气－水系统

不饱和湿空气 $t>t_w(t_{as})>t_d$

饱和湿空气 $t=t_w(t_{as})=t_d$

干燥过程计算

干燥速率 $U=-\frac{G_c\mathrm{d}x}{A\mathrm{d}\theta}$

恒速阶段 $U=\frac{G_w}{A}=k_H(H_w-H)$

降速阶段

$U=-\frac{G_c\mathrm{d}X}{A\mathrm{d}\tau}=K_x(X-X^*)$

干燥时间

恒速阶段

$\theta_1=-\frac{Gc}{AUc}\int_{X_1}^{X_c}\mathrm{d}X=\frac{Gc}{AUc}(X_1-X_c)$

降速阶段

$\theta_2=\frac{G_c(X_c-X^*)}{AU_c}\ln\frac{X_c-X^*}{X_2-X^*}$

干燥器设计计算

厢式干燥器（盘式干燥器）

带式干燥器

气流干燥器

沸腾床干燥器

转筒干燥器

喷雾干燥器

滚筒干燥器

红外线干燥器

干燥过程强化

（1）提高干燥速率

恒速阶段：提高干燥介质的温度、流速或降低温度

降速阶段：减小物料尺寸、加强物料分散

（2）采取节能措施

减少能耗、回收热量

（3）改进干燥设备

四、习题解答

【例 10-1】 已知空气的干燥温度为 60℃，湿球温度为 30℃，试计算空气的湿含量 H、相对湿度、焓 I 和露点温度 t_d。

解 查表得 $t_w=30$℃时 $p_{s,t_w}=4247\ \text{Pa}$，$r_{tw}=2427\ \text{kJ}\cdot\text{kg}^{-1}$

得 $H_{s,t_w}=\dfrac{0.622p_s}{P-p_s}=0.0272$

$$H=H_{s,t_w}-\left(\frac{t-t_w}{r_{tw}}\right)\left(\frac{\alpha}{K_{Hh}}\right)$$

$$\frac{\alpha}{K_H}=1.09$$

查表得 $t=60$℃时 $p_s=19923\ \text{Pa}$

由 $H=0.0137$ 可以查图得 $p=2180\ \text{Pa}$

$$\varphi=\frac{p}{p_s}=11\%$$

$$I=(1.01+1.88\times0.0137)\times60+2492\times0.0137$$
$$=96.29\ \text{kJ}\cdot\text{kg}^{-1}$$

由 $p_s=2.18\ \text{kPa}$，查表得露点温度 $t_d=18.4$℃

【例 10-2】 湿空气的温度为 25℃，其中水蒸气含量为 2%(质量分数)，经预热后送入常压干燥器试求：

(1)将该空气预热到 80℃时所需的热量，以 $\text{kJ}\cdot\text{kg}^{-1}_{\text{d-空气}}$表示：

(2)将它预热至 110℃时，其相应的相对湿度。

解 (1)预热到 80℃时所需的热量 ΔI

依公式 $I=1.01t+1.88Ht+2491H$

查 $t_0=25$℃时，$H_0=\dfrac{2}{100-2}=0.0204$，$t_1=80$℃，$H_1=H_0$

$I_0=(1.01+1.88\times0.0204)\times25+2492\times0.0204$

$I_1=(1.01+1.88\times0.0204)\times80+2492\times0.0204$

$\Delta I=I_1-I_0=(1.01+1.88\times0.0204)\times(80-25)=57.7\ \text{kJ}\cdot\text{kg}^{-1}_{\text{d-空气}}$

(2)预热至 110℃时的相对湿度

常压下，水蒸气超过 100℃呈过热状态，其蒸汽压仍为 $1.013\times10^5\ \text{Pa}$

$$\varphi=\frac{0.0204\times1.013\times10^5}{(0.622+0.0204)\times1.013\times10^5}=3.18\%$$

【例 10-3】 湿度为 0.018 kg 水·kg^{-1}干空气的湿空气在预热器中加热到 128℃后进入常压等焓干燥器中，离开干燥器时空气的温度为 49℃，求离开干燥器时露点温度 t_d。

解 $I=(1.01+1.88H)t+2492H$

等焓过程 $I_1=I_2$

$$(1.01+1.88H_1)t_1+2492H_1=(1.01+1.88H_2)t_2+2492H_2$$

$$(1.01+1.88\times0.018)\times128+2492\times0.018=(1.01+1.88H_2)\times49+2492H_2$$

解出： $H_2=0.0499$

$$H=\frac{p}{P-p}\times0.622$$

$$0.0498=0.622\times\frac{p}{1.013\times10^5-p}$$

得 $p=7523$ Pa

查水蒸气表得 $t_d=40.3$℃

【例 10-4】 利用 $I-H$ 图填充表 10-1 的空白。

表 10-1 例 10-4 题图

干球温度/℃	湿球温度/℃	湿度	相对湿度/%	热焓/kJ·kg⁻¹干空气	水蒸气分压/Pa	露点/℃
60	35					
20			75			
30					3000	
40						25

解 $I-H$ 图填充表格空白如表 10-2。

表 10-2 例 10-4 题解

干球温度/℃	湿球温度/℃	湿度	相对湿度/%	热焓/kJ·kg⁻¹干空气	水蒸气分压/Pa	露点/℃
60	35	0.026	21	130	5100	29
20	18	0.011	75	48	6000	17
30	29	0.0025	93	94	3000	20.5
40	28	0.020	43	92	8000	25

【例 10-5】 某化工过程，以苯为溶剂，再以苯蒸发到干燥的氮气中，所形成的混合气体在30℃和1 atm下的相对湿度为60%。为回收混合气中的苯，拟采用如下两种方法，试分别求出苯的回收率：

(1)将混合气冷却至 -11.5℃；

(2)将混合气加压至4 atm，再冷却至30℃。

苯在 -11.5℃和30℃时饱和蒸气压分别为10 mmHg和118 mmHg。

解 根据湿度的定义有：

$$H=\frac{n_{C_6H_6}\cdot M_{C_6H_6}}{n_{N_2}\cdot M_{N_2}}$$

$$M_{C_6H_6}=78$$

$$M_{N_2}=28$$

$$H=\left(\frac{78}{28}\right)\times p_{C_6H_6}p_{N_2}{}^{-1}=\left(\frac{78}{28}\right)\times\varphi\rho_s\,(760-\varphi\rho_s)^{-1}$$

$$=\left(\frac{78}{28}\right)\times\frac{0.6\times118}{760-0.6\times118}=0.2862\ \mathrm{kg_{C_6H_6}}\cdot\mathrm{kg_{N_2}}^{-1}$$

(1)混合气冷却至 -11.5℃时，苯出现冷凝，此时 $\varphi=100\%$，得

$$H_1 = \frac{78}{28} \times \frac{1 \times 10}{760 - 1 \times 10} = 0.0371\ \text{kg}_{C_6H_6} \cdot \text{kg}_{N_2}{}^{-1}$$

苯的回收率 $\varepsilon_1 = G \cdot (H - H_1)/GH = (0.2862 - 0.0371)/0.2862 = 87.04\%$

(2)将混合气压缩到4 atm时，其温度不变，但苯仍呈气态，当冷却至30℃，便冷凝

$$\varepsilon_1 = \frac{G(H - H_1)}{GH} = \frac{0.2862 - 0.0371}{0.2862} = 87.04\%$$

苯的回收率 $\varepsilon_2 = \dfrac{G(H - H_2)}{GH} = \dfrac{0.2862 - 0.1125}{0.2862} = 61\%$

【例10-6】 湿空气的温度为30℃，经测定其中水的含量为18.6 g·m^{-3}。计算该空气预热到什么温度，才能使其相对湿度降为15 %。

解 取1 m^{3}湿空气为计算基准。

其中：含水量 $= \dfrac{18.6 \times 10^{-3}}{18} = 1.03 \times 10^{-3}$ kmol

水的分体积 $= 1.03 \times 10^{-3} \times 22.4 \times \left(\dfrac{273 + 30}{273}\right) = 0.0256\ \text{m}^3$

水的分压 $p = 0.0256 \times 101.3 = 2.593$ kPa

当 $\varphi = 0.15$ 时，$p_s = \dfrac{p}{\varphi} = \dfrac{1}{0.15} \times 2.593 \times 10^3 = 17287$ Pa

查饱和水蒸气表，当 $p_s = 17287$ Pa时，水的饱和温度近于57℃，即把原空气加热至57℃相对湿度便降为15%。

【例10-7】 用干燥器对某盐类结晶进行干燥，一昼夜能把10 t湿料由最初湿含量10%干燥到最终湿含量1%(均为湿基湿含量)；热空气的温度为100℃，相对湿度为5%，以逆流方式通入干燥器，空气离开干燥器时的温度为65℃，相对湿度为25%。试求：

(1)每小时的原空气用量；

(2)每小时的产品量；

(3)如干燥器的截面积为圆形，要求空气进入干燥器的线速度为0.4 m·s^{-1}，试求干燥器的直径。

解 (1)根据公式 $L = \overline{W}(H_2 - H_0)^{-1}$

$\overline{W} = G_C(X_2 - X_1) = (10 \times 10^3/24) \times (1.00 - 10\%) \times (10/90 - 1/99)$

$= 37.8\ \text{kg} \cdot \text{h}^{-1}$

当 $t_1 = 100$℃，$\varphi_1 = 5\%$ 时，查 $I-H$ 图得 $H_1 = 0.034 = H_0$

$t_2 = 65$℃，$\varphi_2 = 25\%$ 时，查 $I-H$ 图得 $H_2 = 0.043$

$$L = \frac{37.8}{0.043 - 0.034} = 4200\ \text{kg}_{干空气} \cdot \text{h}^{-1}$$

则原空气用量 $L_0 = L(1 + H_0) = 4200 \times (1 + 0.034) = 4343\ \text{kg}_{湿空气} \cdot \text{h}^{-1}$

(2)每小时的产品量 G_2

$$G_2 = G_1 - \overline{W} = \frac{10 \times 10^3}{24} - 37.8 = 378.9 \text{ kg} \cdot \text{h}^{-1}$$

(3)圆形干燥器的直径 D

$$\overline{V_S} = Lv_{H_1} = \frac{\pi}{4}D^2\mu$$

$$v_{H_1} = \left(\frac{1}{29} + \frac{0.034}{18}\right) \times 22.4 \times \left(\frac{273+100}{273}\right) = 1.113 \text{ m}^3 \cdot \text{kg}^{-1}_{\text{干空气}}$$

$$故\ D = \left(\frac{4200 \times 1.113}{3600 \times 0.785 \times 0.4}\right)^{1/2} = 2.03 \text{ m}$$

【例 10-8】 采用一台连续操作的干燥器来干燥某种物料，湿空气的状况是：干球温度 $t_0 = 26$℃，湿球温度 $t_w = 23$℃；经预热器加热到 $t_1 = 95$℃后再送入干燥器；空气出干燥器时的温度 $t_2 = 65$℃，被干燥物料状况是：湿物料的进口温度 $\theta_1 = 25$℃，产品的出口温度 $\theta_2 = 34.5$℃；湿物料的湿基含水量 1.5%，干燥到最终湿基含水量为 0.2%，干物料的比热 $C_s = 1.84 \text{ kJ} \cdot \text{kg}^{-1}\text{k}^{-1}$。干燥器的生产能力为每小时处理 9200 kg 湿物料。干燥器的热损失为 586 $\text{kJ} \cdot \text{kg}^{-1} H_2O$。试求产品量及原空气消耗量。

解 Ⅰ代数法

(1)水分蒸发量 $\overline{W}$

$$\overline{W} = G_C(X_1 - X_2) = 9200 \times (1 - 0.015) \times \left(\frac{1.5}{98.5} - \frac{0.2}{99.8}\right) = 120 \text{ kgH}_2\text{O} \cdot \text{h}^{-1}$$

产品量 $G_2 = G_1 - \overline{W} = 9200 - 120 = 9080 \text{ kg} \cdot \text{h}^{-1}$

(2)原空气消耗量 L_0

干空气消耗量 $L = \overline{W}/(H_2 - H_1)$

当 $t_{\overline{w}} = 23$℃时，水的饱和蒸汽压 $\rho_s = 2809.05$ Pa

$$H_s = 0.622 \frac{\rho_s}{\rho - \rho_s} = \frac{0.622 \times 2809.05}{101325 - 2809.05} = 0.0177$$

$$I_s = (1.01 + 1.88H_s)t_{\overline{w}} + 2492H_s$$

$$= (1.01 + 1.88 \times 0.0177) \times 23 + 2491 \times 0.0177 = 68.10 \text{ kJ} \cdot \text{kg}^{-1}$$

又 $I_1 = I_s = 68.10 \text{ kJ} \cdot \text{kg}^{-1}$

$$则\quad H_1 = H_0 = \frac{I_0 - 1.01t_0}{2492 + 1.88t_0} = \frac{68.10 - 1.01 \times 26}{2492 + 1.88 \times 26} = 0.0165$$

$$I_1 = 1.01t_1 + H_1(2492 + 1.88t_1) = 1.01 \times 95 + 0.0165 \times (2495 + 1.88 \times 95)$$

$$= 140.01 \text{ kJ} \cdot \text{kg}^{-1}$$

为求 H_2 可作热量衡算，以汽化 1 kg 水分为基准

$$l(I_1 - I_2) = \frac{G_2C_s(\theta_2 - \theta_1)}{\overline{W} - \theta_1c^* + E_1}$$

$$即\quad \frac{I_1 - I_2}{H_2 - H_1} = \frac{9080 \times 1.84 \times (34.5 - 25)}{120 - (4.187 \times 25) + 586}$$

$$\frac{140.01 - I_2}{H_2 - 0.0166} = 1804$$

$$I_2 = 1705 - 1804\,H_2 \qquad (a)$$

且 $$I_2 = 1.01\,t_2 + (2492 + 1.88\,t_2)\,H_2 \qquad (b)$$

把 $t_2 = 65$℃代入(b)式，并联立(a)，(b)，解得 $H_2 = 0.0236$

$$L = \frac{120}{0.0236 - 0.0165} = 16091\ \mathrm{kg}_{湿空气} \cdot \mathrm{h}^{-1}$$

故原空气耗用量 $L_0 = L(1 + H_0) = 16091 \times (1 + 0.0165) = 1.718 \times 10^4\ \mathrm{kg}_{湿空气} \cdot \mathrm{h}^{-1}$

Ⅱ图解法

$$\Delta = \theta_1 - \frac{G_2 c_S(\theta_2 - \theta_1)}{\overline{W}} - q_1 = 25 - \frac{9080 \times 1.84 \times (34.5 - 25)}{4.187 \times 120} - \frac{586}{4.187} = -431$$

$$eE = ef\frac{\Delta}{m} = 10 \times \frac{-431}{500} = -8.62$$

由 $t_0 = 26$℃及 $t_w = 23$℃决定点 A，经预热加热后，$H_1 = H_0$，A 点垂直向上和 $t_1 = 95$℃线相交于 B 点，B 点的等焓线 BC，在其上取点 e，量 $ef = 10$，计算 eE 定 E 点，连 BE 并延长交 $t_2 = 65$℃线于 C_1点，读过 C_1点的 H_2值，而后计算空气消耗量。

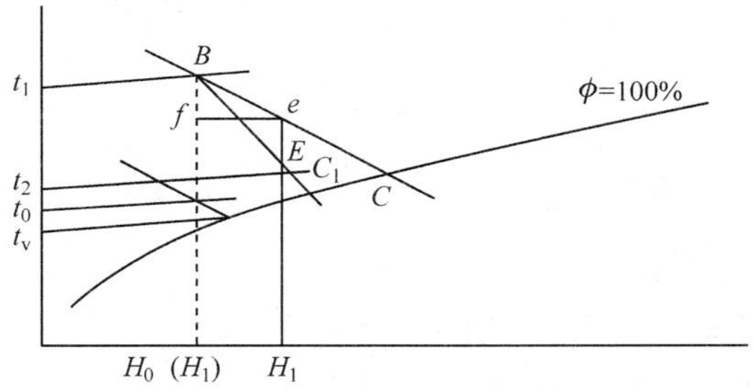

例 10-8 附图

【例 10-9】 在一逆流操作的列管式换热器中，将干球温度为 62℃、相对湿度 30% 的空气用冷却水冷却至露点，冷却水进口温度为 15℃，出口温度为 25℃，已知换热器传热面积为 20 m²，总传热系数 $K = 250\ \mathrm{w \cdot m^{-2} \cdot k^{-1}}$，试求：

(1)空气中的水气分压；

(2)被冷却的空气量；

(3)冷却水的用量。

解 (1)空气中的水气分压 p

62℃下水的饱和蒸汽压查表得 $p_s = 163.8$ mmHg

空气中的水气分压 $p = \varphi p_s = 0.3 \times 163.8 = 49.14$ mmHg

(2)当其水气分压变成饱和蒸汽压时，出现的温度便是露点，查表 $t_d = 37.8$℃

求经换热器交换的热量 $Q = KA\Delta t_m$

$$\Delta t_1 = 62 - 25 = 37℃,\ \Delta t_2 = 37.8 - 15 = 22.8℃$$

$$\Delta t_m = \frac{(\Delta t_1 + \Delta t_2)}{2} = \frac{(37 + 22.8)}{2} = 29.9℃$$

则 $Q = KA\Delta t_m = 250 \times 20 \times 29.9 = 1.5 \times 10^4\ \mathrm{w}$

空气被冷凝焓变 $\Delta I = (1.01 + 1.88H_d)(t_0 - t_d)$

$$H_d = H_0 = \frac{0.622p}{\rho - p} = \frac{0.622 \times 49.14}{760 - 49.14} = 0.043$$

热量衡算 $Q = L\Delta I$

即 $1.5 \times 10^4 = L(1.01 + 1.88 \times 0.043) \times (62 - 37.8) \times 10^3$

解得冷却干空气量 $L = 5.68\ \mathrm{kg \cdot s^{-1}}$

(3)冷却水的用量 w

热量衡算 $Q = wC_P\Delta t$

查20℃水的平均比热 $C_P = 4.183\ \mathrm{kJ \cdot kg^{-1} \cdot K^{-1}}$

故 $w = Q/(C_P\Delta t) = \dfrac{15 \times 10^4}{4.183 \times 10^3 \times (25 - 15)} = 3.586\ \mathrm{kg \cdot s^{-1}}$

【例 10-10】 在恒定干燥条件下进行干燥实验,已知干燥面积为 0.2 m^3,绝干物料质量为 15 kg,测得实验数据如表 10-3:

表 10-3 实验数据表

时间 τ/h	0	0.2	0.4	0.6	0.8	1.0	1.2	1.4
料量 G/kg	44.1	37.0	30.0	24.0	19.0	17.5	17.0	17.0

试描绘干燥曲线,并求临界含水量和平衡含水量。

解 根据表 10-3 在各干燥时间下,计算干基含水率如表 10-4(亦计算干燥速率 U)。

表 10-4 干基含水率计算表

时间 τ/h	0	0.2	0.4	0.6	0.8	1.0	1.2	1.4
含水率 $X/\mathrm{kg \cdot kg^{-1}}$	1.94	1.47	1.0	0.6	0.27	0.17	0.133	0.133
干燥速率 $U/[\mathrm{kg \cdot (m^2 \cdot h)^{-1}}]$	176.3	176	150	125	37.5	13.9	0	0

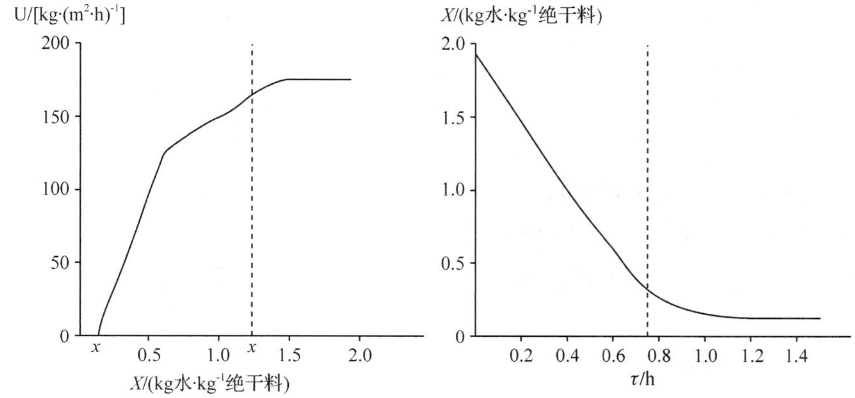

例 10-10 附图

以时间 τ 为横坐标，含水量 X 为纵坐标，描绘干燥曲线如附图（亦描绘速率曲线）：从图中读出临界含水量 $X_0=1.23$，平衡含水量 $X^*=0.133$。

【例 10-11】 某物料经过 6 h 的干燥，干基含水量自 0.35 降至 0.10，若在相同干燥条件下，需要物料含水量从 0.35 降至 0.05，试求干燥时间。物料的临界含水量为 0.15，平衡含水量为 0.04，假设在降速阶段中干燥速率与物料自由含水量成正比。

解
$$\tau_1=\frac{G(X_1-X_C)}{U_C S}=\frac{0.2G}{U_C S}$$

$$\tau_2=\frac{G(X_C-X^*)[Ln(X_C-X^*)-(X_2-X^*)]}{U_C S}$$

$$=\frac{0.067G}{U_C S}$$

$$\tau=\tau_1+\tau_2=\frac{0.267G}{U_C S}=6\ \text{h}$$

同理 $\tau'=\dfrac{0.46G}{U_C S}$

$\tau=10.42\ \text{h}$

【例 10-12】 已知一个干燥系统的操作示意图如下：在 $I-H$ 图中画出过程示意图，求循环空气量 $q_{m,L}$。

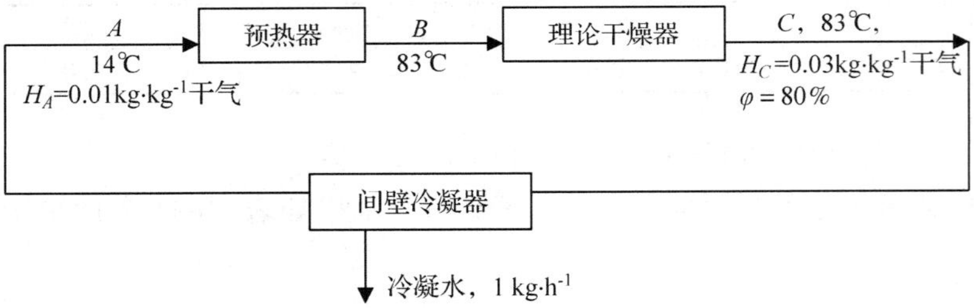

解 示意图，见本题附图

$$q_{m,L}(H_C-H_A)=1$$

$$q_{m,L}=\frac{1}{0.03-0.01}=50\ \text{kg}\cdot\text{h}^{-1}$$

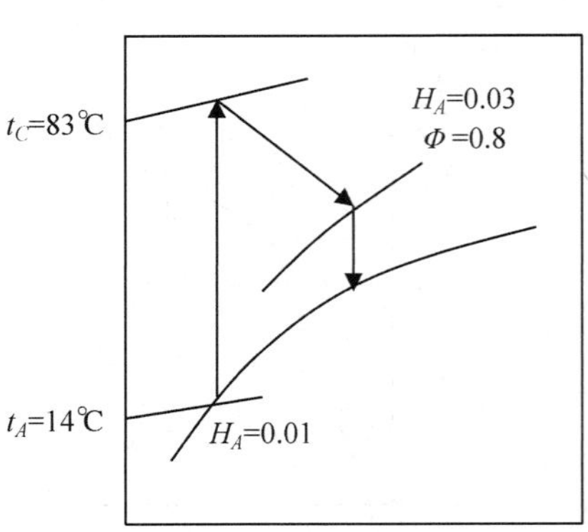

例 10-12 附图

【例 10-13】 某厂利用气流干燥器将含水 20% 的物料干燥到 5%（均为湿基），已知每小时处理的原料量为 1000 kg，于 40℃ 进入干燥器，假设物料在干燥器中的温度变化不大，空气的干球温度为 20℃，湿球温度为 16.5℃，空气经预热器预热后进入干燥器，出干燥器的空气干球温度为 60℃，湿球温度为 40℃，干燥器的热损失很小可略去不计，试求：

（1）空气进干燥器的温度（以进预热器的状态计）；

（2）需要的空气量为多少？

0℃时水的汽化热2491.27 kJ·kg^{-1}，空气与水汽比热分别为1.01 kJ·kg^{-1}·K^{-1}与1.88 kJ·kg^{-1}·K^{-1}

解 （1）空气进干燥器的温度

$w_1 = 0.2, w_2 = 0.05, q_{mG1} = 1000\ \text{kg}\cdot\text{h}^{-1}, \theta_1 = 40℃, t_0 = 20℃, t_{w0} = 16.5℃, t_2 = 60℃, t_{w2} = 40℃$

$$Q = 1.01q_{mL}(t_2 - t_0) + q_{mw}(2492 + 1.88t_2) + q_{mGC}(\theta_2 - \theta_1) + Q_c$$

$$I_1 = I_2$$

查图得 $H_0 = 0.01, H_2 = 0.045$

$$I_1 = (1.01 + 1.88H_0)t_1 + 2491.27H_0 = (1.01 + 1.88H_2)t_2 + 2491.27H_2$$

$$= (1.01 + 1.88 \times 0.045) \times 60 + 2491.27 \times 0.045 = 177.8\ \text{kJ}\cdot\text{kg}^{-1}$$

$$(1.01 + 1.88 \times 0.01)t_1 + 2490 \times 0.01 = 1.03t_1 + 24.9 = 177.8\ \text{kJ}\cdot\text{kg}^{-1}$$

$$t_1 = \frac{177.8 - 24.91}{1.03} = 148.4℃$$

（2）需要的空气量

$$q_{mGC} = q_{mG1}(1 - w_1) = 1000 \times (1 - 0.2) = 800\ \text{kg}\cdot\text{h}^{-1}$$

$$X_1 = 0.2/0.8 = 0.25, X_2 = 5/95 = 0.053$$

$$q_{mw} = q_{mGC}(X_2 - X_1) = 800 \times (0.25 - 0.053) = 157.6\ \text{kg}\cdot\text{h}^{-1}$$

$$q_{mL} = \frac{q_{mw}}{H_2 - H_1} = \frac{157.6}{0.045 - 0.01} = 4502.9\ \text{kg}\cdot\text{h}^{-1}$$

$$q_{mL'} = q_{mL}(1 + H_0) = 4502.9 \times (1 + 0.01) = 4547.9\ \text{kg}\cdot\text{h}^{-1}$$

【例10-14】 湿物料含水量为42%，经干燥后为4%（均为湿基），产品产量为0.126 kg·s^{-1}，空气的干球温度为21℃，相对湿度40%，经预热器加热至93℃后再送入干燥器中，离开干燥器时空气的相对湿度为60%，若空气在干燥器中经历等焓干燥过程，试求：

（1）在 $I-H$ 上画出空气状态变化过程的示意图；

（2）设已查得 $H_0 = 0.008$ kg水·kg^{-1}绝干气，$H_2 = 0.03$ kg水·kg^{-1}绝干气，求绝干空气消耗量 q_{mL}（kg绝干气·s^{-1}）。预热器供应的热量 Q_p（kW）。

解 $w_1 = 0.42, w_2 = 0.04,$

$q_{mG2} = 0.126\ \text{kg}\cdot\text{s}^{-1}$

$t_0 = 21, \varphi_0 = 0.4, t_1 = 93,$

$\varphi_2 = 0.6, I_1 = I_2$

$H_0 = 0.008, H_2 = 0.03$

$$q_{mG2}(1 - w_2) = q_{mG1}(1 - w_1)$$

$$q_{mG_1} = q_{mG_2}\frac{1 - w_2}{1 - w_1} = 0.126 \times \frac{1 - 0.04}{1 - 0.42} = 0.209\ \text{kg}\cdot\text{s}^{-1}$$

$$q_{mw} = q_{mG1} - q_{mG2} = 0.209 - 0.126 = 0.083\ \text{kg}\cdot\text{s}^{-1}$$

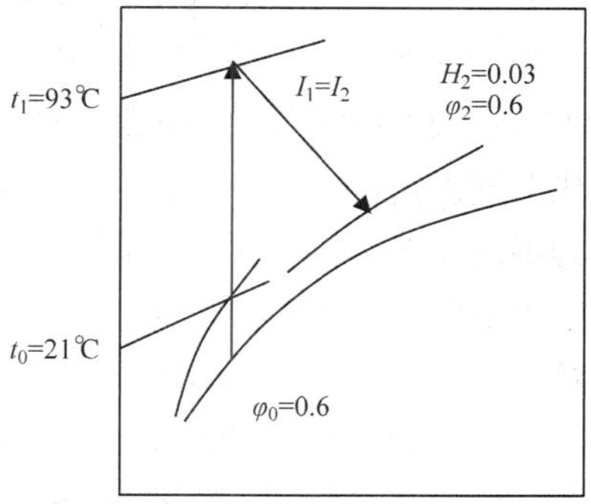

例10-14 附图

$$q_{mL}=-\frac{q_{mw}}{H_2-H_1}=\frac{0.083}{0.03-0.008}=3.773\ \text{kg}\cdot\text{s}^{-1}$$

$$Q_p=q_{mL}(I_1-I_0)=q_{mL}(1.01+1.88H_1)(t_1-t_0)$$
$$=3.773\times(1.01+1.88\times0.008)\times(93-21)=278.5\ \text{kW}$$

【例 10-15】 有一连续干燥器在常压下操作,生产能力为 1000 kg · h^{-1}(以干燥产品计)物料水分由 12% 降为 3%(均为湿基)物料温度则由 15℃至 28℃,绝干物料的比热为 1.3 kJ · kg^{-1}绝干料 · ℃$^{-1}$,空气的初温为 25℃,湿度为 0.01 kg · kg^{-1}绝干空气,经预热器后升温至 70℃,干燥器出口废气为 45℃,设空气在干燥器进出口处焓值相等,干燥系统热损失可忽略不计,试求:空气用量(m^3 · h^{-1})(初始状态下);为保持干燥器进出口空气的焓值不变,是否需要另外向干燥器补充或移走热量? 其值为多少?

解 $q_{mG2}=1000\ \text{kg}\cdot\text{h}^{-1}$, $w_1=12\%$, $w_2=3\%$, $\theta_1=15℃$, $\theta_2=28℃$, $C_s=1.3$, $t_0=25℃$, $H_0=0.01$, $t_1=70℃$, $t_2=45℃$, $I_1=I_2$

$$q_{mGc}=1000\times(1-0.12)=880\ \text{kg}\cdot\text{h}^{-1},X_1=\frac{12}{88}=0.136,X_2=\frac{3}{97}=0.0309$$

$$q_{mw}=880\times(0.136-0.0309)=92.5\ \text{kg}\cdot\text{h}^{-1}$$

$$I_1=(1.01+1.88H_0)t_1+2492H_0=(1.01+1.88\times0.01)\times70+2492\times0.01$$
$$=96.9\ \text{kJ}\cdot\text{kg}^{-1}$$

$$I_2=(1.01+1.88H_2)\times45+2492H_2=45.5+2576.6H_2=96.9\ \text{kJ}\cdot\text{kg}^{-1}$$

$$H_2=\frac{96.9-45.5}{2576.6}=0.02$$

$$q_{mL}=\frac{q_{mw}}{H_2-H_1}=\frac{92.5}{0.02-0.01}=9250\ \text{kg}\cdot\text{h}^{-1}$$

$$q_{mL'}=9250\times(1+0.01)=9343\ \text{kg}\cdot\text{h}^{-1}$$

$$q_{mL}I_1+Q_D+q_{mGc}I'_1=q_{mL}I_2+q_{mGc}I_2$$

$$q_{mL}(I_1-I_2)+Q_D=q_{mGc}(I_2-I_1)=q_{mGc}(C_s+C_wX_1)(\theta_2-\theta_1)$$
$$=880\times(1.3+4.18\times0.136)\times(28-15)=21375\ \text{kg}\cdot\text{h}^{-1}$$

若要 $I_1=I_2$,需 $Q_D=21375\ \text{kg}\cdot\text{h}^{-1}$

【例 10-16】 用热空气干燥某湿物料。空气初始温度 $t_0=20℃$,初始湿度 $H_0=0.006$ kg 水 · kg^{-1}干气。为保证干燥产品质量,空气进干燥器的温度不得高于 90℃;为此在干燥器中间设置加热器。空气经预热器升温至 90℃通入干燥器,当热空气温度降至 60℃时,再用中间加热器将空气加热至 90℃,废气离开干燥器时的温度变为 60℃。假设两段干燥过程均视为等焓过程。求汽化每千克水所需的绝干空气量和所需供热量。

解 $t_0=20℃$, $H_0=0.006$, $t_1=90℃$, $t'_2=t_2=60℃$

$$I_1=(1.01+1.88H_0)t_1+2490H_0$$
$$=(1.01+1.88\times0.006)\times90+2492\times0.006=106.9\ \text{kg}\cdot\text{h}^{-1}$$

$$I'_2=(1.01+1.88H)\times60+2492H=1.01\times60+(1.88\times60+2492)H$$

$=60.6+2604.8H=106.9\ \text{kJ}\cdot\text{kg}^{-1}$

$H=(106.9-60.6)/2604.8=0.0178$

$I'_1=(1.01+1.88H)\times 90+2492H$

$=(1.01+1.88\times 0.0178)\times 90+2492\times 0.0178=138.3\ \text{kg}\cdot\text{h}^{-1}$

$I'_2=I=60.6+2604.8H=138.3\ \text{kJ}\cdot\text{kg}^{-1}$

$$H'_2=\frac{(138.2-60.6)}{2604.8}=0.03$$

$$q_{mL}=\frac{q_{mw}}{H'_2-H_1},\frac{q_{mL}}{q_{mw}}=\frac{1}{H'_2-H_1}=\frac{1}{0.03-0.006}=41.7$$

$Q=Q_1+Q_2=q_{mL}(1.01+1.88H_0)(t_1-t_0)+q_{mL}(1.01+1.88H'_2)(t_2-t_0)$

$=q_{mL}[(1.01+1.88H_0)\times(90-20)+(1.01+1.88H'_2)\times(60-20)]$

$=41.7\times[(1.01+1.88\times 0.006)\times 70+(1.01+1.88\times 0.03)\times 40]$

$=4759.87\ \text{kJ}\cdot\text{kg}^{-1}$

【例 10-17】 在一常压气流干燥器中干燥某种湿物料，已知数据如下：空气进入预热器的温度为15℃，湿含量为0.0073 kg 水·kg^{-1}绝干空气，焓为35 kJ·kg^{-1}绝干空气；空气进干燥器温度为90℃，焓为109 kJ·kg^{-1}绝干空气；空气出干燥器温度为50℃，湿含量为0.023 kg 水·kg^{-1}绝干空气；进干燥器物料含水量为0.15 kg 水·kg^{-1}绝干料；出干燥器物料含水量为0.01 kg 水·kg^{-1}绝干料；干燥器生产能力为237 kg·h^{-1}（按干燥产品计）。试求：

(1)绝干空气的消耗量(kg 绝干气·h^{-1})；

(2)进预热器前风机的流量(m^3·h^{-1})；

(3)预热器加入热量(kW)(预热器热损失可忽略)。

解 已知 $t_0=15℃,H_0=0.0073,I_0=35\ \text{kJ}\cdot\text{kg}^{-1},t_1=90℃,I_1=109\ \text{kJ}\cdot\text{kg}^{-1}$, $t_2=50℃,H_2=0.023,X_1=0.15,X_2=0.01,q_{mG2}=237\ \text{kg}\cdot\text{h}^{-1}$

$$(1)X_2=\frac{w_2}{1-w_2},w_2=\frac{X_2}{1+X_2}=\frac{0.01}{1.01}=0.01$$

$$q_{mGc}=q_{mG2}(1-w_2)=237\times(1-0.01)=234.6\ \text{kJ}\cdot\text{kg}^{-1}$$

$$q_{mw}=q_{mGc}(X_1-X_2)=234.6\times(0.15-0.01)=32.8\ \text{kJ}\cdot\text{kg}^{-1}$$

$$q_{mL}=\frac{q_{mw}}{H_2-H_1}=\frac{32.8}{0.023-0.0073}=2089.2\ \text{kg}\cdot\text{h}^{-1}$$

$(2)q_v=q_{mL}\cdot v_H$

$$v_H=(0.772+1.244H_0)\frac{t_0+273}{273}=(0.772+1.244\times 0.0073)\times\frac{15+273}{273}$$

$$=0.824\ \text{m}^3\cdot\text{kg}^{-1}$$

$(3)q_v=2089.2\times 0.824=1721.5\ \text{m}^3\cdot\text{h}^{-1}$

$Q_p=q_{mL}(1.01+1.88H_0)(t_1-t_0)$

$=2089.2\times(1.01+1.88\times 0.0073)\times(90-15)=160407\ \text{kJ}\cdot\text{kg}^{-1}$

【例 10-18】 采用常压操作的干燥装置干燥某种湿物料，已知操作条件如下：

空气的状况：进预热器前 $t_0=20℃$，$H_0=0.01$ kg水·kg^{-1}绝干空气

进干燥器前 $t_1=120℃$；

出干燥器时 $t_2=70℃$，$H_2=0.05$ kg水·kg^{-1}绝干空气

物料的状况：进干燥器前 $\theta_1=30℃$，$w_1=20\%$（湿基）

出干燥器时 $\theta_2=50℃$，$w_2=5\%$（湿基）

绝干物料比热 $C_s=1.5$ kJ·kg^{-1}·℃$^{-1}$

干燥器的生产能力为53.5 kg·h^{-1}（按干燥产品计）。试求：

（1）绝干空气流量 q_{mL}（kg绝干空气·h^{-1}）；

（2）预热器的传热量 Q_p（kJ·h^{-1}）；

（3）干燥器中补充的热量 Q_d（kJ·h^{-1}）。

假设干燥装置热损失可以忽略不计。

解 已知 $t_0=20℃$，$H_0=0.01$，$t_1=120℃$，$t_2=70℃$，$H_2=0.05$，$\theta_1=30℃$，$w_1=0.2$，$\theta_2=50℃$，$w_2=5\%$，$C_s=1.5$，$q_{mG2}=53.5$ kg·h^{-1}

（1）$X_1=\dfrac{0.2}{0.8}=0.25$，$X_2=\dfrac{5}{95}=0.053$

$$q_{mGc}=q_{mG2}(1-w_2)=53.5\times(1-0.05)=50.8\ \text{kJ}\cdot\text{h}^{-1}$$

$$q_{mw}=q_{mGc}(X_1-X_2)=50.8\times(0.25-0.053)=10\ \text{kJ}\cdot\text{h}^{-1}$$

$$q_{mL}=\frac{q_{mw}}{H_2-H_0}=\frac{10}{0.05-0.01}=250\ \text{kJ}\cdot\text{h}^{-1}$$

（2）$$Q_p=q_{mL}(1.01+1.88H_0)(t_1-t_0)$$
$$=250\times(1.01+1.88\times0.01)\times(120-20)=25720\ \text{kJ}\cdot\text{kg}^{-1}$$

（3）$$Q_D+q_{mL}I_1+q_{mGc}I'_1=q_{mL}I_2+q_{mGc}I'_2$$

$$Q_D=q_{mL}(I_2-I_1)+q_{mGc}(I'_2-I'_1)$$

$$I_1=(1.01+1.88H_0)t_1+2492H_0=(1.01+1.88\times0.01)\times120+2492\times0.01=148.4\ \text{kJ}\cdot\text{kg}^{-1}$$

$$I_2=(1.01+1.88H_2)t_2+2492H_2=(1.01+1.88\times0.05)\times70+2492\times0.05=201.88\ \text{kJ}\cdot\text{kg}^{-1}$$

$$I'_1=(C_s+C_wX_1)\theta_1=(1.5+4.18\times0.25)\times30=76.4\ \text{kJ}\cdot\text{kg}^{-1}$$

$$I'_2=(C_s+C_wX_2)\theta_2=(1.5+4.18\times0.05)\times50=85.5\ \text{kJ}\cdot\text{kg}^{-1}$$

$$Q_D=q_{mL}(I_2-I_1)+q_{mGc}(I'_2-I'_1)=13832.3\ \text{kJ}\cdot\text{kg}^{-1}$$

【例10-19】 在常压绝热干燥器内干燥某湿物料，湿物料的流量为600 kg·h^{-1}，从含水量20%干燥至2%（均为湿基含水量）。温度为20℃，湿度为0.013 kg水·kg^{-1}绝干气的新鲜空气经预热器升温至100℃后进入干燥器，空气出干燥器的温度为60℃。

（1）完成上述任务每小时需要多少千克绝干空气？

（2）空气经预热器获得了多少热量？

（3）在恒定干燥条件下对该物料测得干燥速率曲线如附图所示，已知恒速干

燥段时间为 1 h,求降速阶段所用的时间。

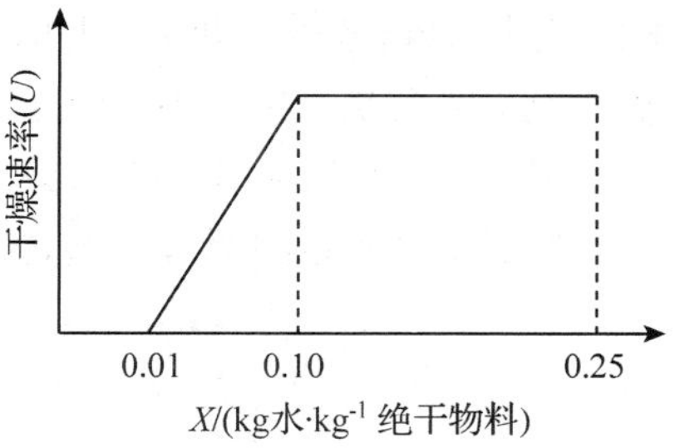

例 10-19　附图

解　(1)$X_1=\dfrac{w_1}{1-w_1}=0.25$

$$X_2=\frac{w_2}{1-w_2}=0.0204$$

$$q_{mGc}=600(1-w_1)=480\ \text{kg}\cdot\text{h}^{-1}$$

$q_{mW}=q_{mGc}(X_1-X_2)=480\times(0.25-0.0204)=110.2\ \text{kg}\cdot\text{h}^{-1}$

$$\tau_1=\frac{q_{mGc}}{SUc}(X_1-X_c)=1$$

$$I_1=(1.01+1.88H_1)t_1+2492H_1=135.8\ \text{kJ}\cdot\text{kg}^{-1}$$

因为等焓干燥

$$I_2=(1.01+1.88H_2)t_2+2492H_2=I_1,H_2=0.02887$$

$$q_{mL}=\frac{q_{mL}}{(H_2-H_1)}=6944\ \text{kg 干气}\cdot\text{h}^{-1}$$

$$\frac{q_{mGc}}{SUc}=6.667$$

(2)$Q_p=q_{mL}(I_1-I_0)=q_{mL}(1.01+1.88H_0)(t_1-t_0)=574652\ \text{kJ}\cdot\text{h}^{-1}$

(3)降速段

$$t_2=\frac{q_{mGc}(X_c-X^*)}{SU}\cdot\ln\frac{X_e-X^*}{X_2-X^*}=1.295$$

【例 10-20】　在恒定干燥条件下进行干燥实验,已测得干球温度为 50℃,湿球温度为 43.7℃,气体的质量流量为 2.5 kg·m^{-2}·s^{-1},气体平行流过物料表面,水分只从物料表面汽化,物料由湿含量 X_1 变到 X_2,干燥处于恒速阶段,所需干燥时间为 1 h,试问:(1)如其他条件不变,且干燥仍处于恒速阶段,只是干球温度变为 80℃,湿球温度变为 48.3℃,所需干燥时间为多少?(2)如其他条件不变,且干燥仍处于恒速阶段,只是物料厚度增加 1 倍,所需干燥时间为多少?

解　(1)$t=50℃,t_w=43.7℃,r_{tw}=2.2398\ \text{kJ}\cdot\text{kg}^{-1},\tau_1=1\ \text{h}$

$$\tau_1=\frac{G_c r_{tw}(X_1-X_2)}{\alpha A(t-t_w)}$$

$$t'=80℃,t'_w=48.3℃,r'_{tw}=2385.6\ \text{kJ}\cdot\text{kg}^{-1}$$

$$\tau'_1=\frac{G_c r'_{tw}(X_1-X_2)}{\alpha A(t'-t'_w)}$$

$$\frac{\tau_1}{\tau'_1}=\frac{r_{tw}(t'-t'_w)}{r'_{tw}(t-t_w)}=5.06,\tau'_1=0.2\ \text{h}$$

(2)$\dfrac{\tau_1}{\tau_2}=\dfrac{G_c}{G'_c}=\dfrac{1}{2},\tau_2=2\tau_1=2\ \text{h}$

【例 10-21】　某批物料的干燥速率曲线如例 10-19 所示,将该物料由含水率 30% 干燥至 11.6%(均为湿基)。湿物料的初始质量为 160 kg,干燥表面积为 0.025 m^2·

kg^{-1}绝干料,设装拆时间 $\tau'=1$ h,试确定每批物料的干燥周期。

解 绝干物料重 $G_c'=G_1(1-w_1)=160\times(1-30\%)=112$ kg

干燥表面积 $A=112\times0.025=2.8\ m^2$

将湿基含水量换算成干基含水量 X_1,X_2

$$X_1=\frac{w_1}{1-w_1}=\frac{0.3}{1-0.3}=0.429\ \text{kg 水}\cdot\text{kg}^{-1}\text{绝干料}$$

$$X_2=\frac{w_2}{1-w_2}=\frac{0.116}{1-0.116}=0.131\ \text{kg 水}\cdot\text{kg}^{-1}\text{绝干料}$$

由例 10-19 所示,查得该物料的临界含水量 $X_0=0.295$,故干燥过程应包含恒速与降速两个阶段,各阶段所需的干燥时间为:

(1)恒速阶段查得 $U_0=1.51$ kg 水 · $m^{-2}\cdot h^{-1}$

$$\tau_1=\frac{G_C'(X_1-X_0)}{U_0A}=\frac{112\times(0.429-0.295)}{1.51\times2.8}=3.55\ \text{h}$$

(2)降速阶段查得 $X^*=0.10$ kg · kg^{-1}

$$\tau_2=\frac{G_C'(X_0-X^*)}{U_0A\cdot\ln[(X_0-X^*)/(X_2-X^*)]}$$

$$=112\times\frac{(0.295-0.10)}{(1.51\times2.8)}\times\ln\left(\frac{0.295-0.10}{0.131-0.10}\right)=9.5\ \text{h}$$

故每批物料的干燥周期为 $\tau=\tau_1+\tau_2+\tau'=3.55+9.5+1=14.05$ h

【例 10-22】 有一盘架式干燥器,器内有 50 只盘,每盘的深度为 0.02 m,面积为 0.7 m^2,盘内装有湿的无机颜料,欲使物料的干基含水率由 1 干燥至 0.01,使用的干燥介质是平均温度 $t=77$℃,$\varphi=10\%$,平均流速为 2 m · s^{-1}热空气物料的临界含水率和平衡含水率分别为 0.3 和 0(均为干基),干燥后物料的密度为 600 kg · m^{-3}。假定干燥在盘顶面与热空气之间靠平衡对流方式进行传热,试确定所需的干燥时间。

解 热空气 $t=77$℃,$\varphi=10\%$ 时,查 $I-H$ 图得:$H=0.027$,$t_w=38$℃,此时

$$r_w=2406\ \text{kJ}\cdot\text{kg}^{-1}$$

湿空气比容

$V_{\bar{H}}=(0.772+1.244H)\times(t+273)/273$

$=(0.772+1.244\times0.027)\times(77+273)/273=1.033\ m^3\cdot kg^{-1}$

湿空气密度 $\rho=(1+H)/\overline{V_H}=\dfrac{1.027}{1.033}=0.994\ kg\cdot m^{-3}$

湿空气的质量速度

$$L'=u_\rho=2\times0.994=1.988\ kg\cdot m^{-2}\cdot s^{-1}=7157\ kg\cdot m^{-2}\cdot h^{-1}$$

$$\alpha=0.0204\ (L')^{0.8}=0.0204\times7157^{0.8}=24.74\ w\cdot m^{-2}\cdot k^{-1}$$

故恒速阶段的干燥速率

$$U_0=\frac{\alpha(t-t_w)}{r_w}=\frac{24.74\times(77-38)}{2406\times10^3}=4.01\times10^{-4}\ kg\cdot m^{-2}\cdot s^{-1}$$

$=1.44\ kg \cdot m^{-2} \cdot h^{-1}$

干燥后物料质量 $G'_L = 50 \times 0.7^2 \times 0.02 \times 600 = 294\ kg$

绝干物料质量 $G'_C = \dfrac{G'_L}{1+X_2} = \dfrac{294}{1+0.01} = 291\ kg$

于是恒速阶段

$$\tau_1 = \frac{G'_C(X_1 - X_0)}{U_0 A} = \frac{291 \times (1-0.3)}{(1.44 \times 50 \times 0.7^2)} = 5.77\ h$$

降速阶段

$$\tau_2 = \frac{G_C'(X_0 - X^*)}{U_0 A} \cdot \ln\left(\frac{X_0 - X^*}{X_2 - X^*}\right) = \frac{291 \times (0.3-0)}{1.44 \times 50 \times 0.7^2} \cdot \ln\left(\frac{0.3-0}{0.01-0}\right) = 8.42\ h$$

则每批物料的干燥时间 $\tau = \tau_1 + \tau_2 = 5.77 + 8.42 = 14.19\ h$

【例 10-23】 采用一台并流操作的转筒干燥器干燥某种颗粒状物料。已知条件如下：

(1)空气状况:新鲜空气 $t_0 = 27℃$, $H_0 = 0.008$;进干燥器的 $t_1 = 90℃$;出干燥器的 $t_2 = 45℃$。

(2)物料状况:湿物料的进料速率为 2500 $kg \cdot h^{-1}$;进出干燥器的湿含量分别为 6%,及 0.3%(均为湿基);进出干燥器的温度 $\theta_1 = 25℃$, $\theta_2 = 40℃$;物料密度 $\rho_s = 1020\ kg \cdot m^{-3}$;绝干物料比热 $C_s = 1.34\ kJ \cdot kg^{-1} \cdot k^{-1}$;颗粒平均直径 $d_p = 3\ mm$。

若物料所需干燥时间为 0.8 h,干燥器热损失可取为空气传给物料热量的 20%,试求转筒的直径、长度、转速和倾斜率。

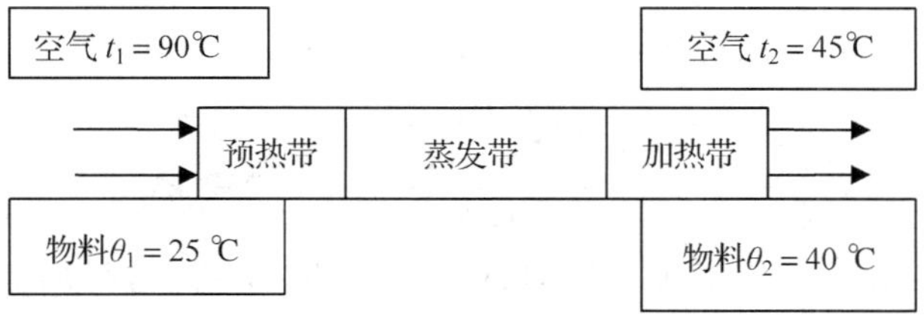

例 10-23 附图

解 (1)空气各状态参数: $t_0 = 27℃$, $H_0 = 0.008$,查 $I-H$ 图

$I_0 = 47.6\ kJ \cdot kg^{-1}$, $t_1 = 90℃$, $H_0 = H_1 = 0.008$,查 $I-H$ 图 $I_1 = 112.2\ kJ \cdot kg^{-1}$, $t_w = 31℃$

物料状况: $G_C = G_1(1 - w_1) = 2500 \times (1-6\%) = 2350$ kg 绝干料 · h^{-1}

$$X_1 = \frac{w_1}{(1-w_1)} = \frac{0.06}{(1-6\%)} = 0.064$$

$$X_2 = \frac{w_2}{(1-w_2)} = \frac{0.003}{(1-0.003)} = 0.003$$

干燥器的物料衡算,热量衡算:

水分蒸发量　$W = G_C(X_1 - X_2) = 2350/3600 \times (0.064 - 0.003)$

$= 0.04\ kg \cdot s^{-1}$

由热量衡算式知

$L(I_1 - I_0) = 1.01L(t_2 - t_0) + W(2491 + 1.88\ t_2) + G_C C_{m2}(\theta_2 - \theta_1) + \theta_L$

$L \times (112.2 - 47.6) = 1.01L \times (45 - 27) + 0.04 \times (2491 + 1.88 \times 45) + 2350/3600 \times (1.34 + 4.187 \times 0.003) \times (40 - 25) \times (1 + 20\%)$

解得　$L = 2.56\ kg \cdot s^{-1}$

由物料衡算可得　$H_2 = H_1 + \dfrac{W}{L} = 0.008 + \dfrac{0.04}{2.56} = 0.0236$

转筒直径可依据最大的空气流量计算，空气离开转筒时的质量流量为

$$L(1 + H_2) = 2.56 \times (1 + 0.0236) = 2.62\ kg \cdot s^{-1}$$

依经验取空气的质量速度 $L' = 1.9\ kg \cdot m^{-2} \cdot s^{-1}$，转筒的截面积 A 为

$$A = 0.785D^2 = 2.62/1.9$$

解得 $D = 1.33$ m，取 $D = 1.4$ m

(2)转筒的长度

为了简化计算将转筒的全长分为 3 部分，即预热带、蒸发带、加热带。计算中假设物料中去除的水分都是在蒸发带中进行的，而在其前后两段中，物料所获得的热量全部用于自身升温，三段的长度可按下式计算

$$Z = \frac{Q}{\alpha_a A \Delta_{tml}}$$

其中，$A = \dfrac{\pi}{4}$

$$A^2 = 0.785 \times 1.4^2 = 1.54\ m^2$$

转筒干燥器中的体积传热系数 α_a 可按下列经验式计算：

$$\alpha_a = \frac{0.324\ (L')^{0.16}}{D} = \frac{0.324\left(\frac{2.62}{1.54}\right)^{0.16}}{1.4} = 0.252\ kW \cdot m^{-2} \cdot k^{-1}$$

预热带长度 Z_1 由 $t_2 = 45℃$，$H_2 = 0.0236$，在 $H - I$ 图上查得 $t_{w2} = 29℃$，现设蒸发带中物料表面温度等于两端湿球温度平均值，即为 30℃。

依题意

$$Q_1 = 1.2\ GcC_{m1}(t_w - \theta_1) = \frac{1.2 \times 2350}{3600} \times (1.34 + 4.187 \times 0.064) \times (30 - 25)$$

$$= 6.3\ kW$$

对预热带作热量衡算

$$Q_1 = LC_{H1}(t - t_a) = 2.56 \times (1.01 + 1.88 \times 0.008) \times (90 - t_a)$$

解得　$t_a = 87.6℃$

$$\Delta t_{m1} = \frac{(t_1 - \theta_1) + (t_a - t_w)}{2}$$

$$= \frac{(90 - 25) + (87.6 - 30)}{2} = 61.3℃$$

$$Z_1=\frac{6.3}{0.252\times1.54\times61.3}=0.26\ \text{m}$$

蒸发带长度 Z_2 蒸发带的传热量 $Q_z=wr_w$

由空气湿度图查得 $t_w=30℃$ 下，水的汽化热 $r_w=2424\ \text{kJ}\cdot\text{kg}^{-1}$

对蒸发带做热量衡算，求蒸发带和加热带交界处的温度 t_b：

$$Q_z=wr_w=LC_M(t_a-t_b)$$

即　$0.04\times2424=2.56\times\left[1.01+1.88\times\frac{0.008+0.0236}{2}\right]\times(87.6-t_b)$

解得
$$t_b=51.2℃$$

$$\Delta t_{m2}=\frac{(t_a-t_w)-(t_b-t_w)}{\ln\left(\frac{t_a-t_w}{t_b-t_w}\right)}$$

$$=\frac{87.6-51.2}{\ln\left(\frac{87.6-30}{51.2-30}\right)}=36.4℃$$

则　$Z_2=\frac{0.04\times2424}{0.252\times1.54\times36.4}=6.86\ \text{m}$

加热带长度 Z_3，依题意

$Q_3=1.2G_C\times C_{M2}\times(\theta_2-t_w)$

$=\frac{1.2\times2350}{3600}\times(1.34+4.187\times0.003)\times(40-30)$

$=10.6\ \text{kW}$

$$\Delta t_{m3}=\frac{(t_b-t_w)-(t_2-\theta_2)}{\ln\left(\frac{t_b-t_w}{t_2-\theta_2}\right)}=\frac{21.2-5}{\ln\left(\frac{51.2-30}{45-40}\right)}=11.2℃$$

故　$Z_3=\frac{10.6}{0.252\times1.54\times11.2}=2.44\ \text{m}$

那么，转筒干燥器总长度　$Z=Z_1+Z_2+Z_3=0.26+6.86+2.44=9.56\ \text{m}$

而 $Z/D=9.56/1.4=6.8$ 符合转筒长径 4 ~ 10 的范围。

(3)转筒的转速和倾斜率

取转速 $n=6\ \text{r}\cdot\text{min}^{-1}$。依物料在转筒内停留时间的经验公式：

对并流操作有　$\tau=\left(\frac{0.23Z}{Tn^{0.9}D}-\frac{10L'Z}{G'd_P^{0.5}}\right)\times60$

代入各数值得

$$0.8\times3600=\left[\frac{0.23\times9.56}{T\times6^{0.9}\times1.4}-\frac{10\times9.56\times2.62\times3600}{(2350\times3\times10^{-3})^{0.5}}\right]\times60$$

解得　$T=0.0068$，符合转筒的倾斜率 0 ~ 10 $\text{m}\cdot\text{m}^{-1}$ 的范围。

校核物料的充填率：因 $\tau=\beta V/V_s$

其中：　$V_s=\frac{2500}{(3600\times1020)}=0.00068\ \text{m}^3\cdot\text{s}^{-1}$

$$V=\frac{\pi}{4}\cdot D^2\cdot Z=0.785\times1.4^2\times9.56=14.71\ \text{m}^3$$

$$\beta=\frac{0.8\times3600\times0.00068}{14.71}=0.133$$

符合充填率0.05~0.15的范围,故转筒干燥器的尺寸设计符合要求。

五、思考题

【例10-24】 西南、西北地区气压低(约700 mmHg),应如何改制 $H-I$ 图?

答 因 $H=\frac{0.622\varphi p_s}{(P-\varphi p_s)}$,若在相同的 H,t 下,当 P 改变为 P',其 φ 值改变为 φ' 即

$$\frac{0.622\varphi p_s}{(P-\varphi p_s)}=\frac{0.622\varphi' p_s}{(P'-\varphi' p_s)}$$

化简得 $\varphi'=\varphi(P'/P)$,即等 φ 线的数值要乘以 (P'/P) 的校正系数作为 φ' 的新值。如 $P'=700$ mmHg 时,100%的原等 φ 线变成92.11%的新等 φ' 线。再作一条100%的等 φ' 线。水蒸气分压线也应改变。因为 $p=\frac{HP}{(H+0.622)}$,同理 $P'=P(P'/P)$,等 φ 线与等压线的相对误差达8.6%,应当修正。等 t、等 H、等 I 线保持不变。一句话,几个与总压 P 有关的空气系数都应修正。

【例10-25】 在 t,H 相同条件下,对干燥器操作是否有利?为什么?

答 因为 $\varphi=\frac{HP}{[(0.622+H)p_s],t,H}$ 相同,p_s 不变,P 提高,则 φ 升高,这样的干燥介质当然不利于其吸收水分,完成同样的干燥任务,就要多消耗空气量(或介质量)。

【例10-26】 当空气的 t,H 一定时,某物料的平衡干燥湿含量为 X^*,若空气的 H 下降,试问该物料的 X^* 将有何变化?

答 因为 $p=\frac{HP}{(0.622+H)}$,当 H 下降,则 p 降低,t 不变,p_s 不变,$\varphi=p/p_s$ 将下降,而物料的平衡含水率 X^* 是随 φ 的下降而降低的,所以 X^* 将变小。

【例10-27】 对一定的水分蒸发量及空气的出口湿度,试问应按夏季还是冬季的天气条件来选择干燥系统的风机?

答 因为 $v_H=\frac{(0.772+1.244H)\times(t+273)}{273}$(当 $P=1$ atm 时),t 高,v_H 大,空气密度下降,一定的空气消耗量 L,则体积数变大,风机的选择是根据风量(体积)与风压进行的,若按冬季大气条件设计,夏季则会产生供风量不足。

六、符号表

符号	符号说明	单位
p	水蒸气分压	N/m^2
P	湿空气总压	N/m^2
p_s	干球温度下水的饱和蒸汽压	N/m^2
γ_0	0℃时水的汽化热	$kJ \cdot kg^{-1}$
t_w	湿球温度	℃
t_{as}	绝热饱和温度	℃
t_d	露点	℃
H_{as}	空气在 t_{as} 下的饱和湿度	kg 水汽/kg 绝干气
kH	以湿度差为推动力的传质系数	$kg \cdot (m^2 s \Delta H)^{-1}$
r_{tw}	湿球温度下水的汽化热	kJ
r_{as}	在 t_{as} 下水的汽化潜热	kJ
$H_{s,tw}$	湿球温度下的空气的饱和湿度	kg 水汽/kg 绝干气
$p_{s,td}$	露点下水的饱和蒸汽压	N/m^2
$H_{s,td}$	露点下湿空气的饱和湿度	kg 水汽/kg 绝干气
A	空气向湿纱布的对流传热系数	$W/(m^2 k)$
W	水分蒸发量	kg 水/s
G_C	绝干物料的质量流量	kg 绝干料/s
X_1, X_2	物料进出干燥器时干基含水率	kg 水/kg 绝干料
L	绝干空气的流量	kg 绝干气/s
H_1, H_2	空气进出干燥器时的湿度	kg 水/kg 绝干气
X_0	临界干基含水率	kg 水/kg 绝干料
U_0	恒速阶段的干燥速率	kg 水/$(m^2 s)$
l	蒸发 1 kg 水分所消耗的绝干空气量	kg 绝干气/kg 水
Q_p	预热器的传热速率	kW
Q_D	干燥器中补充的热量	kW
I	干空气为准的热焓	kJ/kg 绝干气
I'	绝干物料为准的焓	kJ/kg 绝干料
Q_L	干燥器的热损失速率	kW
Q_l	干燥系统中蒸发水分所消耗的热量	kW
U	干燥速率(干燥通量)	kg 水/$m^2 s$
X	干基含水率	kg 水/kg 绝干料
S	干燥面积	m^2
τ	干燥时间	s
G_C'	绝干物料的质量	kg
X^*	物料的平衡含水率	kg 水/kg 绝干料

参考文献

B. M. 拉姆 . 1985. 气体吸收[M]. 2 版 . 刘凤志,译 . 北京:化学工业出版社 .

E. L. 柯斯乐 . 2002. 扩散 流体系统中的传质[M]. 2 版 . 王宇新,姜忠义,译 . 北京:化学工业出版社 .

陈敏恒 . 2011. 化工原理(上、下册)[M]. 3 版 . 北京:化学工业出版社 .

陈世醒,张克铮,郭大光 . 1993. 化工原理学习辅导[M]. 北京:中国石化出版社 .

陈维钮 . 1998. 超临界流体萃取的原理和应用[M]. 北京:化学工业出版社 .

陈维钮 . 2001. 传递过程与单元操作（上、下册）[M]. 北京:科学出版社 .

陈英南,刘玉兰 . 2005. 常用化工单元设备的设计[M]. 上海:华东理工大学出版社 .

菲尼莫,弗朗茨尼 . 2003. 流体力学及其工程应用[M]. 北京:清华大学出版社 .

何潮洪,冯霄 . 2007. 化工原理[M]. 北京:科学出版社 .

何潮洪 . 2003. 化工原理习题精解[M]. 北京:科学出版社 .

蒋维均 . 2003. 化工原理（上、下册）[M]. 北京: 清华大学出版社 .

匡国柱 . 2009. 化工原理学习指导[M]. 2 版 . 大连:大连理工大学出版社 .

兰州石油机械研究所 . 1990. 现代塔器技术[M]. 北京:烃加工出版社 .

李殿宝 . 2009. 化工原理[M]. 2 版 . 大连:大连理工大学出版社 .

李慎安,陈维新,鲍大中 . 1996. 新编法定计量单位应用手册[M]. 北京:机械工业出版社 .

林爱光 . 2003. 化学工程基础学生指引和习题解答[M]. 北京:清华大学出版社 .

时钧 . 2003. 化学工程手册（上、下卷）[M]. 北京:化学工业出版社 .

王汉松 . 2002. 石油化工设计手册[M]. 北京:化学工业出版社 .

王静康 . 2006. 化工过程设计[M]. 北京:化学工业出版社 .

王湛 . 2005. 化工原理 800 例[M]. 北京:国防工业出版社 .

王志魁,刘丽英,刘伟 . 2010. 化工原理（上、下册）[M]. 北京:化学工业出版社 .

吴俊生,邓修,陈同芸 . 1992. 分离工程[M]. 上海:华东化工学院出版社 .

武汉大学 . 2009. 化学工程基础 [M]. 2 版 . 北京:高等教育出版社 .

夏清,陈常贵 . 2005. 化工原理习题解答[M]. 天津:天津大学出版社 .

夏清,贾绍义 . 2005. 化工原理（上、下册）[M]. 天津:天津大学出版社 .

姚玉英 . 2010. 化工原理（上、下册）[M]. 天津:天津大学出版社 .

姚仲鹏,王瑞君 . 2005. 传热学[M]. 北京:北京理工大学出版社 .

余国琮 . 2003. 化工机械工程手册[M]. 北京:化学工业出版社 .

袁一 . 2000. 化学工程师手册[M]. 北京:机械工业出版社 .

周长丽 . 2010. 化工单元操作[M]. 北京:化学工业出版社 .

周荣琪 . 2014. 化工原理学习指引[M]. 北京:化学工业出版社 .